MBA MPA MPAcc MEM 逻辑

管理类与经济类综合能力逻辑历年真题全解

题型分类版 解析册

王燚 ▶ 主编

北京理工大学出版社
BEIJING INSTITUTE OF TECHNOLOGY PRESS

图书在版编目(CIP)数据

MBA MPA MPAcc MEM管理类与经济类综合能力逻辑历年真题全解：题型分类版. 解析册 / 王燚主编. — 北京：北京理工大学出版社, 2023.4(2025.4重印)

ISBN 978-7-5763-2217-0

Ⅰ. ①M… Ⅱ. ①王… Ⅲ. ①逻辑-研究生-入学考试-题解 Ⅳ. ①B81-44

中国国家版本馆CIP数据核字(2023)第051673号

责任编辑：武丽娟　　文案编辑：孙　玥
责任校对：刘亚男　　责任印制：李志强

出版发行 / 北京理工大学出版社有限责任公司
社　　址 / 北京市丰台区四合庄路6号
邮　　编 / 100070
电　　话 / (010) 68944451 (大众售后服务热线)
　　　　　(010) 68912824 (大众售后服务热线)
网　　址 / http://www.bitpress.com.cn

版 印 次 / 2025年4月第1版第3次印刷
印　　刷 / 三河市良远印务有限公司
开　　本 / 787 mm×1092 mm　1/16
印　　张 / 9.5
字　　数 / 237千字
定　　价 / 62.90元 (全2册)

图书出现印装质量问题，请拨打售后服务热线，负责调换

目录

第一章 形式逻辑

第一节 简单判断推理

答案速查表										
题号	1	2	3	4	5	6	7	8		
答案	E	D	E	D	B	B	D	B		

1. 【答案】E

【解析】解题步骤1:简化题干信息。

(1)任何结果→背后都有原因。

(2)任何背后有原因的事物→可以被人认识。

(3)可以被人认识的事物→必然不是毫无规律。

解题步骤2:建立题干条件关系。

联立(1)(2)(3)得出“任何结果→背后都有原因→可以被人认识→必然不是毫无规律”。

解题步骤3:问题要求找“一定为假”的选项,则找矛盾判断。

“所有……必然不是……”与“有的……可能是……”是矛盾关系,因此选择E项。

2. 【答案】D

【解析】解题步骤1:简化题干信息。

(1)大多数藏书家会读一些自己收藏的书。

(2)有些藏书家购书收藏,在自己以后闲暇的时间才会阅读,新购的书可能不被阅读。

(3)受到“冷遇”的书只要被友人借去,藏书家就心神不安。

解题步骤2:题干条件无法联立,选项代入验证。

A项,根据(2)“新书可能不被阅读”,不一定能得出“有些藏书家从不读自己收藏的书”,排除。

B项,根据(1)推不出“有些藏书家会读遍自己收藏的书”,排除。

C项,根据(1)或(2)都推不出“有些藏书家喜欢闲暇时读自己的藏书”,排除。

D项,根据(2)可以推出该项,正确。

E项,题干并未提及“有些藏书家将自己的藏书当作友人”,该项与题干无关,排除。

3. 【答案】E

【解析】解题步骤1:简化题干信息。

(1)弟子不必不如师=有的弟子可能如师。

(2)师不必贤于弟子=有的师可能不贤于弟子。

解题步骤2:题干条件无法联立,选项代入验证。

A、B、D项,这三项都属于否定句,而(1)是肯定句,直接排除。

C项,"不可能=必然不",与(2)"可能不"形式不一致,排除。

E项,"可能不"与(2)形式一致,正确。

4.【答案】D

【解析】解题步骤1:简化题干信息。

(1)前3排书橱均有哲学类新书。

(2)法学类新书都在第5排书橱∧第5排书橱有经济类新书。

(3)管理类新书放在最后一排书橱。

解题步骤2:问题为"不可能为真",选项代入验证,选择一定为假的选项。

A、C项,根据(1)可知,可能为真,排除。

B项,根据(2)可知,可能为真,排除。

D项,根据(2)可知,一定为假,因为法学类新书都在第5排,不可能在第6排。

E项,根据(3)可知,可能为真,排除。

综上,选择D项。

5.【答案】B

【解析】解题步骤1:简化题干信息。

(1)爱因斯坦是一位思想深刻、思维创新的伟大的科学家。

(2)思想深刻、思维创新→拥有诙谐幽默、充满个性的独立人格。

解题步骤2:建立题干条件关系。

结合(1)(2)得出"爱因斯坦是伟大的科学家,拥有诙谐幽默、充满个性的独立人格",由包含关系可以推出,有的伟大的科学家拥有诙谐幽默、充满个性的独立人格,因此选择B项。

6.【答案】B

【解析】解题步骤:选项代入验证排除。

A项,根据(2)不能得出"有些文学类图书是中文版的",排除。

B项,根据(3)(4)得出"历史类图书没有英文版",结合(1)得出"历史类图书都不是哲学类图书",可以推出"有些历史类图书不属于哲学类",正确。

C项,题干没有对比的数据,排除。

D项,根据(1)(5)不能得出"有些图书既属于哲学类也属于科学类",排除。

E项,根据(2)(3)不能得出"有些图书既属于文学类也属于历史类",排除。

综上,选择B项。

7.【答案】D

【解析】解题步骤1:简化题干信息。

(1)有些树木⇒常绿树;有些树木⇒落叶树。

(2)针叶树→常绿树→¬ 阔叶树。

(3)有些针叶树⇒观赏树种。

(4)有些果树⇒¬ 常绿树;有些果树⇒常绿树。

解题步骤2:建立题干条件关系。

(4)与(2)搭桥可得,有些果树⇒¬ 常绿树→¬ 针叶树;有些果树⇒常绿树→¬ 阔叶树。

综上,选择D项。

8.【答案】B

【解析】解题步骤1:简化题干信息。

(1)去过书店→参观祠堂。

(2)¬ 参观古塔→¬ 参观祠堂。

(3)有些参观古民居⇒¬ 咖啡馆。

解题步骤2:建立题干条件关系。

根据(1)(2)得出,(4)去过书店→参观古塔。(4)(3)不能直接搭桥,所以验证选项,观察哪个选项能得出结论。

解题步骤3:选项代入验证。

A项,有些参观古民居⇒去过书店,结合(4)可得,参观古塔,与(3)不能搭桥,因为"两个有的"不能搭桥。

B项,与(3)搭桥得出,有些¬ 咖啡馆⇒参观古民居→去过书店,结合(4)可得,有些¬ 咖啡馆⇒参观古塔,换位得出,有些参观古塔⇒¬ 咖啡馆,能得出题干结论,正确。

综上,选择B项。

第二节 复合判断简单推理

答案速查表

题号	1	2	3	4	5	6	7	8	9	10
答案	A	C	D	D	A	E	D	C	A	D
题号	11	12	13	14	15	16	17	18	19	20
答案	C	C	A	D	B	D	E	C	E	C
题号	21	22	23	24	25	26	27	28	29	30
答案	C	D	C	B	B	B	C	D	E	C

续表

题号	31	32	33	34	35	36	37	38	39	40
答案	E	D	C	B	C	E	A	E	E	C
题号	41	42	43	44	45	46	47	48	49	50
答案	B	D	C	D	D	B	A	D	B	D
题号	51	52	53	54	55	56				
答案	B	E	E	D	D	C				

1. **【答案】** A

【解析】 解题步骤 1:简化题干信息。

(1)张强看电影∀拜访秦玲。

(2)张强开车回家→¬ 看电影。

(3)张强拜访秦玲→事先与秦玲约定。

(4)张强事先没有与秦玲约定。

解题步骤 2:建立题干条件关系。

(4)否定了(3)的后件,得出“张强没有拜访秦玲”,结合(1)得出“张强看电影”,再结合(2)得出“张强没有开车回家”。选择 A 项。

2. **【答案】** C

【解析】 解题步骤 1:简化题干信息。

(1)举人(解元)→生员。

(2)贡士(会元)→举人。

(3)进士(状元)→贡士。

联立(3)(2)(1)可得:进士(状元)→贡士(会元)→举人(解元)→生员。

解题步骤 2:将选项代入验证,排除一定假的选项。

A 项,“¬ 进士∧中举”可能真,排除。

B 项,“状元→生员∧举人”一定真,排除。

C 项,“会元∧¬ 中举”一定假,正确。

D 项,“状元→会元→解元”可能真,排除。

E 项,“¬ 解元→¬ 会元”可能真,排除。

3. **【答案】** D

【解析】 解题步骤 1:简化题干信息。

(1)把一杯酒倒进一桶污水中→得到一桶污水。

(2)把一杯污水倒进一桶酒中→得到一桶污水。

(3)任何组织→可能存在几个难缠人物。

(4)一个组织不加强内部管理→正直能干的人进入某低效的部门就会被吞没∧一个无德无才者很快就能将一个高效的部门变成一盘散沙。

解题步骤2:上述条件无法联立,选项代入验证。

A项,“不将一杯污水倒进一桶酒中”否定了(2)的前件,不符合假言判断推理规则,排除。

B项,“一个正直能干的人进入组织”≠“正直能干的人进入低效的部门”,该项与题干无关,排除。

C项,“组织中存在几个难缠人物”肯定了(3),“把组织变成一盘散沙”肯定了(4)的后件,(3)(4)无法联立,排除。

D项,“如果一个正直能干的人在低效部门没有被吞没,则该部门加强了内部管理”是(4)的等价逆否判断,正确。

E项,“一个无德无才的人把组织变成一盘散沙”肯定了(4)的后件,不符合假言判断推理规则,排除。

4.**【答案】**D

【解析】解题步骤1:简化题干信息。

(1)2011年全球新增870万结核病患者,同时有140万患者死亡。

(2)因为结核病对抗生素有耐药性,所以对结核病的治疗一直都进展缓慢。

(3)不能在近几年消除结核病→还会有数百万人死于结核病。

(4)要控制这种流行病→要有安全、廉价的疫苗。

解题步骤2:上述条件无法联立,选项代入验证。

A项,题干没有提及患者的总数,所以无法判断死亡率,排除。

B项,“有了安全、廉价的疫苗”肯定了(4)的后件,能否“控制结核病”不确定,排除。

C项,(2)是因果关系,不能成为该项中的充分条件假言判断,排除。

D项,该项简化为“避免数百万人死于结核病→近几年消除结核病”,是(3)的等价逆否判断,正确。

E项,“新疫苗应用于临床”与题干信息无关,排除。

5.**【答案】**A

【解析】解题步骤1:简化题干信息。

(1)没有崇高的信仰 →不可能守住道德的底线=守住道德的底线→有崇高的信仰。

(2)保持崇高的信仰 →加强理论学习。

解题步骤2:建立题干条件关系。

由(1)(2)得出“守住道德的底线→有崇高的信仰→加强理论学习”,所以选择A项。

6.**【答案】**E

【解析】解题步骤1:简化题干信息。

(1)激发自主创新的活力→建设科技创新中心→推进与高校、科研院所的合作。

(2)催生重大科技成果→搭建服务科技创新发展战略的平台∧科技创新与经济发展对接的平台∧聚集创新人才的平台。

解题步骤2:上述条件无法联立,选项代入验证。

A项,“企业推进与高校、科研院所的合作”肯定了(1)的部分后件,不符合假言判断推理规则,排除。

B项,“企业搭建了服务科技创新发展战略的平台”肯定了(2)的后件,不符合假言判断推理规则,排除。

C项,“能否……决定是否……”属于“双肯双否”的充要条件假言判断,与题干必要条件形式不一致,排除。

D项,“企业搭建了科技创新与经济发展对接的平台”肯定了(2)的后件,不符合假言判断推理规则,排除。

E项,“没有搭建聚集创新人才的平台→不能催生重大科技成果”是(2)的等价逆否判断,正确。

7.【答案】D

【解析】解题步骤1:简化题干信息。

(1)为生态文明建设提供可靠保障→实行最严格的制度、最严密的法治。

(2)实行最严格的制度、最严密的法治→建立责任追究制度∧追究相应责任。

解题步骤2:建立题干条件关系,选项代入验证。

由(1)(2)得出,(3)为生态文明建设提供可靠保障→实行最严格的制度、最严密的法治→建立责任追究制度∧追究相应责任。

A项,“筑牢生态环境的制度防护墙”与题干信息无关,排除。

B项,“追究相应责任”肯定了(3)的后件,不符合假言判断推理规则,排除。

C项,“要建立责任追究制度”肯定了(2)的后件,不符合假言判断推理规则,排除。

D项,“¬ 建立责任追究制度→¬ 为生态文明建设提供可靠保障”是(3)的等价逆否判断,正确。

E项,“生态文明建设的重要目标”与题干无关,排除。

8.【答案】C

【解析】解题步骤1:简化甲国队主教练的陈述。

从小组出线→在下一场比赛中取得胜利∧本组的另一场比赛打成平局。

解题步骤2:问题要求找“不可能”的选项,预判优选项为甲国队主教练陈述的矛盾判断,即“a∧¬ b”。

A、D、E 项,“未能从小组出线”属于否定前件,不符合假言判断的推理规则,排除。

B 项,“从小组出线∧打成平局”属于肯前∧肯后,不是甲国队主教练陈述的矛盾判断,排除。

C 项,“从小组出线∧两场比赛都分出了胜负”,是甲国队主教练陈述的矛盾判断,正确。

9. **【答案】** A

【解析】 解题步骤 1:简化题干信息。

(1)李副书记在县城值班→李副书记参加宣传工作例会。

(2)张副书记在县城值班→张副书记做信访接待工作。

(3)王书记下乡调研→张副书记∨李副书记在县城值班。

(4)王书记不下乡调研→王书记参加宣传工作例会∨做信访接待工作。

(5)宣传工作例会只需分管宣传的副书记参加,信访接待工作也只需一名副书记参加。

解题步骤 2:建立题干条件关系。

只有(5)是确定信息,由(5)得出,王书记不参加宣传工作例会∧不做信访接待工作;结合(4)的等价逆否判断得出,王书记下乡调研,所以选择 A 项。

10. **【答案】** D

【解析】 解题步骤 1:简化题干信息。

(1)任何涉及核心技术的项目→不能受制于人。

(2)有的网络安全建设项目⇒涉及信息核心技术。

(3)全盘引进国外先进技术∧不努力自主创新→我国的网络安全将会受到严重威胁。

解题步骤 2:建立题干条件关系,选项代入验证。

根据(1)(2)得出,(4)有的网络安全建设项目⇒涉及信息核心技术→不能受制于人。

A 项,“我国工程技术领域的所有项目”超出题干信息“核心技术的项目”的范围,排除。

B 项,“能做到自主创新”否定了(3)的前件,不符合假言判断推理规则,排除。

C 项,“不是全盘引进国外先进技术”否定了(3)的前件,不符合假言判断推理规则,排除。

D 项,与(4)一致,正确。

E 项,无法判断“不能与国外先进技术合作”,排除。

11. **【答案】** C

【解析】 解题步骤 1:简化题干信息。

(1)黄金投资比例高于 1/2→剩余部分投入国债∧股票。

(2)股票投资比例低于 1/3→剩余部分¬投入外汇∧¬投入国债。

(3)外汇投资比例低于 1/4→剩余部分投入基金∨黄金。

(4)国债投资比例不能低于 1/6。

解题步骤 2：建立题干条件关系。

(4)为确定信息，因此将其作为出发点，结合(2)得出，股票投资比例不低于 1/3(≥1/3)；进一步得出股票投资比例不低于 1/4，因此选择 C 项。

12. **【答案】** C

【解析】 解题步骤 1：简化题干信息。

(1)颜子是主持人→曾寅∨荀辰是成员。

(2)曾寅是主持人→颜子∨孟申是成员。

(3)荀辰是主持人→颜子是成员。

(4)孟申是主持人→荀辰∨颜子是成员。

(5)仅有一名主持人，项目组成员不超过两位(含主持人)。

解题步骤 2：选项代入验证，选择一定假的选项。

A 项，"颜子是主持人，荀辰是成员"满足(1)；"颜子是成员，荀辰是主持人"满足(3)，排除。

B 项，"孟申是主持人，颜子是成员"满足(4)，排除。

C 项，"曾寅是主持人，荀辰是成员"与(2)矛盾；"荀辰是主持人，曾寅是成员"与(3)矛盾，两种情况都为假，正确。

D 项，"孟申是主持人，荀辰是成员"满足(4)，排除。

E 项，"曾寅是主持人，孟申是成员"满足(2)，排除。

13. **【答案】** A

【解析】 解题步骤 1：简化题干信息。

(1)¬ 二胡∨¬ 箫。

(2)笛子∨二胡∨古筝。

(3)箫∨古筝∨唢呐(2 种或 2 种以上)。

(4)箫→¬ 笛子。

解题步骤 2：建立题干条件关系。

根据问题"根据上述要求，可以得出以下哪项"，说明要把题干中的选言变为假言。因此从(4)的前件 "箫"做假设，继续进行推理。

假设买箫，根据(1)(4)得出"¬ 二胡∧¬ 笛子"，结合(2)得出"古筝"，假设没有矛盾，结论可能真。

假设不买箫，根据(3)得出"¬ 箫→古筝∧唢呐"。

所以无论买不买箫都要买古筝，则一定买古筝。

综上，根据选言判断部分真则为真，选择 A 项。

燚语点拨

二难推理的目标是找到确定结果,所以一般先找重复的单判断做假设,若推出矛盾则找到确定的结果,即最优模型 2“假设 a 为真,推出矛盾,说明 a 为假”。

若没有推出矛盾,则需要继续假设,即最优模型 1“假设 a 为真,推出 b;假设¬ a 为真,推出 b,说明 b 一定为真”。

14. **【答案】** D

【解析】 解题步骤 1:简化题干信息。

(1)人民是历史的创造者∧是历史的见证者。

(2)人民是历史的“剧中人”∧是历史的“剧作者”。

(3)离开人民→文艺变成无根的浮萍、无病的呻吟、无魂的躯壳。

(4)作品在人民中传之久远→观照人民的生活、命运、情感,表达人民的心愿、心情、心声。

解题步骤 2:题干条件无法联立,选项代入验证。

A、B、C 项,选项中“都”为假言判断标志词,与(1)(2)题干形式不一致,排除。

D 项,“¬ 文艺变成无根的浮萍、无病的呻吟、无魂的躯壳→¬ 离开人民”,是(3)的等价逆否判断,正确。

E 项,“要表达人民的心愿、心情、心声”,肯定了(4)的后件,不符合假言判断推理规则,排除。

15. **【答案】** B

【解析】 解题步骤 1:简化题干信息。

(1)乙周二∨周六。

(2)甲周一→丙周三∧戊周五。

(3)¬ 甲周一→己周四∧庚周五。

(4)乙周二→己周六。

(5)丙周日。

解题步骤 2:建立题干条件关系。

(5)结合(2)可得,¬ 甲周一;结合(3)可得,己周四∧庚周五;结合(4)的等价逆否判断可得,¬ 乙周二;结合(1)可得,乙周六。

综上,选择 B 项。

16. **【答案】** D

【解析】 解题步骤 1:简化题干信息。

(1)乙周二∨周六。

(2)甲周一→丙周三∧戊周五。

(3)¬ 甲周一→己周四∧庚周五。

(4)乙周二→己周六。

(5)庚周四。

解题步骤 2:建立题干条件关系,找“一定为假”的选项。

(5)结合(3)可得,甲周一;结合(2)可得,丙周三∧戊周五。

D 项与“戊周五”矛盾,一定为假,正确。

17. 【答案】E

【解析】解题步骤 1:简化题干信息。

(1)凡含“春”“夏”“秋”“冬”字的节气各属春、夏、秋、冬季。

(2)凡含“雨”“露”“雪”字的节气各属春、秋、冬季。

(3)“清明”不在春季→“霜降”不在秋季。

(4)“雨水”在春季→“霜降”在秋季。

解题步骤 2:建立题干条件关系。

根据(2)可知,“雨水”一定在春季,结合(4)(3)得出:(5)“雨水”在春季→“霜降”在秋季→“清明”在春季。

问题为“以下哪项是不可能的”,即找一定为假的选项,优选项为与(5)矛盾的命题,即“‘清明’不在春季”,因此选择 E 项。

18. 【答案】C

【解析】解题步骤 1:简化题干信息。

(1)一号线拥挤→小张先坐 2 站,再坐 3 站。

(2)一号线不拥挤→小张先坐 3 站,再坐 4 站。

(3)小王先坐 2 站,再坐 3 站→一号线拥挤。

(4)一号线不拥挤→小李先坐 4 站,再坐 3 站,最后坐 1 站。

(5)一号线不拥挤。

解题步骤 2:建立题干条件关系。

结合(5)(2)得出“小张坐 7 站”。

结合(5)(4)得出“小李坐 8 站”。

根据问题“最可能与上述信息不一致”,可知 C 项中的“小李比小张先到达”一定为假,正确。

19. 【答案】E

【解析】解题步骤 1:简化张教授的观点。

不损害他人利益∧满足自身利益需求→良善的社会。

解题步骤 2:问题要求找一定真的选项,将选项代入验证。

A 项,“社会可能是良善的”,肯定了后件,不符合假言判断推理规则,排除。

B 项,“会损害社会的整体利益”,与题干信息无关,排除。

C 项,“个体的利益需求没有得到满足”,否定了前件,不符合假言判断推理规则,排除。

D 项,“损害他人利益∧满足自身利益需求”否定了前件,不符合假言判断推理规则,排除。

E 项,“¬ 良善的社会→损害他人利益∨自身利益需求没有满足”是题干的等价逆否判断,正确。

20.【答案】C

【解析】解题步骤 1:简化题干信息。

(1)人不知→己不为。

(2)人不闻→己不言。

解题步骤 2:题干条件无法联立,选项代入验证。

A 项,“己不为”肯定了(1)的后件,不符合假言判断推理规则,排除。

B 项,“己不言”肯定了(2)的后件,不符合假言判断推理规则,排除。

C 项,“己为→人会知”是(1)的等价逆否判断;“己言→人会闻”是(2)的等价逆否判断,正确。

D、E 项,“若……则”的假言表达形式与题干“而”的联言表达形式不同,排除。

21.【答案】C

【解析】解题步骤 1:简化题干信息。

(1)收到会议主办方发出的邀请函→论文通过审核。

(2)欢迎参加本次学术会议→收到主办方邀请函的科研院所的学者。

解题步骤 2:建立题干条件关系,选项代入验证。

联立(1)(2)得出,欢迎参加本次学术会议→收到主办方邀请函的科研院所的学者→论文通过审核。

A 项,论文通过审核→可以参加本次学术会议,属于“肯后→肯前”,与题干形式不一致,排除。

B 项,有些论文通过审核⇒不能参加本次学术会议,属于“肯后→否前”,与题干形式不一致,排除。

C 项,¬ 论文通过审核→¬ 欢迎参加本次学术会议=欢迎参加本次学术会议→论文通过审核,与题干形式一致,正确。

D 项,论文通过审核∧收到主办方邀请函→欢迎参加本次学术会议,属于“肯后→肯前”,与题干形式不一致,排除。

E 项,有些论文通过审核∧¬ 持有主办方邀请函⇒欢迎参加本次学术会议,否定了(2)的后件,肯定了(2)的前件,与题干形式不一致,排除。

22. 【答案】D

【解析】解题步骤1:简化题干信息。

(1)最终审定的项目意义重大∨关注度高。

(2)意义重大的项目→涉及民生问题。

(3)有些最终审定的项目⇒¬ 涉及民生问题。

解题步骤2:建立题干条件关系。

联立(2)(3)得出,(4)有些最终审定的项目⇒¬ 涉及民生问题→¬ 意义重大的项目,结合(1)得出“关注度高”。

解题步骤3:根据题干条件联立出的结果有特称量项“有些”,预判优选项为B、C、D、E项。

B项,“有些项目意义重大∧¬ 关注度高”,与题干“¬ 意义重大∧关注度高”不同,排除。

C项,“有些涉及民生问题的项目⇒¬ 关注度高”,与题干“关注度高”不同,排除。

D项,“有些项目关注度高∧¬ 意义重大”,与题干内容一致,正确。

E项,“有些不涉及民生问题的项目⇒意义重大”,与题干“¬ 意义重大”不同,排除。

燚语点拨

注意题干的直言判断是肯定句还是否定句,若选项的肯否形式与题干不一致,则可以快速排除。

23. 【答案】C

【解析】解题步骤1:简化题干信息。

(1)专利产品∨专利方案→创新。

(2)有些创新⇒不值得拥有专利。

(3)模仿→¬ 创新。

(4)有些模仿者⇒不应该受到惩罚。

解题步骤2:建立题干条件关系。

根据(1)(3)得出,(5)专利产品∨专利方案→创新→¬ 模仿。

根据(2)(3)得出,(6)有些不值得拥有专利⇒创新→¬ 模仿。

解题步骤3:问题要求找“不可能”的选项,将选项代入验证。

A项,“有些值得拥有专利的创新产品并没有申请专利”,与题干信息无关,题干并未提及“申请专利”的相关信息,排除。

B项,“有些创新者可能受到惩罚”,与题干信息无关,排除。

C项,“有些值得拥有专利的产品是模仿”与(5)矛盾,一定假,正确。

D项,“模仿都不值得拥有专利”是(5)的等价逆否判断,一定真,排除。

E项,“所有的模仿者都受到了惩罚”与(4)“有些模仿者不应该受到惩罚”陈述的层面不一致,“不应该”不能确定是否受到了惩罚,排除。

24.【答案】B

【解析】解题步骤1:简化题干信息。

(1)低质量的产能→过剩。

(2)顺应市场需求不断更新换代的产能→¬ 过剩。

解题步骤2:建立题干条件关系。

根据(1)(2)得出“顺应市场需求不断更新换代的产能→¬ 过剩→¬ 低质量的产能”,所以选择B项。

25.【答案】B

【解析】解题步骤:根据问题中的补充条件验证选项。

由“每张卡片至少有一面印的是偶数∨花卉”得出,若验证“¬ 偶数→花卉”,需要看第四张“7”;若验证“¬ 花卉→偶数”,需要翻看第一张“虎”和第五张“鹰”才能满足问题的要求。综上,共需要翻看3张卡片,选择B项。

26.【答案】B

【解析】解题步骤1:简化题干信息。

(1)只为自己劳动→不能成为完美无瑕的伟大人物。

(2)如果选择了最能为人类福利而劳动的职业→重担不能把我们压倒。

(3)为人类福利而劳动(为大家献身)→幸福将属于千百万人∧事业永恒存在∧高尚的人们洒下热泪[针对(2)的解读]。

解题步骤2:题干条件无法联立,选项代入验证。

A项,该项简化为“只为自己劳动→重担将他压倒”,但(1)(2)无法联立,排除。

B项,该项简化为“为大家献身→幸福将属于千百万人∧高尚的人们洒下热泪”,与(3)一致,正确。

C项,“没有选择最能为人类福利而劳动的职业”否定了(2)的前件,不符合假言判断推理规则,排除。

D项,该项简化为“选择了最能为人类福利而劳动的职业→能够成为完美无瑕的伟大人物”,但(1)(2)无法联立,排除。

E项,该项简化为“只为自己劳动→我们的事业就不会永恒存在”,但(1)(3)无法联立,排除。

27.【答案】C

【解析】解题步骤1:简化题干信息。

(1)人们知无不言、言无不尽→领导干部对于各种批评意见采取有则改之、无则加勉的态度,营造言者无罪、闻者足戒的氛围。

(2)领导干部做到“兼听则明”∨做出科学决策→从谏如流∧为说真话者撑腰。

(3)营造风清气正的政治生态→乐于和善于听取各种不同意见。

解题步骤2:题干条件无法联立,选项代入验证。

A项,“领导干部必须善待批评”肯定了(1)的后件,“从谏如流∧为说真话者撑腰”肯定了(2)的后件,无法建立关系,排除。

B项,题干仅提到“领导干部对于各种批评意见应采取有则改之、无则加勉的态度”,无法由此推出“大多数领导”的实际情况,排除。

C项,“¬从谏如流→¬做出科学决策”是(2)的等价逆否判断,正确。

D项,“营造言者无罪、闻者足戒的氛围”肯定了(1)的后件,“形成风清气正的政治生态”肯定了(3)的前件,无法建立关系,排除。

E项,“乐于和善于听取各种不同意见”肯定了(3)的后件,“知无不言、言无不尽”肯定了(1)的前件,无法建立关系,排除。

28. **【答案】** D

【解析】 解题步骤1:简化题干信息。

(1)M大学社会学学院的老师→曾经对甲县某些乡镇进行家庭收支情况调研。

(2)N大学历史学院的老师→曾经到甲县的所有乡镇进行历史考察。

(3)赵若兮曾经对甲县所有乡镇家庭收支情况进行调研∧未曾到项郢镇进行历史考察。

(4)陈北鱼曾经到梅河乡进行历史考察∧从未对甲县家庭收支情况进行调研。

解题步骤2:题干条件无法联立,预判优选项,代入验证。

(1)(2)为假言判断,选项优选假言判断,只有D项是假言判断,故先对D项进行分析。

D项,若赵若兮是N大学历史学院的老师,则结合(2)可得,赵若兮曾经到甲县的所有乡镇进行历史考察;再结合(3)“赵若兮未曾到项郢镇进行历史考察”推出,项郢镇不是甲县的,该项推理正确。

羰语点拨

题干同时有假言和联言时,联言通常不是出发点,而是作为假言判断中间的“搭桥项”,所以要优先将假言判断代入验证。

29. **【答案】** E

【解析】 解题步骤1:简化题干信息,确定好用的条件。

(1)甲∨乙“最佳导演”→(丙“最佳女主角”∧丁“最佳编剧”丁)∀(丙“最佳编剧”∧丁“最佳女主角”)。

(2)P片主角“最佳男主角”∨“最佳女主角”→P获得“最佳故事片”。

(3)Q片主角“最佳男主角”∨“最佳女主角”→Q获得“最佳故事片”。

(4)“最佳导演”与“最佳故事片”不是同一部影片。

因为(4)为限定的条件,所以优先验证与“最佳主角”相关的选项。

解题步骤 2:题干条件关联弱,根据问题找“预测不一致”即一定为假的选项,采用选项代入验证法,选择与题干矛盾的选项。

B 项,“最佳男主角”来自影片 Q,结合(3)可知,Q 获得“最佳故事片”;由于乙没有获得“最佳导演”,结合(4)可知,没有矛盾,排除。

C 项,丙获得“最佳女主角”,若丙来自影片 P,结合(2)可知,P 获得“最佳故事片”,没有矛盾,排除。

D 项,“最佳女主角” 来自影片 P,结合(2)可知,P 获得“最佳故事片”,与丁获得“最佳编剧”没有矛盾,排除。

E 项,“最佳女主角”来自影片 P,结合(2)可知,P 获得“最佳故事片”;“最佳导演”也来自影片 P,与(4)矛盾,正确。

综上,选择 E 项。

30. 【答案】C

【解析】解题步骤 1:简化题干信息。

(1)“完品”∨“真品”→“稀品”。

(2)“稀品”∨“名品”→“特品”。

(3)不是“特品”。

解题步骤 2:建立题干条件关系。

由(3)(2)推出,¬“稀品”∧¬“名品”;再结合(1)推出,¬“完品”∧¬“真品”。所以可知是“精品”,选择 C 项。

31. 【答案】E

【解析】解题步骤:选项充分,代入验证排除法。

A 项,该项有“2 月 1 日”但没有“9 月 1 日”,不符合条件(1),排除。

B 项,该项有“2 月 1 日”但没有“9 月 1 日”,不符合条件(1),排除。

C 项,该项有“3 月 1 日”且有“11 月 1 日”,不符合条件(2),排除。

D 项,该项有“4 月 1 日”且有“11 月 1 日”,不符合条件(2),排除。

综上,选择 E 项。

32. 【答案】D

【解析】解题步骤 1:简化题干信息。

(1)发展蹄疾步稳→理念科学。

(2)行动突破重围→思想破冰。

(3)未来行稳致远→战略得当。

(4)执政环境不会一成不变,治国理政需要与时俱进。

解题步骤2:题干条件无法联立,选项代入验证,排除“不可以得出”的选项。

A、E项,与题干信息无关,排除。

B项,肯定了(2)的后件,不满足假言判断推理规则,排除。

C项,“改善执政环境”与(4)内容不一致,排除。

D项,该项为“¬ 战略得当→¬ 未来行稳致远”,是(3)的等价逆否判断,正确。

33.【答案】C

【解析】解题步骤:题干条件无关联,选项代入验证,排除矛盾选项。

A、D项,有黑体,根据(1)可知,黑体→篆书,选项不满足,排除。

B、E项,有隶书,根据(2)可知,隶书→黑体,选项不满足,排除。

综上,选择C项。

34.【答案】B

【解析】解题步骤1:简化题干信息。

(1)控制通货膨胀→¬ 超发货币∧控制物价。

(2)控制物价→税收减少。

(3)¬ 超发货币∧税收减少→预算将减少。

(4)预算未减少。

解题步骤2:建立题干条件关系。

(4)结合(3)推出“超发货币∨¬ 税收减少”。

假设“超发货币”,结合(1)推出“¬ 控制通货膨胀”。

假设“¬ 税收减少”,结合(2)推出“¬ 控制物价”;再结合(1)推出“¬ 控制通货膨胀”。

所以“政府未能控制通货膨胀”一定真,选择B项。

35.【答案】C

【解析】解题步骤1:简化题干信息。

(1)信念不坚定→陷入停滞彷徨的思想迷雾→无法面对各种挑战风险=面对各种挑战风险→¬ 陷入停滞彷徨的思想迷雾→信念坚定。

(2)把中国特色社会主义事业发展好(把中国的事情办好)→坚持中国特色社会主义道路自信、理论自信、制度自信、文化自信。

解题步骤2:选项代入验证,排除“不可以得出”的选项。

A项,“四个自信”→把中国的事情办好,与(2)不一致,排除。

B项,信念坚定→¬ 陷入停滞彷徨的思想迷雾,与(1)不一致,排除。

C项,应对各种挑战风险→信念坚定,与(1)一致,正确。

D、E项,内容与题干推理无关,排除。

36.【答案】E

【解析】解题步骤 1:简化题干信息。

(1)2 号楼∧1 单元的住户→打了甲公司的疫苗。

(2)小李家不是该小区 2 号楼∧1 单元的住户。

(3)小赵家都打了甲公司的疫苗。

(4)小陈家都没有打甲公司的疫苗。

解题步骤 2:建立题干条件关系。

由(4)(1)得出,小陈家不是“2 号楼∧1 单元的住户”,即小陈家若是 2 号楼的住户,则不是 1 单元的。所以,选择 E 项。

37.【答案】A

【解析】解题步骤 1:简化题干信息。

(1)甲、丙、壬、癸中至少 1 人不是数学专业→丁、庚、辛都是化学专业。

(2)乙、戊、己中至少 1 人不是哲学专业→甲、丙、庚、辛 4 人专业各不相同。

(3)10 名新进员工,学 5 个专业之一,每人只学 1 个专业。

解题步骤 2:建立题干条件关系。

根据相关项“庚、辛”搭桥,假设乙、戊、己中至少 1 人不是哲学专业,可以推出,(4)甲、丙、庚、辛 4 人专业各不相同;结合(1)推出,(5)甲、丙、壬、癸都是数学专业。

综合可得,(4)和(5)矛盾,所以假设不成立,得出“乙、戊、己都是哲学专业”。

综上,选择 A 项。

38.【答案】E

【解析】解题步骤 1:简化 H 市医保局的公告内容。

(1)社保卡将不再作为就医结算的唯一凭证。

(2)定点医疗机构→实现医保电子凭证的实时结算。

(3)本市参保人员→可凭医保电子凭证就医结算。

(4)扫码使用→将医保电子凭证激活。

解题步骤 2:选项代入验证,排除不符合上述公告的选项。

A 项,“H 市非定点医疗机构” 否定了(2)的前件,不符合假言判断推理规则,排除。

B 项,“使用医保电子凭证结算” 肯定了(2)的后件,不符合假言判断推理规则,排除。

C 项,“持有社保卡的外地参保人员”否定了(3)的前件,不符合假言判断推理规则,排除。

D 项,“外地参保人员” 否定了(3)的前件,不符合假言判断推理规则,排除。

E 项,“¬ 激活医保电子凭证→¬ 扫码结算”是(4)的等价逆否判断,正确。

39.【答案】E

【解析】解题步骤 1:简化题干信息。

(1)发现当下的不足∧确立前进的目标∧通过实际行动改进不足∧通过实际行动实现目标→保持对生活的乐观精神。

(2)有了对生活的乐观精神→会拥有幸福感。

(3)有一些人能发现当下的不足∧通过实际行动去改进∧没有幸福感。

解题步骤2:建立题干条件关系。

(3)中的"没有幸福感"否定了(2)的后件,得出,¬对生活的乐观精神;结合(1)得出,¬发现当下的不足∨¬确立前进的目标∨¬通过实际行动改进不足∨¬通过实际行动实现目标;再结合(3)"发现当下的不足∧通过实际行动去改进"得出,¬确立前进的目标∨¬通过实际行动实现目标。

综上,选择E项。

40.【答案】C

【解析】解题步骤1:简化题干信息。

(1)传统节日→带给人们快乐和喜庆∧塑造文化自信。

(2)开辟未来→不忘历史。

(3)善于创新→善于继承。

(4)传统节日提供心灵滋养与精神力量→文化得以赓续而繁荣兴盛→融入现代生活。

解题步骤2:选项代入验证,排除"不可以得出"的选项。

A项,文化得以赓续而繁荣兴盛→提供心灵滋养与精神力量,与(4)不一致,排除。

B项,传统节日融入现代生活→提供心灵滋养与精神力量,与(4)不一致,排除。

C项,有些带给人们欢乐和喜庆的节日⇒塑造文化自信,根据(1)说明"所有"传统节日→"都"带给人们欢乐和喜庆∧塑造文化自信,可以推出"有的"节日⇒带给人们欢乐和喜庆∧塑造文化自信,符合直言判断包含关系,正确。

D项,"厚重历史文化的传统"与题干无关,排除。

E项,"深入人心的习俗"与题干无关,排除。

41.【答案】B

【解析】解题步骤1:简化题干信息。

(1)龙川→呈坎。

(2)龙川∨徽州=¬龙川→徽州。

(3)呈坎→新安江山水画廊。

(4)徽州→新安江山水画廊。

(5)新安江山水画廊→江村。

解题步骤2:建立题干条件关系。

根据(1)(3)得出"龙川→呈坎→新安江山水画廊";根据(2)(4)得出"¬龙川→徽州→

新安江山水画廊”。所以,根据二难推理最优模型 1,无论去不去龙川都一定去新安江山水画廊;再结合(5)得出,一定去江村。

综上,选择 B 项。

42.【答案】D

【解析】解题步骤 1:简化题干信息。

(1)保持 GDP 高速增长→推动工业化∧推动城市化→效率高。

(2)释放生产能力→提高消费能力→公平。

解题步骤 2:题干条件无法联立,选项代入验证,排除“不可以得出”的选项。

A 项,“效率”与“公平”不能建立关系,排除。

B 项,“公平→释放生产能力”属于“肯后推肯前”,不满足假言判断推理规则,排除。

C 项,该项为“效率∧公平→提高消费能力”,而(2)是“提高消费能力→公平”,该项与(2)不一致,排除。

D 项,“¬ 效率高→¬ (推动工业化∧推动城市化)”是(1)的等价逆否判断,正确。

E 项,“推动工业化∧推动城市化→保持 GDP 高速增长”属于“肯后推肯前”,不满足假言判断推理规则,排除。

43.【答案】C

【解析】解题步骤 1:简化题干信息,将“丙的话”变为假话。

(1)甲:中高村→北塔村。

(2)乙:北塔村→西井村。

(3)丙:(东山村∨南塘村)∧¬ 西井村。

(4)丁:南塘村→北塔村∨中高村。

解题步骤 2:建立题干条件关系。

(3)为确定条件,(3)中的“¬ 西井村”结合(2)推出“¬ 北塔村”;结合(1)推出“¬ 中高村”;结合(4)推出“¬ 南塘村”;再结合(3)推出“东山村”。所以,选择 C 项。

44.【答案】D

【解析】解题步骤 1:简化题干信息。

(1)南山古镇∧竹山。

(2)翠湖→¬ 花海∧¬ 南山古镇。

(3)¬ 翠湖→海底世界∧¬ 植物园。

解题步骤 2:建立题干条件关系。

由(1)(2)得出“¬ 翠湖”,结合(3)得出“海底世界∧¬ 植物园”。

综上,3 人一定游览“竹山、南山古镇、海底世界”,所以选择 D 项。

45.【答案】D

【解析】解题步骤1:简化题干信息。

(1)橱柜→¬ 卫浴∧¬ 供暖。

(2)¬ 橱柜→卫浴。

(3)¬ 卫浴∨¬ 橱柜→供暖。

解题步骤2:选取假设对象,建立题干条件关系。

“橱柜”与“卫浴”在三个条件中均出现,可以作为假设的对象。

假设“买橱柜”,结合(1)得出“¬ 卫浴∧¬ 供暖”;“¬ 供暖”结合(3)得出“卫浴∧橱柜”,出现矛盾,所以一定不买橱柜,排除A、B、C项。

“¬ 橱柜”结合(2)(3)得出“卫浴∧供暖”,所以选择D项。

46.【答案】B

【解析】解题步骤1:简化题干信息。

(1)通过第三方招聘进入甲公司的销售职员→具有会计学专业背景。

(2)孔某的高中同学→没有会计学专业背景。

(3)甲公司销售部经理孟某是孔某的高中同学。

(4)孔某是通过第三方招聘进入甲公司的。

解题步骤2:建立题干条件关系。

根据(3)(2)得出“甲公司销售部经理孟某没有会计学专业背景”,结合(1)得出“孟某不是通过第三方招聘进入甲公司的”,所以选择B项。

47.【答案】A

【解析】解题步骤1:简化题干信息。

(1)爱读小说→喜欢故事。

(2)喜欢吟咏→爱读诗歌。

(3)爱看戏剧→喜欢对白。

(4)喜欢闲逸→爱看散文。

(5)小张爱读小说∧爱读诗歌∧不爱看戏剧。

解题步骤2:建立题干条件关系。

(5)结合(1)得出“小张喜欢故事”,所以选择A项。

48.【答案】D

【解析】解题步骤1:简化题干信息。

(1)失去健康→失去幸福。

(2)对于国家来说,拥有高质量发展能力→拥有健康的人民。

(3)必须把保障人民健康放在优先发展的战略位置,大力推进健康中国建设。

解题步骤2:题干条件无法联立,选项代入验证。

注意题干条件均为肯定句,根据假言判断逆否推理规则,可以优先验证双否的选项。

D项,"若没有健康的人民,一个国家就不会拥有高质量发展能力"是(2)逆否推理的等价判断,正确。

49.【答案】B

【解析】解题步骤1:简化题干信息。

(1)¬危险性大的烟花→可降解∨¬漂浮物。

(2)新型组合烟花∨危险性大的烟花→¬环保类烟花。

(3)环保类烟花。

解题步骤2:由确定条件出发搭桥推理。

由(3)(2)可得,¬新型组合烟花∧¬危险性大的烟花;再结合(1)可得,可降解∨¬漂浮物。

根据相容选言判断"否定一肢→肯定另一肢"的规则,选择B项。

50.【答案】D

【解析】解题步骤1:简化题干信息。

(1)跳水∨射箭。

(2)射箭∨短跑→体操。

(3)¬短跑∨¬篮球→¬跳水=跳水→短跑∧篮球。

解题步骤2:找相同或相关条件搭桥,构建二难推理。

假设"跳水",结合(3)可得,短跑,再结合(2)得,体操。

假设"¬跳水",结合(1)可得,射箭,再结合(2)得,体操。

综上,"跳水"与"¬跳水"构成二难推理,得出"体操"一定发生,所以选择D项。

51.【答案】B

【解析】解题步骤1:简化题干信息。

(1)促进优化升级、融合融通→营造良好数字生态。

(2)激发数字技术的创新活力∧引领和驱动经济结构调整→营造良好数字生态。

(3)推动数字惠民∧满足人民美好数字生活需要→营造良好数字生态。

解题步骤2:题干条件无法联立,选项代入验证。

A项,满足人民美好数字生活需要→激发数字技术的创新活力∧推动数字惠民,与(2)(3)不一致。

B项,推动数字惠民∧¬营造良好数字生态→¬满足人民美好数字生活需要,与(3)的推理关系一致,正确。

C项,激发数字技术的创新活力∧¬推动数字惠民→¬引领和驱动经济结构调整,与(2)(3)不一致。

D项，“让数字技术全面融入人类经济、政治、文化、社会、生态文明建设各领域和全过程”与题干推理无关。

E项，促进优化升级、融合融通→营造良好数字生态∧推动数字惠民，与(1)(3)不一致。

52.【答案】E

【解析】解题步骤1：简化题干信息。

(1)连续3天以上未按时打卡∧排名在倒数10%之内→扣发年终奖。

(2)出现多次未按时打卡∧排名在前10%之内→不扣发年终奖。

(3)不扣发员工王某的年终奖。

解题步骤2：由确定信息出发搭桥推理。

由(3)(1)可得，¬连续3天以上未按时打卡∨¬排名在倒数10%之内，所以选择E项。

53.【答案】E

【解析】解题步骤：建立题干条件关系。

根据(3)可得，假设“李、王2人至多有1人报书法课程”为真，则李和陆均报了声乐和绘画课程；结合(1)可知，赵和王两人分别报其他4门课程中的2门。此时，与(2)矛盾，因此假设不成立，故李和王均报书法课程，所以选择E项。

54.【答案】D

【解析】解题步骤1：简化题干信息。

(1)粮食安全→振兴种业。

(2)种子规模化、标准化→用地规模化、集约化、标准化。

(3)振兴种业→向科技密集型转变→科技创新。

(4)振兴种业→依赖人才。

(5)激发创新活力，与时俱进育新种、制良种→提高待遇。

(6)振兴种业→与时俱进育新种、制良种。

解题步骤2：选项代入验证，排除“不可以得出”的选项。

A项，科技创新→粮食安全，根据(1)(3)搭桥得出，粮食安全→科技创新，不一致，排除。

B项，根据(3)(5)不能搭桥，排除。

C项，与时俱进育新种、制良种→粮食安全，根据(1)(6)搭桥得出，粮食安全→与时俱进育新种、制良种，不一致，排除。

D项，与(3)(4)的推理关系一致，正确。

E项，根据(2)(3)不能搭桥，排除。

55.【答案】D

【解析】解题步骤：建立题干条件关系。

根据(1)可得,“文津阁本”和“文溯阁本”分别在台湾、甘肃和广东三地中的某两地存放,此时(2)的前件被肯定,则可推出“文渊阁本”存放于广东;结合(1)可得,“文澜阁本”已大量散佚。

综上,选择 D 项。

56.【答案】C

【解析】解题步骤 1:简化题干信息。

(1)甲∨乙→丙∧丁。

(2)丙∨戊→己∧庚。

(3)¬ 乙∨¬ 丁→戊∧己。

(4)甲∨丙→乙∧¬ 庚。

解题步骤 2:选取假设对象,构建矛盾。

假设选择甲,根据(1)(4)得出,丙∧丁∧乙∧¬ 庚;结合(2)的逆否可得,¬ 丙∧¬ 戊,出现矛盾,所以¬ 甲。

假设选择丙,根据(2)(4)得出,己∧庚∧乙∧¬ 庚,出现矛盾,所以¬ 丙。

解题步骤 3:由确定条件出发搭桥推理。

“¬ 丙”结合(1)的逆否可得,¬ 乙;结合(3)可得,戊∧己;再结合(2)可得,庚。所以选择 C 项。

第三节 复合判断综合推理

答案速查表

题号	1	2	3	4	5	6	7	8	9	10
答案	D	B	B	C	D	D	C	D	D	D
题号	11	12	13	14	15	16	17	18	19	20
答案	E	C	D	D	B	E	D	E	E	A
题号	21	22	23	24	25	26	27	28	29	30
答案	B	E	C	B	D	A	B	D	B	C
题号	31	32	33	34	35	36	37	38	39	40
答案	B	E	A	C	D	A	B	D	D	A
题号	41	42	43	44	45	46	47	48		
答案	C	B	A	D	A	D	A	D		

1. 【答案】D

【解析】解题步骤1：简化题干信息。

(1)出演外国游客→甲∨乙。

(2)每个场景中至少有3类角色同时出现。

(3)每一场景中，乙∨丁出演商贩→甲∧丙出演购物者。

(4)每个场景中，购物者+路人≤2。

解题步骤2：题干条件无法联立，选项代入验证。

A项，“戊∧己出演路人”结合(4)得出，没有人出演购物者；结合(3)得出，¬乙出演商贩∧¬丁出演商贩；结合(2)进一步得出，甲、丙可能出演商贩，排除。

B项，根据(3)得出，在同一场景中丁出演商贩→甲∧丙出演购物者；再根据(1)(2)得出，乙出演外国游客，因此甲、乙、丙、丁可以在同一场景中同时出现，排除。

C项，“只有1人在不同场景出演不同的角色”也可以成立，排除。

D项，“丁∧戊出演购物者”结合(4)得出，没有人出演路人∧¬丙出演购物者；结合(3)得出，¬乙出演商贩；结合(4)得出，¬乙出演购物者∧¬乙出演路人，因此乙只能出演外国游客，正确。

E项，乙出演外国游客，甲还可以出演购物者，排除。

2. 【答案】B

【解析】解题步骤1：简化题干信息。

(1)小明收到橙色→小芳收到蓝色。

(2)小芳收到蓝色→小雷收到红色。

(3)小花收到紫色→小刚收到黄色。

(4)¬(收到黄色∧收到绿色)=收到黄色→¬收到绿色=收到绿色→¬收到黄色。

(5)小明只收到橙色∧小花只收到紫色。

(6)7份礼物分给5位小朋友，每份礼物只能由一人获得。

解题步骤2：问题要求找“可能为真”的选项，将选项代入验证，排除“一定为假”的选项。

A、D项，“小明收到两份礼物”与(5)矛盾，排除。

C、E项，“小花收到两份礼物”与(5)矛盾，排除。

综上，选择B项。

3. 【答案】B

【解析】解题步骤1：简化题干信息。

(1)小明收到橙色→小芳收到蓝色。

(2)小芳收到蓝色→小雷收到红色。

(3)小花收到紫色→小刚收到黄色。

(4)¬ (收到黄色∧收到绿色)= 收到黄色→¬ 收到绿色 = 收到绿色→¬ 收到黄色。

(5)小明只收到橙色∧小花只收到紫色。

(6)7 份礼物分给 5 位小朋友,每份礼物只能由一人获得。

解题步骤 2:建立题干条件关系。

(5)中的“小明只收到橙色”结合(1)得出,小芳收到蓝色;结合(2)得出,小雷收到红色。

(5)中的“小花只收到紫色”结合(3)得出,小刚收到黄色;结合(4)得出,小刚¬ 收到绿色。

根据(6)得出,小刚没有收到“橙色、蓝色、红色、紫色、绿色”;结合附加条件“小刚收到两份礼物”得出,小刚收到黄色和青色。所以,选择 B 项。

4. **【答案】**C

【解析】解题步骤 1:简化题干信息。

(1)四个人一一对应四门课程。

(2)赵珊珊选诗经∨唐诗∨宋词。

(3)李晓明¬ 选诗经→选唐诗。

解题步骤 2:建立题干条件关系。

问题要求“确定赵珊珊选宋词”,即确定,(4)赵珊珊¬ 选诗经∧¬ 选唐诗,优选项为其他人选诗经或选唐诗。

若庄志达选诗经,则结合(3)可得,李晓明选唐诗;再结合(2)可得,赵珊珊选宋词。

综上,选择 C 项。

5. **【答案】**D

【解析】解题步骤 1:简化题干信息。

(1)己在第二编队。

(2)¬ 戊在第一编队∨¬ 丙在第一编队。

(3)甲和丙不在同一编队。

(4)乙在第一编队→丁在第一编队。

(5)第一编队编列 3 艘舰艇,第二编队编列 4 艘舰艇。

(6)甲在第二编队。

解题步骤 2:建立题干条件关系。

(6)“甲在第二编队”为确定信息,作为出发点,结合(3)得出“丙在第一编队”;再结合(2)得出“戊在第二编队”。因此选择 D 项。

6. **【答案】**D

【解析】解题步骤 1:简化题干信息。

(1)己在第二编队。

(2)¬ 戊在第一编队∨¬ 丙在第一编队。

(3)甲和丙不在同一编队。

(4)乙在第一编队→丁在第一编队。

(5)第一编队编列 3 艘舰艇,第二编队编列 4 艘舰艇。

(6)丁和庚在同一编队。

解题步骤 2:建立题干条件关系。

(6)与(4)都有丁,且丁在(4)的后件,所以假设"丁不在第一编队",即"丁和庚在第二编队",结合(4)得出,乙在第二编队;而根据(1)(3)可知,还有两艘舰艇在第二编队,与条件(5)"第二编队编列 4 艘舰艇"矛盾,所以假设不成立,得出:(7)丁和庚在第一编队。

(7)(3)得出,丁、庚以及甲和丙中的一艘在第一编队;结合(5)得出,第一编队已满 3 艘舰艇,己、乙、戊必定在第二编队。

综上,选择 D 项。

7. **【答案】** C

【解析】 解题步骤 1:简化题干信息。

(1)东门位于松园 ∨ 菊园→南门不位于竹园。

(2)南门不位于竹园→北门不位于兰园。

(3)菊园在园林的中心→菊园与兰园不相邻。

(4)兰园与菊园相邻。

解题步骤 2:建立题干条件关系。

(4)否定了(3)的后件,从而得出菊园不在园林的中心,因此选择 C 项。

8. **【答案】** D

【解析】 解题步骤 1:简化题干信息。

(1)东门位于松园 ∨ 菊园→南门不位于竹园。

(2)南门不位于竹园→北门不位于兰园。

(3)菊园在园林的中心→菊园与兰园不相邻。

(4)兰园与菊园相邻。

(5)北门位于兰园。

解题步骤 2:建立题干条件关系。

(5)否定了(2)的后件,从而得出"南门位于竹园",结合(1)得出,东门不位于松园 ∧ 不位于菊园。

综上,东门不位于松园、菊园、兰园、竹园,则东门位于梅园,因此选择 D 项。

9. **【答案】** D

【解析】 解题步骤 1:简化题干信息。

(1)爱好王维的诗→爱好辛弃疾的词。

(2)爱好刘禹锡的诗→爱好岳飞的词。

(3)爱好杜甫的诗→爱好苏轼的词。

(4)4 人分别喜欢 4 位唐朝诗人中的一位。

(5)4 人喜爱的作者不与自己同姓。

(6)李诗不爱好苏轼和辛弃疾的词。

解题步骤 2:建立题干条件关系。

由(6)出发,结合(3)(1)得出,李诗不爱好杜甫的诗∧不爱好王维的诗;结合(5)得出,李诗不爱好李白的诗;结合(4)得出,李诗爱好刘禹锡的诗;再结合(2)得出,李诗爱好岳飞的词。

综上,选择 D 项。

10. **【答案】**D

【解析】解题步骤 1:简化题干信息。

(1)陈甲→邓丁∧¬ 张己。

(2)傅乙∨赵丙→¬ 刘戊。

(3)6 人中选 3 人精准扶贫。

解题步骤 2:选项代入验证,排除矛盾的选项。

A 项,赵丙∧刘戊,与(2)“有赵丙,不能有刘戊”矛盾,排除。

B 项,陈甲∧¬ 邓丁,与(1)“有陈甲,必须有邓丁”矛盾,排除。

C 项,傅乙∧刘戊,与(2)“有傅乙,不能有刘戊”矛盾,排除。

D 项,满足(1)(2),正确。

E 项,陈甲∧¬ 邓丁,与(1)“有陈甲,必须有邓丁”矛盾,排除。

11. **【答案】**E

【解析】解题步骤 1:简化题干信息。

(1)陈甲→邓丁∧¬ 张己。

(2)傅乙∨赵丙→¬ 刘戊。

(3)6 人中选 3 人精准扶贫。

(4)陈甲∨刘戊。

解题步骤 2:建立题干条件关系。

附加条件(4)为不确定条件,优选与假言判断相关的“肯前或否后”做假设,“陈甲”肯定了(1)的前件,可以做假设。

假设“陈甲”,结合(1)得出,派遣邓丁,没有推出矛盾,所以考虑假设“¬ 陈甲”构建二难推理模型。

假设“¬ 陈甲”,结合(4)得出,派遣刘戊;结合(2)得出,¬ 傅乙∧¬ 赵丙;再结合(3)可知,已有三人不入选,所以派遣邓丁。

综上,选择 E 项。

12.【答案】C

【解析】解题步骤 1:简化题干信息。

(1)7 大类奖项至少有 6 类入围,即最多 1 类没入围。

(2)流行、民谣、摇滚中至多有 2 类入围,即至少 1 类没入围。

(3)摇滚入围 ∧ 民族入围→¬ 电音入围 ∨ ¬ 说唱入围。

解题步骤 2:建立题干条件关系。

由(1)(2)可得,不入围的范围在“流行、民谣、摇滚”中,排除 D、E 项。

假设摇滚入围 ∧ 民族入围得出“¬ 电音入围 ∨ ¬ 说唱入围”,即至少有 2 类不入围,与(1)矛盾,所以假设不成立。

解题步骤 3:假话转为真话。

由“摇滚入围 ∧ 民族入围”不成立可得“¬ 摇滚入围 ∨ ¬ 民族入围”,结合(2)得出“摇滚不入围”,因此选择 C 项。

13.【答案】D

【解析】解题步骤 1:简化题干信息。

(1)丁应聘网管→甲应聘物业。

(2)乙¬ 应聘保洁→甲应聘保洁 ∧ 丙应聘销售。

(3)乙应聘保洁→丙应聘销售 ∧ 丁应聘保洁。

解题步骤 2:选取假设对象,建立题干条件关系。

因为(3)中的“乙应聘保洁”与“丁应聘保洁”构成矛盾,所以将“乙应聘保洁”作为假设的对象。

若乙应聘保洁,则推出丁应聘保洁,与“每个岗位都只有其中一人应聘”矛盾,所以可知,(4)乙¬ 应聘保洁。(4)(2)推出,甲应聘保洁 ∧ 丙应聘销售;结合(1)推出,丁¬ 应聘网管;进而可得,乙应聘网管 ∧ 丁应聘物业。

综上,选择 D 项。

14.【答案】D

【解析】解题步骤 1:简化题干信息。

(1)甲选《史记》∀《奥德赛》。

(2)(乙选《论语》∧ 丁选《史记》)∀(乙选《史记》∧ 丁选《论语》)。

(3)乙选《论语》→戊选《史记》。

(4)甲、乙、丙、丁、戊 5 人在《论语》《史记》《唐诗三百首》《奥德赛》《资本论》中各选一种阅读,互不重复。

解题步骤 2:选取假设对象,建立题干条件关系。

优选题干重复最多的元素做假设,故考虑从“乙选《论语》”出发。

若乙选《论语》,结合(3)可得,戊选《史记》,此时与(2)矛盾,因此可得,(5)乙不选《论语》。

(5)(2)得出“乙选《史记》∧丁选《论语》”。

综上,选择 D 项。

15. 【答案】B

【解析】解题步骤:建立题干条件关系。

(2)否定了(4)的后件,得出:(5)“立夏”对应“清明风”∧(6)“立春”对应“条风”。

由(5)结合(3)得出,“夏至”对应“条风”∨“立冬”对应“不周风”;再结合(6)得出,(7)“立冬”对应“不周风”。

由(7)结合(2)得出,(8)“冬至”对应“广莫风”。

根据一一对应的特点可知,“立冬”不对应“广莫风”。

综上,选择 B 项。

16. 【答案】E

【解析】解题步骤 1:简化已经确定的条件关系。

将上一题结果及题干信息梳理如下:

(1)“立秋”对应“凉风”。

(2)“立夏”对应“清明风”。

(3)“立春”对应“条风”。

(4)“立冬”对应“不周风”。

(5)“冬至”对应“广莫风”。

(6)附加信息:“春分”和“秋分”分别对应“明庶风”和“阊阖风”之一。

(7)八个节气与八种节风之间一一对应。

解题步骤 2:建立题干条件关系。

由已经确定的条件可知,剩余的“夏至”一定对应剩余的“景风”,所以选择 E 项。

17. 【答案】D

【解析】解题步骤 1:简化题干信息。

(1)一个部门只能合并到一个子公司。

(2)¬ 丁丑∨¬ 丙丑→戊丑∧甲丑。

(3)¬ 甲卯∨¬ 己卯∨¬ 庚卯→戊寅∧丙卯。

解题步骤 2:选取假设对象,建立题干条件关系。

因为肯定(2)的前件,可以肯定(2)的后件,进而肯定(3)的前件,所以可以建立(2)和(3)的关系,故假设对象为“(2)的前件”。

假设“¬ 丁丑∨¬ 丙丑”,可以推出,戊丑∧甲丑;结合(3)推出,戊寅∧丙卯。

“戊丑∧戊寅”与(1)矛盾,所以假设不成立,得出“丁丑∧丙丑”。

综上,选择D项。

18.【答案】E

【解析】解题步骤1:简化题干信息。

(1)椿树∨枣树。

(2)椿树→楝树∧¬雪松。

(3)枣树→雪松∧¬银杏。

(4)6种树中选择4种栽种、2种不栽种。

(5)银杏。

解题步骤2:建立题干条件关系。

从(5)“银杏”这个事实条件出发,结合(3)得到“¬枣树”;结合(1)得到“椿树”;再结合(2)得到“楝树∧¬雪松”。根据上面的推理结果,结合(4)可知,不栽种的2种树已满,所以剩余的4种树“椿树、楝树、银杏、桃树”都种植。

综上,“不种植桃树”一定为假,E项正确。

19.【答案】E

【解析】解题步骤1:简化题干信息。

(1)建设部环境∨秩序→综合部协调∨秩序。

(2)平安部环境∨协调→民生部协调∨秩序。

(3)每个部门只负责一项工作∧各部门工作各不相同。

解题步骤2:选项充分,代入验证排除。

A项,“建设部环境”肯定了(1)的前件,可以推出,综合部协调∨秩序,其与“平安部协调”结合可推出,综合部秩序。“平安部协调”结合(2)得出,民生部秩序,出现矛盾,排除。

B项,“建设部秩序”肯定了(1)的前件,可以推出,综合部协调,与选项中“民生部协调”形成矛盾,排除。

C项,“综合部安全”否定了(1)的后件,可以推出,建设部¬环境∧¬秩序,结合“民生部协调”得出,建设部安全,出现矛盾,排除。

D项,“民生部安全”否定了(2)的后件,可以推出,平安部¬环境∧¬协调,结合“综合部秩序”得出,平安部安全,出现矛盾,排除。

E项,“建设部秩序”肯定了(1)的前件,可以推出,综合部协调,结合“平安部安全”得出,民生部环境,没有出现矛盾,可能真,正确。

20.【答案】A

【解析】解题步骤1:简化题干信息。

(1)“施米特”是阿根廷∀卢森堡。

(2)“施米特”是阿根廷→“冈萨雷斯”是爱尔兰。

(3)“埃尔南德斯”∨“墨菲”是卢森堡→“冈萨雷斯”是墨西哥。

解题步骤2:建立题干条件关系。

(1)和(2)有相同项“‘施米特’是阿根廷”,可以搭桥做假设。

假设“施米特”¬卢森堡→“施米特”是阿根廷→“冈萨雷斯”是爱尔兰,否定了(3)的后件,可以得出,卢森堡¬“埃尔南德斯”∧¬“墨菲”∧¬“冈萨雷斯”。根据剩余思路得出,“施米特”是卢森堡,与假设矛盾,则假设不成立,即“施米特”是卢森堡,选择A项。

21. 【答案】B

【解析】解题步骤1:简化题干信息。

(1)选择陆老师的研究生比选择张老师的多。

(2)丙∨丁选择张老师→乙选择陈老师。

(3)甲∨丙∨丁选择陆老师→只有戊选择陈老师。

(4)5名学生、3位教授,每名学生只选择1位教授作为导师,每位导师都有1~2人选择。

解题步骤2:建立题干条件关系。

根据(1)(4)得出,分组的情况为“张老师1人、陆老师2人、陈老师2人”。

“陈老师2人”否定了(3)的后件,可以得出,¬甲∧¬丙∧¬丁选择陆老师;进而可知,乙∧戊选择陆老师。

“乙选择陆老师”否定了(2)的后件,可以得出,¬丙∧¬丁∧¬乙∧¬戊选择张老师;进而可知,甲选择张老师。

所以丙∧丁选择陈老师。

综上,选择B项。

22. 【答案】E

【解析】解题步骤1:简化题干信息。

(1)张明报名→刘伟报名。

(2)庄敏报名→孙兰报名。

(3)刘伟∨孙兰报名→李梅报名。

(4)他们5人中恰有3人报名,2人没报名。

解题步骤2:选取假设对象,建立题干条件关系。

(3)的信息量最多,所以可以否定(3)的后件,做假设。

假设李梅不报名,可以推出,刘伟不报名∧孙兰不报名,与(4)“2人没报名”矛盾,所以假设不成立。

综上,李梅一定报名,选择E项。

23.【答案】C

【解析】解题步骤1：建立题干条件关系。

结合附加条件及(1)(2)(3)可得，张明报名→刘伟报名→庄敏报名→孙兰报名→李梅报名。

解题步骤2：选取假设对象，继续推理。

根据“有3人报名，2人没报名”做假设。

如果张明报名，那么5人报名，矛盾，所以张明不能报名。

如果刘伟报名，那么至少4人报名，矛盾，所以刘伟不能报名。

所以报名的3人为庄敏、孙兰和李梅。

综上，选择C项。

24.【答案】B

【解析】解题步骤1：简化题干信息。

(1)¬ 甲扮演沛公→乙扮演项王。

(2)丙∨己扮演张良→丁扮演范增。

(3)¬ 乙扮演项王→丙扮演张良。

(4)¬ 丁扮演樊哙→庚∨戊扮演沛公。

解题步骤2：选取假设对象，建立题干条件关系。

“¬ 乙扮演项王”肯定了(3)的前件，否定了(1)的后件，且能够继续推理，可以将其作为假设对象。

假设乙不扮演项王，结合(3)得出，丙扮演张良；结合(2)得出，丁扮演范增；结合(4)得出，庚∨戊扮演沛公；结合(1)得出，乙扮演项王，与假设矛盾，则假设不成立，所以，乙扮演项王。

综上，选择B项。

25.【答案】D

【解析】解题步骤：建立题干条件关系。

附加条件“甲扮演沛公∧庚扮演项庄”为确定条件，作为出发点。

“甲扮演沛公”结合(4)得出，丁扮演樊哙；结合(2)得出，¬ 丙扮演张良∧¬ 己扮演张良；结合(3)得出，乙扮演项王。

根据一一对应题型的特点可知，不能扮演张良的有“丙、己、甲、丁、乙、庚”，所以戊扮演张良。

综上，选择D项。

26.【答案】A

【解析】解题步骤1：简化题干信息。

(1)观看《焦点访谈》→¬ 观看《人物故事》。

(2)观看《国家记忆》→¬ 观看《自然传奇》。

(3)5 个节目中选择了 3 个节目观看。

解题步骤 2:建立题干条件关系。

(1)(2)说明这 4 个节目中一定有 2 个不入选;结合(3)可知,剩余的《纵横中国》一定入选。所以,选择 A 项。

27. **【答案】**B

【解析】解题步骤 1:简化题干信息。

(1)张参加∨李参加∨孔参加(至少 2 人)。

(2)¬ 李参加∨¬ 宋参加∨¬ 孔参加。

(3)李参加→(张参加∧宋参加)∀(¬ 张参加∧¬ 宋参加)。

解题步骤 2:问题要求找“不可能”的选项,将选项代入题干能推出矛盾则正确。

A 项,“宋参加∧孔参加”结合(2)得,¬ 李参加,代入(1)(3)没有矛盾,排除。

B 项,“¬ 宋参加∧¬ 孔参加”结合(1)推出,张参加∧李参加,结合(3)得,宋参加,矛盾,正确。

C 项,“李参加∧宋参加”结合(3)得出,张参加;“李参加∧宋参加”结合(2)得出,¬ 孔参加,代入(1)没有矛盾,排除。

D 项,“¬ 宋参加∧¬ 李参加”结合(1)得出,张参加∧孔参加,代入(2)和(3)都没有矛盾,排除。

E 项,“李参加∧¬ 宋参加”结合(3)得出,¬ 张参加,结合(1)得出,李参加∧孔参加,代入(2)没有矛盾,排除。

综上,选择 B 项。

28. **【答案】**D

【解析】解题步骤 1:简化题干信息。

(1)甲→丁、戊、庚至多 1 种。

(2)丙∨己→乙∧¬ 戊。

(3)7 种商品,选择 4 种,剩余 3 种。

解题步骤 2:选项充分,代入验证排除。

A 项,“戊”结合(2)得出,¬ 丙∧¬ 己,与该项中的“己”矛盾,排除。

B 项,“戊”结合(2)得出,¬ 丙∧¬ 己,与该项中的“丙”矛盾,排除。

C 项,“甲”结合(1)得出,丁、戊、庚至多 1 种,与该项中的“戊∧庚”矛盾,排除。

D 项,“丁、戊、庚”结合(1)得出,¬ 甲;“戊”结合(2)得出,¬ 丙∧¬ 己,没有矛盾,正确。

E 项,“丙、己”结合(2)得出,乙,但该项没有“乙”,矛盾,排除。

29. 【答案】B

【解析】解题步骤 1:简化题干信息。

(1)周二∨周五悬疑片→周三科幻片。

(2)周四∨周六悬疑片→周五战争片。

(3)周三战争片。

(4)周二到周日每天放映 6 种类型中的一种,各不重复。

解题步骤 2:建立题干条件关系。

根据(3)(1)得出,(5)¬ 周二∧¬ 周五悬疑片。

根据(3)(2)得出,(6)¬ 周四∧¬ 周六悬疑片。

根据(5)(6)(4)(3)得出,周日放映悬疑片,所以,选择 B 项。

30. 【答案】C

【解析】解题步骤 1:简化题干信息。

(1)周二到周日每天放映 6 种类型中的一种,各不重复。

(2)周日悬疑片。

(3)周三战争片。

(4)历史片与纪录片和科幻片相邻。

解题步骤 2:根据上述条件列表。

周二	周三	周四	周五	周六	周日
	战争				悬疑

解题步骤 3:根据表格继续推理。

(4)的跨度为 3,历史片、纪录片和科幻片只能在周四至周六放映,所以剩余的动作片在周二放映。

综上,选择 C 项。

31. 【答案】B

【解析】解题步骤 1:简化题干信息。

(1)选购兰花→选购罗汉松。

(2)选购牡丹→选购罗汉松∧茶花。

(3)5 个盆栽中选 3 个,不选 2 个。

解题步骤 2:选取假设对象,建立题干条件关系。

(1)(2)均提及罗汉松,所以可以将其作为假设对象。

假设不选罗汉松,结合(1)(2)得出“不选兰花∧牡丹”,与(3)中“不选 2 个”矛盾,所以必须选罗汉松。

综上,选择 B 项。

32.【答案】E

【解析】解题步骤 1:简化题干信息。

(1)甲五台山→乙∧丁五台山。

(2)甲峨眉山→丙∧戊峨眉山。

(3)甲九华山→戊九华山∧普陀山。

(4)丙、丁结伴考察。

解题步骤 2:选取假设对象,建立题干条件关系。

假设“甲五台山”,结合(1)(4)得出,甲∧乙∧丁∧丙五台山,与题干“每座名山均有其中的 2~3 人前往”矛盾,所以可得,(5)甲¬ 五台山。

假设“甲峨眉山”,结合(2)(4)得出,甲∧丙∧戊∧丁峨眉山,与题干“每座名山均有其中的 2~3 人前往”矛盾,所以可得,(6)甲¬ 峨眉山。

根据(5)(6)结合“他们每人去了上述两座名山”得出“甲九华山∧普陀山”;再结合(3)推出,戊九华山∧普陀山。

因为丙和丁必须同行,所以他们不能去九华山和普陀山,不然与题干“每座名山均有其中的 2~3 人前往”矛盾,所以丙和丁只能去五台山和峨眉山。因此选择 E 项。

33.【答案】A

【解析】解题步骤:简化题干信息。

结合上题推出的结论和附加条件“乙去普陀山和九华山”,可以得出:

普陀山:甲、乙、戊。

九华山:甲、乙、戊。

五台山:丙、丁。

峨眉山:丙、丁。

综上,选择 A 项。

34.【答案】C

【解析】解题步骤 1:简化题干信息。

(1)桃花坞→¬ 古生物博物馆∧望江阁。

(2)望江阁→¬ 第一山∧新四军军部旧址。

(3)6 个景点中,选 4 个游览。

解题步骤 2:选取假设对象,建立题干条件关系。

6 个景点中,选择 4 个游览,不选 2 个,所以从“不入选的对象”做假设。

假设“¬ 新四军军部旧址”,结合(2)得出“¬ 望江阁”;再结合(1)得出“¬ 桃花坞”,与题干条件“不选 2 个”矛盾,所以一定选择新四军军部旧址,选择 C 项。

35.【答案】D

【解析】解题步骤1:简化题干信息。

(1)通过乙→通过甲。

(2)通过戊→通过乙。

(3)通过丙∨戊→通过丁。

(4)被录用→至少通过甲、乙、丙、丁、戊5项考试中的3项。

(5)宋被录用。

解题步骤2:建立题干条件关系。

结合(5)(4)得出,(6)宋至少通过了3项考试。由(1)(2)可得出,宋¬通过甲→¬通过乙∧¬通过戊,不满足(6),所以宋必须通过且通过甲考试。同理,宋¬通过丁→¬通过丙∧¬通过戊,不满足(6),所以宋必须通过且通过丁考试。

综上,选择D项。

36.【答案】A

【解析】解题步骤:建立附加条件和已知条件的关系,排除“不可能”的选项。

附加条件“5号邮件安排在第二个派送”结合(1)得出,1号邮件和3号邮件在5号邮件之后派送,排除C、D项。

附加条件“5号邮件安排在第二个派送”结合(2)得出,2号邮件和6号邮件在第四个之后派送,排除B、E项。

综上,选择A项。

37.【答案】B

【解析】解题步骤:建立附加条件和已知条件的关系。

附加条件“4号邮件安排在最后派送”结合(3)得出“7号邮件最先派送”。

附加条件“4号邮件安排在最后派送”结合(2)得出,2号邮件和6号邮件在第四个之后派送,即分别在第五、第六派送;结合(1)得出,1号邮件和3号邮件都在5号邮件之后派送,即5号邮件第二个派送。

综上,选择B项。

38.【答案】D

【解析】解题步骤1:简化题干信息。

(1)¬乙∨¬丁。

(2)丙→乙∧¬甲。

(3)¬甲∨¬戊→¬丙=丙→甲∧戊。

(4)5个乡镇中选择3个进行调研,2个不入选。

解题步骤2:找相同或相关项建立题干条件关系。

由(2)可得,丙→¬ 甲;由(3)可得,丙→甲,得出矛盾,所以“¬ 丙”一定为真。

“¬ 丙”结合(4)(1)说明不入选的2个中包括丙,以及乙与丁中的一个,排除E项。剩余的甲和戊必须入选,排除A、B项。乙与丁也只能有1人不入选,但谁不入选不确定,排除C项,所以选择D项。

39. **【答案】** D

【解析】 解题步骤1:简化题干信息。

(1)¬ 苏《松溪图》→唐《山高图》。

(2)苏《松溪图》∨赵《松溪图》→沈《雪钓图》。

(3)沈《雪钓图》∨唐《山高图》→苏《涧石图》∨唐《雪钓图》。

解题步骤2:建立题干条件关系。

对(3)取逆否得,¬ 苏《涧石图》∧¬ 唐《雪钓图》→¬ 沈《雪钓图》∧¬ 唐《山高图》,结合(2)的逆否得,¬ 苏《松溪图》∧¬ 赵《松溪图》,结合(1)得,唐《山高图》,此时与“¬ 唐《山高图》”矛盾,所以真实情况是,(4)苏《涧石图》∨唐《雪钓图》。

假设“唐《雪钓图》”,结合(1)推出“苏《松溪图》”;结合(2)推出“¬ 苏《松溪图》”,矛盾,所以可得,¬ 唐《雪钓图》。

“¬ 唐《雪钓图》”结合(4)可得,苏《涧石图》。

综上,选择D项。

40. **【答案】** A

【解析】 解题步骤1:简化题干信息。

(1)6种动物中至少有4种入选→刺猬∧松鼠。

(2)松鼠∨狐狸∨乌鸦→喜鹊∧¬ 刺猬。

解题步骤2:建立题干条件关系。

由(1)(2)得出,6种动物中至少有4种入选→刺猬∧松鼠→¬ 松鼠∧¬ 狐狸∧¬ 乌鸦,出现矛盾,所以6种动物中至多有3种入选,选择A项。

41. **【答案】** C

【解析】 解题步骤:建立附加条件和已知条件的关系。

根据附加条件,3种动物入选,3种动物不入选。若喜鹊不入选,结合(2)可推知,¬ 松鼠∧¬ 狐狸∧¬ 乌鸦,此时4种不入选,出现矛盾,所以喜鹊必须入选,选择C项。

42. **【答案】** B

【解析】 解题步骤1:简化题干信息。

(1)甲、丙、丁、戊、己中至多有2人入选。

(2)¬ 戊∧¬ 己→¬ 丁∧¬ 庚。

(3)¬ 乙∨¬ 庚→甲∧丙。

(4)7 人中 3 人入选,4 人不入选。

解题步骤 2:找共同的话题,建立题干条件关系。

由(1)(4)可知,乙、庚中至少有一人入选。当只有一人入选时,肯定了(3)的前件,可得,甲∧丙,此时结合(1)可知,¬ 戊∧¬ 己,结合(2)可得,¬ 丁∧¬ 庚,则入选的是甲、乙、丙。

当乙和庚都入选时,另外只有一人能入选,结合(2)可得,戊∨己。

综上,乙一定入选,所以选择 B 项。

43.【答案】A

【解析】解题步骤 1:简化题干信息。

(1)百合→黄芪∧¬ 甜菜。

(2)花生→甜菜∧¬ 棉花。

(3)生姜∨棉花→花生∧百合。

(4)6 种农产品选择 3 种,不选 3 种。

解题步骤 2:找相同项建立题干条件关系。

(1)(2)得,¬ 花生,结合(3)得,¬ 生姜∧¬ 棉花,得出 4 种不经营的农产品,矛盾,所以"¬ 百合"一定为真,结合(3)可得,¬ 生姜∧¬ 棉花,再结合(4)可知,不选的 3 种数量已满,剩余 3 种都选,所以选择 A 项。

44.【答案】D

【解析】解题步骤:建立题干条件关系。

结合(2)(1)得出,"登高台"中∨"正阳阁"中→"望江亭"东∧"临风楼"西→"义云馆"南∧"望江亭"北,产生矛盾,所以"登高台"¬ 中∧"正阳阁"¬ 中。

结合(3)(1)得出,"义云馆"中∨"望江亭"中→"正阳阁"东∧"登高台"西→"义云馆"南∧"望江亭"北,产生矛盾,所以"义云馆"¬ 中∧"望江亭"¬ 中。

综上,得出剩余的"临风楼"在中,所以选择 D 项。

45.【答案】A

【解析】解题步骤 1:简化题干信息。

(1)甲是主人→乙和丙均是访客。

(2)丙是访客→己在院外∧甲是童子。

(3)丙和丁至多有一人是访客→甲是主人∧戊在院内。

(4)1 个主人、1 个童子、3 个访客和 1 个钓者。

(5)甲、乙、丙、丁、戊、己分别对应了 6 人中的 1 人。

解题步骤 2:建立题干条件关系。

联立(1)(2)得出,甲是主人→甲是童子,与(5)矛盾,所以可得,甲不是主人;结合(3)的逆否得出，丙和丁都是访客；再结合（2）得出，己在院外∧甲是童子，所以选择 A 项。

46.【答案】D

【解析】解题步骤：由附加条件出发进行推理。

由“乙在院外”可得，乙不是主人。根据上题“己在院外”得出，己不是主人，且“丙和丁均是访客，甲是童子”，即丙、丁、甲都不是主人，所以剩余的戊是主人，所以选择 D 项。

47.【答案】A

【解析】解题步骤 1：简化题干信息。

（1）¬ 剪纸叁∨¬ 石雕叁→面具壹∧皮影壹。

（2）布艺贰∧草编贰→剪纸和面具在同一展区。

（3）¬ 布艺贰→¬ 草编贰∧剪纸肆。

（4）6 类展品分到 4 个展区的分组结果或者是 2、2、1、1，或者是 3、1、1、1。

解题步骤 2：选取假设对象，构建矛盾。

假设（2）的前件为真，则布艺贰∧草编贰→剪纸和面具有同一展区，此时已有两个展区有 2 类展品，根据（4）可知，分组结果为 2、2、1、1，则（1）的前件为真，可得剪纸、面具和皮影都在壹。这与前面得出的分组结果矛盾，所以（2）的前件不成立，得出（5）¬ 布艺贰∨¬ 草编贰。

假设“草编贰”为真，结合（5）可得，¬ 布艺贰；结合（3）可得，¬ 草编贰，出现矛盾，所以“¬ 草编贰”为真，所以选择 A 项。

48.【答案】D

【解析】解题步骤：由确定条件出发，搭桥推理。

“¬ 布艺贰”结合（3）可得，¬ 草编贰∧剪纸肆；结合（1）可得，面具壹∧皮影壹。此时，只剩下石雕可以在贰区展出，所以石雕不可能在叁区，选择 D 项。

第二章 分析推理

第一节 真假话推理

答案速查表										
题号	1	2	3							
答案	D	C	C							

1.【答案】D

【解析】解题步骤1:简化题干信息。

(1)甲:乙。

(2)乙:¬ 乙∧丙。

(3)丙:¬ 丙。

(4)丁:¬ 丁∧甲。

(5)戊:甲∨¬ 丁。(真假话题型中假言直接转为选言)

(6)只有一句为真。

(7)5位老师中只有一位资助。

解题步骤2:分析题干条件关系。

(1)真→(3)真,与(6)矛盾,则(1)为假,因此“¬ 乙”。

因为“¬ 乙”,则(2)与(3)互为矛盾命题,因此,“一真”在(2)与(3)之中。

综上,(4)与(5)为假,(5)假话转为真话得出“¬ 甲∧丁”。上述结论结合(7)可知,资助的人是丁,因此选择D项。

2.【答案】C

【解析】解题步骤1:简化题干信息。

(1)张:张和李共送了5个。

(2)李:张和赵共送了7个。

(3)赵:赵和王共送了6个。

(4)王:王和张共送了6个。

(5)只有1人说错了,说错的快递员送了4个快递。

解题步骤2:无法判断真假范围,选项代入验证排除。

A项,假设张说错了,结合(5)得出,他送了4个快递,其余三人均说真话,得出(4)王说真话,"王送了 2 个"与选项"王送了 3 个"矛盾,排除。

B 项, 假设张说错了,结合(5)得出,他送了 4 个快递,其余三人均说真话,得出(2)李说真话,"赵送了 3 个"与选项"赵送了 5 个"矛盾,排除。

C 项,假设赵说错了,结合(5)得出,他送了 4 个快递,其余三人均说真话,得出(2)李说真话;结合(1)(4)得出,张送了 3 个、李送了 2 个、王送了 3 个,与选项没有矛盾,正确。

D 项,假设李说错了,结合(5)得出,他送了 4 个快递,其余三人均说真话,得出(1)张说真话,"张送了 1 个"与选项"张送了 3 个"矛盾,排除。

E 项,假设赵说错了,结合(5)得出,他送了 4 个快递,其余三人均说真话,得出(2)李说真话,"张送了 3 个"与选项"张送了 2 个"矛盾,排除。

3. 【答案】C

【解析】解题步骤 1:简化题干信息。

(1)甲:丁∀戊。

(2)乙:¬乙∧¬丙。

(3)丁:¬甲→己=甲∨己。

(4)戊:甲∨丙。

(5)只有 1 人回答为真,且 6 人中只有 1 人去了石坝村扶贫。

解题步骤 2:建立题干条件关系。

假设甲去了石坝村,得出(2)(3)(4)为真,与(5)"只有 1 人回答为真"矛盾,所以甲没有去石坝村。

同理,分别假设乙、丁、戊、己去了石坝村,都与(5)矛盾,所以他们都没有去石坝村,因此只能是丙去了石坝村。

综上,选择 C 项。

第二节 简单分析

答案速查表										
题号	1	2	3	4	5	6	7	8	9	10
答案	E	D	D	A	D	D	D	C	A	E
题号	11	12	13	14	15	16	17	18	19	20
答案	B	E	A	E	B	A	C	D	C	C
题号	21	22	23	24	25	26	27	28	29	30
答案	D	B	C	A	D	E	C	B	A	B

续表

题号	31	32	33	34	35	36	37	38	39	40
答案	D	A	E	E	E	D	C	A	D	B
题号	41	42	43							
答案	A	E	E							

1. **【答案】** E

【解析】 解题步骤 1：简化题干信息。

(1) 天干：甲乙丙丁戊己庚辛壬癸。

(2) 地支：子丑寅卯辰巳午未申酉戌亥。

(3) 天干配地支，如甲子、乙丑、丙寅、……、癸酉、甲戌、乙亥、丙子等，六十年重复一次。

(4) 公元 2014 年为甲午年，公元 2015 年为乙未年。

解题步骤 2：分析题干条件。

根据(3)可得天干与地支的搭配方式：奇数位与奇数位配，如甲子、丙寅等；偶数位与偶数位配，如乙丑、乙亥等。

解题步骤 3：题干条件无关联，选项代入验证。

A、B 项，内容与题干条件无关，直接排除。

C 项，甲是奇数位，丑是偶数位，不满足(3)，排除。

D 项，2024 = 2014+10，天干不变为甲，地支由午往前推 2 年为辰，所以 2024 年为甲辰年，而非甲寅年，排除。

E 项，2087 = 2015+72，地支不变为未，天干由乙往后推 2 年为丁，所以 2087 年为丁未年，正确。

2. **【答案】** D

【解析】 解题步骤 1：简化法院判决。

(1) 法院驳回原告请求，即法院判决教育局安排孩子到 2 千米以外学校就读符合“就近入学”原则。

(2) 教育局的“就近入学”原则即根据儿童户籍所在施教区就近上学。

解题步骤 2：预判与数据相关的优选项，只有 D 项。

D 项，“原告孩子户籍所在施教区的确需要去离家 2 千米外的学校就读”满足(1)与(2)的要求，支持了法院的判决，正确。

燚语点拨

题干中有时间、数据、年限时，优先验证有时间、数据、年限的选项。

3.【答案】D

【解析】解题步骤 1:简化题干信息。

(1)一年级学生都能把该书中的名句与诗名及其作者对应起来。

(2)二年级 2/3 的学生能把该书中的名句与作者对应起来。

(3)三年级 1/3 的学生不能把该书中的名句与诗名对应起来。

(4)每个年级人数相等。

解题步骤 2:建立题干条件关系,排除选项。

(1)(2)(4)得出:(1+2/3)/2=5/6,即 5/6 的一年级与二年级学生能把名句与作者对应起来,排除 C 项。

(1)(3)(4)得出:5/6 的一年级与三年级学生能把名句与诗名对应起来,而 5/6>2/3。

综上,选择 D 项。

4.【答案】A

【解析】解题步骤 1:简化“自我陶醉人格”的特征。

(1)过高估计自己的重要性,夸大自己的成就。

(2)对批评反应强烈,希望他人注意自己和羡慕自己。

(3)经常沉湎于幻想中,把自己看成是特殊的人。

(4)人际关系不稳定,嫉妒他人,损人利己。

解题步骤 2:选项代入验证,排除符合的选项。

A 项,不符合上述特征,正确。

B 项,符合特征(1),排除。

C 项,符合特征(2),排除。

D 项,符合特征(3),排除。

E 项,符合特征(4),排除。

5.【答案】D

【解析】解题步骤 1:分析题干条件。

题干为全国“部分”城市“当天”的天气预报,即不完全归纳,注意模态词为“可能”的选项。

解题步骤 2:选项代入验证排除。

D 项,不一定=可能不,部分城市当天的天气情况可能不是所有的天气类型,正确。

A、B、C、E 项,“一定”“一定不”与“所有的天气类型”无法由题干“部分城市”和“当天的天气”得出,排除。

6.【答案】D

【解析】解题步骤 1:简化题干信息。

(1)设 2013 年中国卷烟消费量为 a,则 2014 年中国卷烟消费量为 $a\times(1+2.4\%)$,2015 年中

国卷烟消费量为 $a\times(1+2.4\%)\times(1-2.4\%)\approx0.999a$。

(2)2015 年全球卷烟消费量同比下降 2.1%,中国卷烟消费量同比下降 2.4%,则 2015 年全世界其他国家的卷烟消费量同比下降比率低于中国。

解题步骤 2:选项代入验证。

A、B 项,与(1)矛盾,排除。

C 项,与(2)矛盾,排除。

D 项,与(2)一致,正确。

E 项,“发达国家”“发展中国家”与题干信息无关,排除。

7. **【答案】**D

【解析】解题步骤 1:观察选项和题干。

选项中出现了①和⑤为结论的两种情况;再观察题干可得,⑤为论据,①为结论。

解题步骤 2:根据结论梳理前提。

由结论中提倡勤俭节约,可以确定说明“为什么要节约”的②和④为①的论据,只有 D 项满足,再代入③⑤验证,符合论证结构,所以选择 D 项。

8. **【答案】**C

【解析】解题步骤 1:简化题干信息。

(1)4 个英文字母不连续排列→密码组合中的数字之和大于 15。

(2)4 个英文字母连续排列→密码组合中的数字之和等于 15。

(3)密码组合中的数字之和等于 18 ∨ 小于 15。

解题步骤 2:根据问题排除一定为假的选项。

根据(1),4 个英文字母不连续时,数字之和大于 15,而 B 项数字之和等于 15,不符合(1),排除。

根据(2),4 个英文字母连续时,数字之和等于 15,A、E 项数字之和不等于 15,不符合(2),排除。

根据(3),数字之和等于 18 ∨ 小于 15,D 项数字之和等于 15,不符合(3),排除。

综上,选择 C 项。

9. **【答案】**A

【解析】解题步骤 1:简化题干信息。

要求每行每列均含有礼、乐、射、御、书、数 6 个汉字,不能重复也不能遗漏。

解题步骤 2:分析问题。

“以下哪项是方阵底行 5 个空格中从左至右依次应填入的汉字”,即底行空格不能与前 5 列已有的汉字重复。

解题步骤 3:分析选项。

根据题干要求,底行的第 2 列不能填“御”,排除 E 项;底行的第 4 列不能填“御”,排除 C 项;底行的第 5 列不能填“礼”,排除 B 项。

第 3 行第 4 列只能填“数”,因此底行的第四列不能填“数”,排除 D 项。

综上,选择 A 项。

10. **【答案】** E

【解析】 解题步骤 1:简化题干信息。

(1)乙:抽烟的医生→不关心自己的健康→不会关心他人的健康。

(2)甲:给自己看病的医生抽烟→不关心自己的健康→不会关心他人健康→没有医德→今后不会再让没有医德的医生看病。即给甲看病的医生抽烟→甲今后不会再让他看病。

解题步骤 2:根据问题将选项代入验证,排除能推出的选项。

A 项,符合甲的观点,排除。

B 项,符合乙的观点“抽烟的医生→不关心自己的健康→不会关心他人的健康”(此时,“他人” 指给甲看病的医生之外的所有人,故包含乙),排除。

C 项,符合甲的观点“给自己看病的医生抽烟→不关心自己的健康”,排除。

D 项,符合甲的观点“给自己看病的医生抽烟→不关心自己的健康→不会关心他人健康”(此时,“他人”指给甲看病的医生之外的所有人,故包含甲),排除。

E 项,“医德”与乙的观点没有关系,无法推出该项,符合问题要求,正确。

11. **【答案】** B

【解析】 解题步骤 1:根据问题“由低到高”简化题干信息。

(1)荒漠、森林带、冰雪带。

(2)荒漠、山地草原、森林带。

(3)山地草原、森林带、山地草甸。

(4)山地草甸草原、山地草甸、高寒草甸。

解题步骤 2:选项充分,代入验证,选择一定为假的选项。

B 项中的“高寒草甸、森林带、山地草甸”与(4)矛盾,因此选择 B 项。

其他选项都不与题干条件矛盾。

12. **【答案】** E

【解析】 解题步骤:题干条件关联弱,选项代入验证,排除一定为假的选项。

A 项,“每日或者刮风,或者下雨”与星期三、星期五矛盾,排除。

B 项,“每日或者刮风,或者晴天”与星期三矛盾,排除。

C 项,“每日或者无风,或者无雨”与星期一、星期四、星期日矛盾,排除。

D 项,“若有风且风力超过 3 级,则该日是晴天”与星期六矛盾,排除。

E 项,“若有风且风力不超过 3 级,则该日不是晴天”不与任何一天矛盾,正确。

13. 【答案】A

【解析】解题步骤1：简化题干信息。

(1)无涵义语词有a、b、c、d、e、f，有涵义语词有W、Z、X。

(2)无涵义+有涵义+无涵义→有涵义。

(3)有涵义+有涵义→有涵义。

(4)有涵义+无涵义+有涵义→合法的语句。

解题步骤2：根据问题“以下哪项是合法的语句”，选项代入验证。

A项，aWb（有涵义）/c（无涵义）/[dXe（有涵义）+Z（有涵义）]（有涵义），是合法的语句，正确。

B项，aWb（有涵义）/cd/aZe（有涵义），中间是两个无涵义语词，不满足(4)，不能构成有效内容，排除。

C项，fXa（有涵义）/Z（有涵义）/[b（无涵义）+ZW（有涵义）+b（无涵义）]（有涵义），三个有涵义词语连接不满足(4)，排除。

D项，aZd（有涵义）/acdfX，后面的部分不能构成有效内容，排除。

E项，XW（有涵义）/ba/[Z（有涵义）+dWc（有涵义）]（有涵义），中间是两个无涵义语词，不满足(4)，不能构成有效内容，排除。

14. 【答案】E

【解析】解题步骤：题干条件多，关联弱，选项代入验证排除。

A、D项，“与吾生乎同时”与论题无关，排除。

B项，师之所存，道之所存也≠道之所存，师之所存也，排除。

C项，“无贵无贱，无长无少”不是“吾师”的充分条件，排除。

E项，若解惑，必从师=惑而不从师，终不解矣，正确。

15. 【答案】B

【解析】解题步骤1：简化题干信息。

①3人游览6个景点。

②实际游览时，各人意见中都恰有一半的景点序号是正确的。

解题步骤2：选项充分，代入验证排除与②矛盾的选项。

A项，代入(2)，1、2、3、6序号都不对，不满足有一半序号正确，排除。

C项，代入(2)，1、2、3、4、5序号都不对，不满足有一半序号正确，排除。

D项，代入(1)，1、2、3、4、6序号都不对，不满足有一半序号正确，排除。

E项，代入(2)，1、2、3、6序号都不对，不满足有一半序号正确，排除。

综上，选择B项。

燚语点拨

选项代入验证过程中，优先验证“选项前 3 个景点”与 3 人意见中的 1、2、3 的景点序号均不同的选项。若前 3 个景点序号都不对，后 3 个景点序号中也一定有不对的，不对的数量一定超过一半的景点，可以快速排除选项。

16. **【答案】** A

【解析】 解题步骤 1：补充第二行的信息。

因为第一列已经有“理论”，所以第二行填入的词依次是：(文化)、自信、道路、(理论)、制度。

解题步骤 2：选项充分，根据条件排除选项。

①列根据“文化、理论、制度”排除 C、D、E 项。

④列根据“理论”排除 B 项。

综上，选择 A 项。

17. **【答案】** C

【解析】 解题步骤：题干条件多，关联弱，选项代入验证排除。

A 项，“融冰速度较慢的除冰剂在污染土壤和污染水体方面的风险都低”与Ⅲ矛盾，排除。

B 项，“没有一种融冰速度快的除冰剂三个方面风险都高”与Ⅰ矛盾，排除。

C 项，没有出现矛盾，正确。

D 项，“三方面风险都不高，则其融冰速度一定也不快”与Ⅳ矛盾，排除。

E 项，“在破坏道路设施和污染土壤方面的风险都不高，则其融冰速度一定较慢”与Ⅱ、Ⅳ矛盾，排除。

18. **【答案】** D

【解析】 解题步骤 1：简化题干信息。

(1)文物复制件需要依照文物体量、形制、质地、纹饰、文字、图案等历史信息制作。

(2)文物复制基本采取原技艺方法和工艺流程。

(3)文物复制制作的是与文物相同的制品。

解题步骤 2：选项代入验证排除。

A 项，王师傅不断“学习和临摹”古人作品不满足(2)“采取原技艺方法和工艺流程”，排除。

B 项，李师傅特地找厂家“定制了一种纸” 不满足(2)“采取原技艺方法和工艺流程”，排除。

C 项，对一件待修复的青铜器文物进行“激光三维扫描”，建立了实物模型，不满足(2)

“采取原技艺方法和工艺流程”，排除。

D项，符合文物复制的要求，正确。

E项，修复师林师傅对某件青铜器文物进行“调色和补配”等操作不满足(3)“制作的是与文物相同的制品”。

19.【答案】C

【解析】解题步骤1：分析题型特点。

(1)共有15人，其中消费者9人、经营者5人、专家3人，并不知道重合的身份，题干条件不充分。

(2)选项为“有的……是/不是……”，不能确定具体的数量，选项也不充分。

解题步骤2：选项反向代入验证排除。

A项，否定“有专家是消费者”，得出“所有专家都不是消费者”，此时专家与消费者共12人，剩余身份可以与专家或消费者重合，总人数达到15人，不与题干条件矛盾，排除。

B项，否定“有专家是经营者”，得出“所有专家都不是经营者”，此时专家和经营者共8人，剩余身份可以与专家或经营者重合，总人数达到15人，不与题干条件矛盾，排除。

C项，否定“有专家不是经营者”，得出“所有专家都是经营者”，此时专家和经营者共5人，加上消费者9人，总人数只有14人，与题干条件矛盾，正确。

D项，否定“有专家是消费者但不是经营者”，得出“所有专家都不是消费者∨所有专家都是经营者”，由于选言判断部分真即为真，根据A项“所有专家都不是消费者”可以为真，得出该项不与题干条件矛盾，排除。

E项，否定“有专家是经营者但不是消费者”，得出“所有专家都不是经营者∨所有专家都是消费者”，由于选言判断部分真即为真，根据B项“所有专家都不是经营者”可以为真，得出该项不与题干条件矛盾，排除。

燚语点拨

选项反向代入验证法是否定“选项”然后代入题干，若没有得出矛盾，则选项一定为假；若得出矛盾，则选项一定为真。

20.【答案】C

【解析】解题步骤：信息判断题，选项代入验证排除。

A项，丙中既没有牡丹也没有茉莉，排除。

B项，乙中郁金香与菊花都有，并非至多一种，排除。

C项，中间格不是郁金香的花坛有乙、丙、丁，三个花坛都有菊花，正确。

D项，中间格不是牡丹的花坛有甲、乙、丙，丙没有牡丹，排除。

E项，左边格不是郁金香或玫瑰的花坛有甲、丁，甲没有百合，排除。

21. 【答案】D

【解析】解题步骤:选项充分,选项代入验证排除。

A、C 项,乙箱有银牌,与(3)乙箱中没有银牌矛盾,排除。

B 项,甲箱没有铜牌,与(1)甲箱中至少有一枚铜牌矛盾,排除。

E 项,每个箱子都是相同的奖牌,与(2)至少一个箱子两枚奖牌的类别不同矛盾,排除。

综上,选择 D 项。

22. 【答案】B

【解析】解题步骤 1:从问题要求出发建立与题干的关系。

问题要求:丙箱中的奖牌组合总是可以满足题干条件。

因为题干条件(1)(3)描述的是甲箱与乙箱的情况,与丙箱无关,所以与丙箱相关的只有(2)至少有一个箱子,其两枚奖牌的类别不同。

解题步骤 2:选项代入验证。

优选项为与(2)不矛盾的 B、D 项。

B 项,“金牌和银牌”满足题干所有要求,正确。

D 项,“金牌和铜牌”,根据(1)可知,甲箱有铜牌但可能没有银牌,而根据(3)可知,乙箱没有银牌,所以可能存在三个箱子都没有银牌的情况,与题干要求 3 种奖牌放在甲、乙、丙箱中矛盾,排除。

23. 【答案】C

【解析】解题步骤 1:简化题干信息。

(1)《春秋》最突出的特点就是寓褒贬于记事的“春秋笔法”。

(2)《春秋》是“微言大义”的经典,是定名分、制法度的范本。

解题步骤 2:选项代入验证,排除无法得出的选项。

A 项,“传世”与论题无关,排除。

B 项,根据(2)只能得出《春秋》是“微言大义”的经典,且是定名分、制法度的范本,两者有关系,但不一定是包含关系,排除。

C 项,根据(2)得出有的“微言大义”的经典是定名分、制法度的文本=有的定名分、制法度的文本是“微言大义”的经典,正确。

D、E 项,这两个假言判断不能由题干条件得出,排除。

24. 【答案】A

【解析】解题步骤 1:找结论。

④与⑥中的“故”代表“因此”,属于结论的标志词,两个句子的内容属于并列关系,所以优选项为 A、E 项。

解题步骤 2:选项代入验证排除。

E 项,“③强本而节用,则天不能贫;养备而动时,则天不能病;循道而不贰,则天不能祸”与“⑥故水旱未至而饥,寒暑未薄而疾,祆怪未至而凶”不存在推理关系,排除。

综上,选择 A 项。

25.【答案】D

【解析】解题步骤 1:简化题干不合格样品的信息。

(1)蔬菜+白酒=2 种。

(2)肉制品+白酒+蔬菜+水产品=5 种。

(3)蔬菜+乳制品+干果=3 种。

解题步骤 2:建立题干条件关系。

(1)结合(2)可得:(4)肉制品+水产品=3 种。

(4)结合(3)可得:(5)肉制品+水产品+蔬菜+乳制品+干果=6 种。

根据题干“总共有 6 种不合格样品”可得:白酒和饮料均没有不合格样品。

综上,选择 D 项。

26.【答案】E

【解析】解题步骤:选项代入验证,排除不符合题干条件的选项。

A 项,假设密码前两位是 71,代入(3)可得 4、2、8、0 均不正确,将“2、8、0 不正确”代入(2)可得 3、9、6 均正确且位置正确,此时第一位数字为 3,与假设矛盾,排除。

B 项,假设密码前两位是 42, 代入(3)可得 1、7、8、0 均不正确,将“1、7、0 不正确”代入(1)可得,有 3 个数字不正确,与(1)中“4 个数字正确”矛盾,排除。

C 项,假设密码前两位是 72,代入(3)可得 1、4、8、0 均不正确,将“1、4、0 不正确”代入(1)可得,有 3 个数字不正确,与(1)中“4 个数字正确”矛盾,排除。

D 项,假设密码前两位是 31,代入(1)可得数字 1 的位置不正确,剩余的 6、0、5 数字和位置都正确,代入(2)得出 3、2、0 的数字与位置都正确,此时前两位为 32,与假设矛盾,排除。

综上,选择 E 项。

27.【答案】C

【解析】解题步骤:选项代入验证,排除不正确的选项。

A 项,不能概括卡片 2 的情况,卡片 2 的正面是节气但反面是诗句,排除。

B 项,不能概括卡片 4 的情况,卡片 4 的正面是节气但反面是成语,排除。

C 项,能概括卡片 1 和卡片 3 的情况,正面是季节,反面是成语,正确。

D 项,不能概括卡片 2 的情况,卡片 2 的反面是诗句但正面是节气,排除。

E 项,不能概括卡片 1 和卡片 3 的情况,卡片 1 和卡片 3 的反面是成语但正面是季节,排除。

28. 【答案】B

【解析】解题步骤 1:根据题干要求补充方阵内容。

2 富强	民主	文明	和谐	1 美丽
		富强	民主	5 文明
				富强
美丽	富强	3 民主	4 文明	和谐
				6 民主

解题步骤 2:选项代入验证,排除不符合题干条件的选项。

由已知条件推出,最后一行的第 5 个空格只能是“民主”,故排除 A、C、E 项。

D 项,由于最后一行第 3 列不能是“富强”,所以排除该项。

综上,选择 B 项。

29. 【答案】A

【解析】解题步骤:根据题干条件排除选项。

先考虑①和⑦的推理关系,根据⑦出现标志词“故”,因此为①→⑦,排除 D、E 项。

接下来看⑤和⑥,⑥中出现指示代词“之”,指的是⑤中的内容,因此为⑤→⑥,排除 B 项。

最后看②③④,④中出现标志词“故”,表结论,据此排除 C 项。

综上,选择 A 项。

30. 【答案】B

【解析】解题步骤:分析题干条件关系。

(1)共 60 位专家学者参会,外国学者 20 余人,则国内学者 30 余人。

(2)24 人做大会报告,则 36 人做分组报告。

(3)国内学者和做分组报告的人数相加超过 60,因此二者一定有交集,即有国内学者做了分组报告,所以选择 B 项。

31. 【答案】D

【解析】解题步骤:题干条件关联弱但选项充分,可验证选项进行排除。

A 项,( )(▲☆)(☆▽)属于 3 个曼特洛编码,不满足(3),排除。

B 项,☆(▽)属于图形+编码,不符合曼特洛编码条件,即不满足(2)(3),排除。

C 项,☆( )属于图形+编码,不符合曼特洛编码条件,即不满足(2)(3),排除。

E 项,▽( )属于图形+编码,不符合曼特洛编码条件,即不满足(2)(3),排除。

综上,选择 D 项。

32.【答案】A

【解析】解题步骤：根据题干要求补充方阵内容。

稷	麦	5 豆	6 稻	黍
麦	豆	3 稻	4 黍	1 稷
		7 稷	①8 麦	2 豆
		黍		麦
	稷			稻

综上，选择 A 项。

33.【答案】E

【解析】解题步骤 1：简化题干信息。

(1)旅客大体分为两类："时间敏感而价格不敏感"且多在工作日出行的群体，"时间不敏感而价格敏感"且多在周末出行的群体。

(2)去年，S 航空公司推出了"周末随心飞"特惠产品：用户只需花 3 000 元即可在本年度的任意周六和周日，不限次数乘坐该航空公司除飞往港澳台以外的任意国内航班。

(3)在 S 航的大本营 H 市，各个航班的"周末随心飞"旅客占比超过 90%，且这些旅客大多是从 H 市飞往成都、深圳、三亚、昆明等热点城市的。

解题步骤 2：选项代入验证排除。

A 项，有些"周末随心飞"旅客以往并不曾飞往成都，根据(3)无法确定真假，排除。

B 项，与题干信息无关，排除。

C 项，没有"时间不敏感而价格敏感"的旅客会选择工作日出行，表达过于绝对，且由题干无法推出，排除。

D 项，有些"时间敏感而价格不敏感"的旅客会乘坐 S 航的周末航班，根据(1)无法确定真假，排除。

E 项，去年乘坐 S 航航班飞往香港的旅客，使用的不是"周末随心飞"特惠产品，根据(2)可知该项正确。

综上，选择 E 项。

34.【答案】E

【解析】解题步骤 1：简化题干信息。

(1)40 岁以上的消费者占比为 12%，19~25 岁的消费者占比为 18%，26~40 岁的消费者占比超过六成。

(2)通过线上平台选购茶叶的消费者接近六成,通过茶叶专卖店选购的有 57%,通过茶农选购的有 28%。

解题步骤 2:分析数据关系。

根据(2)可知,(3)茶叶专卖店与茶农属于不同渠道,共计占比为 85%。

根据(1)可知,40 岁及以下的消费者占比为 88%,高于(3)中的 85%,说明 40 岁及以下的消费者中有的既未通过茶叶专卖店,也未通过茶农选购茶叶,所以选择 E 项。

35.**【答案】**E

【解析】解题步骤:问题要求找不可能的选项,即找一定为假的选项,所以直接考虑选项代入验证排除。

因为 D、E 项为确定条件,所以优先验证。

D 项,王是工程师结合(1)得出,王是女工程师;结合共有 4 名工程师可知,上述结论否定了(2)的后件,将(2)逆否可得,刘和王都不是博士;结合该项中罗不是博士可得,宋、方和孙 3 人是博士,与题干不矛盾,排除。

E 项,刘是工程师结合(1)得出,刘是女工程师;结合共有 4 名工程师可知,上述结论否定了(2)的后件,将(2)逆否可得,刘和王都不是博士;结合该项中宋和孙均不是博士可得,只有方、罗 2 人是博士,与题干矛盾,正确。

36.**【答案】**D

【解析】解题步骤:分析 6 个人观点之间的关系。

甲的意思是各国要立即采取行动,开发风能、水能、太阳能等清洁能源,而己的意思是气候风险目前还存在不确定性,立即采取行动不理智。所以,己反驳了甲的观点。

37.**【答案】**C

【解析】解题步骤:分析 6 个人观点之间的关系。

乙的观点表明有些发展中国家在能源转型方面存在困难,丁的观点表明全球气候变暖的主要负责者应是发达国家,二者共同支持戊的观点。

38.**【答案】**A

【解析】解题步骤:分析条件之间的关系。

根据“春花开满园”中第二个字与“满山梅花开”中第四个字都是“花”可知,二者对应的图形应该一致,可确定“春花开满园”对应的图形是“☷▤▣▦▥”,“满山梅花开”对应的图形是“▦▨▩▤▣”,进而可确定“▤▩☷▨▥”代表的文字是:花梅春山园。

39.**【答案】**D

【解析】解题步骤 1:简化题干信息。

该方阵每行、每列以及两条对角线的 5 个小方格中均含有五味名称,不能重复也不能遗漏。

解题步骤2:分析表格内容。

右上到左下的对角线信息最多,可以作为突破口,其缺少"咸、甜"两味名称,因为第四行已经出现了"甜",所以第四行第二列是"咸",第二行第四列是"甜"。

①				辣
			甜	②
		苦		
	咸			甜
酸				

左上到右下的对角线、第五行和第五列的5个小方格中的名称均不相同,因此,第五行第五列为"咸"。

①				辣
			甜	②
		苦		
	咸			甜
酸				咸

第三行已经有"苦",因此第五列中②为"苦"。

根据①所在的对角线、第一行和第一列中已经填入的名称可得,①为"甜"。

综上,选择D项。

40.【答案】B

【解析】解题步骤:分析甲、乙、丙、丁、戊的论证观点。

甲、丙、丁、戊的观点中均涉及了分流,乙的观点中"扩建展馆"涉及了扩容,所以B项概括相对合理。

41.【答案】A

【解析】解题步骤:选项代入验证,比较力度。

A项,"在全国各地建设更多不同类别的博物馆,以满足人民群众参观博物馆的文化需要"直接地针对我国博物馆"一票难求"的问题提出建议,正确。

B项,"制订博物馆中长期发展规划"与"一票难求"的问题关联差,排除。

C项,"提升一批大型国有博物馆的馆藏实力和展陈能力"可能会加剧大型国有博物馆"一票难求"的问题,排除。

D项,"做好文物保护和修复工作,做好公共服务和学术研究" 与"一票难求"的问题关联差,排除。

E项,"加强博物馆管理人才的选拔工作"与"一票难求"的问题关联差,排除。

42.【答案】E

【解析】解题步骤:根据题干要求补充方阵内容。

⑤		净		末
	生		丑	
		④		生
①	③		⑥	
②				

右上到左下的对角线上,③所在的列和④所在的行都出现了“生”,所以③④都不可能是“生”,因此,②应该填“生”,③应该填“净”,④应该填“旦”。

⑥所在的对角线上有“生、旦”,所在行有“净”,所在列有“丑”,因此,⑥应该填“末”。

根据对角线和第一行已填入的汉字可知,⑤应该填“丑”。

根据①所在的行和列已填入的汉字可知,①应填入“旦”。

43.【答案】E

【解析】解题步骤:建立题干条件关系。

①②中至少有一只鸡不生蛋,结合(1)得出,③④中至少有 1 只鸡生蛋;该结论结合(3)得出,⑤⑥不生蛋,③④中有 1 只鸡生蛋;再结合(2)得出,④⑦中至多有 1 只鸡生蛋。有 3 只鸡生蛋,因此④不生蛋,③⑦生蛋,所以选择 E 项。

第三节 综合分析

答案速查表										
题号	1	2	3	4	5	6	7	8	9	10
答案	B	A	D	D	C	D	C	D	A	B
题号	11	12	13	14	15	16	17	18	19	20
答案	A	B	E	D	D	A	A	C	D	A
题号	21	22	23	24	25	26	27	28	29	30
答案	C	D	E	A	A	D	A	A	A	D
题号	31	32	33	34	35	36	37	38	39	40
答案	A	E	C	B	A	A	C	A	B	B
题号	41	42	43	44	45	46				
答案	A	B	B	A	C	B				

1. 【答案】B

【解析】解题步骤1:简化题干信息。

(1)“日”≠第一。

(2)“火”“土”相邻。

(3)“金”“月”相隔庭院数=“木”“水”相隔庭院数。

(4)一共排列着七个庭院,四个奇数位、三个偶数位。

解题步骤2:分析题干条件关系。

根据(2)“火”“土”相邻可知,这两个庭院分别占了一个奇数位、一个偶数位,此时剩余三个奇数位、两个偶数位。

根据(3),若“金”“月”相邻(相隔院数为0),则“木”“水”也相邻,这四个庭院占两个奇数位、两个偶数位。

若“金”“月”与“木”“水”相隔庭院数均为1,“金”“月”占两个奇数位,那么“木”“水”就占两个偶数位。

综上得出:(5)“火”“土”“金”“月”“木”“水”六个庭院占3奇3偶,则剩余一个奇数位。

解题步骤3:根据问题“哪个庭院可能是‘日’字庭院”,将选项代入验证排除。

A、C、D项,根据(5)可知,“日”字庭院只能在奇数位,排除。

E项,与(1)矛盾,排除。

综上,选择B项。

2. 【答案】A

【解析】解题步骤1:简化题干信息。

(1)“日”≠第一。

(2)“火”“土”相邻。

(3)“金”“月”相隔庭院数=“木”“水”相隔庭院数。

(4)“土”排第二。

解题步骤2:分析题干条件关系。

(4)结合(2)得出,“火”排第一∨第三。

解题步骤3:分情况讨论。

假设“火”排第三,则“金、月、木、水”只能排在第四到第七之间,得出“‘日’排第一”,与(1)矛盾,因此“火”不排第三。

综上,“火”排第一,选择A项。

3. 【答案】D

【解析】解题步骤1:分析题干条件。

(1)绿茶、红茶在1∨2∨3号内,说明绿茶、红茶不在4号内。

(2)红茶、花茶在2∨3∨4号内,说明红茶、花茶不在1号内。

(3)白茶在1∨3号内,说明白茶不在2号和4号内。

(4)1~4号对应4种茶。

解题步骤2:根据共同的话题建立题干条件关系。

(1)(3)(4)得出绿茶、红茶和白茶都不在4号内,根据一一对应及剩余的思路,得出花茶在4号内。

综上,选择D项。

4. **【答案】** D

【解析】 解题步骤1:简化题干信息。

(1)江西:第1个∨第7个。

(2)安徽后面第3个是浙江,福建不在安徽和浙江之间。

(3)福建:浙江之前∨紧跟浙江之后。

(4)江苏:第3个。

解题步骤2:建立题干条件关系,列表。

附加条件为首先赴安徽,即安徽排第1个,结合(2)得出,浙江排第4个,且福建不能排在第2个和第3个,结合(3)得出,福建排第5个。列表如下:

1	2	3	4	5	6	7
安徽		江苏	浙江	福建		

综上,选择D项。

5. **【答案】** C

【解析】 解题步骤1:简化题干信息。

(1)江西:第1个∨第7个。

(2)安徽后面第3个是浙江,福建不在安徽和浙江之间。

(3)福建:浙江之前∨紧跟浙江之后。

(4)江苏:第3个。

解题步骤2:建立题干条件关系,列表。

附加条件为安徽排第2个,结合(2)得出,浙江排第5个。列表如下:

1	2	3	4	5	6	7
	安徽	江苏		浙江		

综上,选择C项。

6. **【答案】** D

【解析】 解题步骤1:简化题干信息。

(1)“猴子观海”在“妙笔生花”之前。

(2)“阳关三叠”在“仙人晒靴”之前。

(3)“妙笔生花”在“美人梳妆”之前。

(4)“禅心向天”=4,且在“仙人晒靴”之前。

解题步骤2:分析题干条件,预判优选项,代入验证选择一定为假的选项。

由(4)得出,(5)“仙人晒靴”范围为5~6,所以可以优先判断D项与E项。

D项,第5个游览“妙笔生花”结合(3)可得,第6个游览“美人梳妆”,与(5)矛盾。

综上,选择D项。

7.【答案】C

【解析】解题步骤1:简化题干信息。

(1)周四放映两部科幻片,其余6天每天放映的两部电影都属于不同类别。

(2)爱情片安排在周日。

(3)科幻片与武侠片没有安排在同一天。

(4)警匪片和战争片没有安排在同一天。

(5)7天放映14部电影,5部科幻片、3部警匪片、3部武侠片、2部战争片、1部爱情片。

解题步骤2:分析题干条件关系。

由(1)结合(5)确定剩余3部科幻片、3部武侠片,再结合(3)确定3部科幻片与3部武侠片安排在周四以外的其余6天,每天1部。

由(2)确定爱情片安排在周日,则爱情片必与科幻片和武侠片中的一类在同一天放映,即爱情片不能与警匪片在同一天放映。

综上,选择C项。

8.【答案】D

【解析】解题步骤1:简化题干条件,列表如下。

周一	周二	周三	周四	周五	周六	周日
			科幻片			爱情片
			科幻片			
剩余3部科幻片、3部警匪片、3部武侠片、2部战争片						

附加条件为“同类影片放映日期连续”,则2部战争片只能在周五、周六放映。

解题步骤2:根据问题将选项代入验证,比较力度强弱。

根据周六可能放映的电影中肯定有“战争片”排除A、B、E项。

C项,根据(4)可知,警匪片和战争片不能排在同一天,排除。

综上,选择D项。

9.【答案】A

【解析】解题步骤 1:分析题干条件。

每桌一男一女对弈,为一一对应题型,注意“×→√”的应用。

四张桌从左到右分别记为 1~4 号,注意排序的位置。

解题步骤 2:根据问题建立题干条件关系。

根据问题“前三局比赛结束时谁的总积分最高”,找与之相关的条件(4)“李龙已连输三局”,所以可知与李龙对弈的女生总积分最高。

根据(1)“王玉的比赛桌在李龙比赛桌的右边”可知,李龙不与王玉对弈∧李龙不在 4 号桌,再结合(1)“杨虹在 4 号桌”可推出,李龙不与杨虹对弈。

根据(1)“张芳跟吕伟对弈”得出,李龙不与张芳对弈,所以李龙与施琳对弈。

综上,施琳总分最高,选择 A 项。

10.【答案】B

【解析】解题步骤:根据问题建立题干条件关系。

根据问题“谁下成和局”找与之相关的条件(3)与(4)。

根据(3)“赵虎没有下成过和局”结合(4)可得,吕伟下成和局,再结合(1)“张芳跟吕伟对弈”,所以张芳与吕伟三局均为和局。

综上,选择 B 项。

燚语点拨

若问题中附加条件有明确的限定范围,可以更有效地确定题干信息。

11.【答案】A

【解析】解题步骤 1:简化题干信息。

(1)同一类别的蔬菜不在一组。

(2)芹菜与黄椒不同组,冬瓜与扁豆不同组。

(3)毛豆必须与红椒或韭菜同组。

(4)黄椒必须与豇豆同组。

(5)将 12 种蔬菜(4 类)分成 3 组。

解题步骤 2:分析题干条件关系。

利用重复出现的“黄椒”建立(2)与(4)的关系。

(2)“芹菜与黄椒不同组”结合(4)得出“芹菜与豇豆不同组”,因此选择 A 项。

12.【答案】B

【解析】解题步骤:建立附加条件和题干条件的关系。

由于4类共12种蔬菜分成3组,且(1)“同一类别的蔬菜不在一组”,所以每一组各有一种“菜”“椒”“瓜”“豆”。

附加条件“韭菜、青椒与黄瓜在同一组”结合(2)“芹菜与黄椒不同组”得出,芹菜与红椒一组。剩余的菠菜与剩余的黄椒同组,结合(4)得出“菠菜、黄椒、豇豆”同组,因此选择B项。

13.【答案】E

【解析】解题步骤1:简化题干信息。

(1)每个六边形格子中仅栽种一个品种、一种颜色的花。

(2)每个品种只栽种两种颜色的花。

(3)相邻格子中的花,其品种与颜色均不相同。

(4)玫瑰有紫、红、白3种;兰花有红、白、黄3种;菊花有白、黄、蓝3种。

(5)格子5中是红色的花。

解题步骤2:分析题干条件关系。

(5)结合(4)得出“格子5中是红色玫瑰∨红色兰花”。由(3)得出,格子2、格子3和格子5必须同时包含三种不同的花,以及三种不同的颜色,从而可推出,格子2和格子3中必定有一种是菊花,进而可得出,格子1中一定不是菊花,因此选择E项。

14.【答案】D

【解析】解题步骤1:简化题干信息。

(1)每个六边形格子中仅栽种一个品种、一种颜色的花。

(2)每个品种只栽种两种颜色的花。

(3)相邻格子中的花,其品种与颜色均不相同。

(4)玫瑰有紫、红、白3种;兰花有红、白、黄3种;菊花有白、黄、蓝3种。

(5)格子5中是红色的玫瑰,格子3中是黄色的花。

解题步骤2:分析题干条件关系。

(5)“格子3中是黄色的花”结合(3)得出,相邻的格子2中是不同的品种,格子4中是相同的品种。若格子3中黄色的花是菊花,则结合(5)(3)得出,格子2中是白色的兰花,格子6中的兰花也只能是白色的,与(2)矛盾,所以格子3中黄色的花不能是菊花,只能是兰花,格子4中一定是白色的兰花。

综上,选择D项。

15.【答案】D

【解析】解题步骤1:简化题干信息。

(1)5种饮品,5位员工,每人喜欢2种饮品,每种饮品只有2人喜欢。

(2)甲喜欢菊花∧(绿茶∀红茶)→甲不喜欢咖啡∧不喜欢大麦茶。

(3)乙喜欢菊花∧(绿茶∨红茶)→乙不喜欢咖啡∧不喜欢大麦茶。

(4)丙∨戊喜欢咖啡。

(5)丙∨戊喜欢大麦茶。

解题步骤2:建立题干条件关系。

(2)结合(3)得出“甲和乙不喜欢咖啡”,由(4)可知丙与戊中只有1人喜欢咖啡,再结合(1)“每种饮品只有2人喜欢”可知,丁一定喜欢咖啡。

(2)结合(3)得出“甲和乙不喜欢大麦茶”,由(5)可知丙与戊中只有1人喜欢大麦茶,再结合(1)“每种饮品只有2人喜欢”可知,丁一定喜欢大麦茶。

综上,选择D项。

16.【答案】A

【解析】解题步骤1:简化题干信息。

题干信息列表如下。

	G区	H区
常住外来人口	A	B
户籍人口	C	D

(1)G区常住人口:$A+C=240$万。

(2)H区常住人口:$B+D=200$万。

(3)G区和H区常住外来人口:$A+B=200$万。

解题步骤2:选项代入验证。

(1)结合(3)得出,$C>B$,即G区的户籍人口>H区的常住外来人口。

综上,选择A项。

17.【答案】A

【解析】解题步骤1:简化题干信息。

(1)每件事均做一次,每天至少做两件事。

(2)④和⑤安排在同一天完成(同组)。

(3)②在③之前1天完成(相邻)。

(4)③和④安排在假期的第2天(同组)。

(5)放假3天,1天休息,6件事分2天完成。

解题步骤2:建立题干条件关系。

根据(2)(3)(4)得出:(6)③④⑤在第2天;(7)②在第1天。再结合(5)得出:(8)第3天休息。

解题步骤3:问题是“可能真”,考虑选项代入验证,排除一定为假的选项。

B项,根据(7)排除。

C、D 项，根据(8)排除。

E 项，根据(6)排除。

综上，选择 A 项。

18. 【答案】C

【解析】解题步骤 1：简化题干信息。

(1)每件事均做一次，每天至少做两件事。

(2)④和⑤安排在同一天完成(同组)。

(3)②在③之前 1 天完成(相邻)。

(4)第 2 天只做⑥等 3 件事。

(5)放假 3 天，1 天休息，6 件事分 2 天完成。

解题步骤 2：建立题干条件关系。

根据(2)(3)(5)得出，④和⑤要么和③在同一天，要么和②在同一天。假设③④⑤在同一天，结合(3)(4)得出，③④⑤在第 3 天，①②⑥在第 2 天；假设②④⑤在同一天，结合(3)(4)得出，②④⑤在第 1 天，①③⑥在第 2 天，即无论哪种情况，①和⑥一定都在第 2 天。

综上，选择 C 项。

19. 【答案】D

【解析】解题步骤 1：简化题干信息。

(1)4 道题的四个选项中只有一项正确。

(2)第一题：答题者回答的选项各不相同。

(3)第二题：答题者回答的选项各不相同。

解题步骤 2：分析题干条件关系。

(1)(2)(3)说明第一题和第二题都有人答对，根据测试结果，王和李的“只答对 1 题”的范围就在第一题与第二题之中，所以第三题与第四题的答案均不正确。

解题步骤 3：将条件信息转移到表格中。

答题者	第一题	第二题	第三题	第四题	测试结果
张	A×	B×	A×	B×	均不正确
王	B	D	B×	C×	只答对 1 题
赵	D×	A×	A×	B×	均不正确
李	C	C	B×	D×	只答对 1 题

根据上表可知：第一题答案为 B 或 C；第二题、第三题答案为 C 或 D；第四题答案为 A。

综上，选择 D 项。

20. 【答案】A

【解析】解题步骤:建立附加条件和已知条件的关系。

从附加条件可知 4 道题的答案均不相同。

根据上题表格得出第二题与第三题的答案分别为 C 或 D,根据剩余的思路得出,第一题的答案是 B。

综上,选择 A 项。

21. 【答案】C

【解析】解题步骤 1:简化题干信息。

(1)外援有 5 名,他们是乙、戊、丁、庚、辛。

(2)乙、丁、辛 3 人来自两个国家。

(3)10 名职业运动员来自 5 个不同的国家。

解题步骤 2:建立题干条件关系。

(1)俱乐部的“外援”占一半,说明另一半是本国人,结合(3)得出,外援来自 4 个不同的国家。

(1)(2)得出,戊、庚 2 位外援来自不同国家。

综上,选择 C 项。

22. 【答案】D

【解析】解题步骤:建立附加条件和已知条件的关系。

李与刘的座位左右紧挨着,若李和刘在 DF,则陈和方不能均为 D 或均为 F,与(3)矛盾,所以李和刘在 AB 或 BC。

因为(2)“汤和宋隔着一个座位”,所以李和刘只能在 5A 和 5B,且汤和宋在 5C 和 5F;再结合(1)可推出陈在 5D、方在 4D、罗在 4F。

综上,选择 D 项。

23. 【答案】E

【解析】解题步骤 1:建立附加条件和已知条件的关系。

李与汤隔着两个座位,结合(2)“汤和宋隔着一个座位”得出,李、宋相邻,存在两种情况:①李、宋、( )、汤;②汤、( )、宋、李。

根据(1)“罗和方的座位左右紧挨着”得出,③罗和方的座位只能在 4D、4F。

解题步骤 2:问题要求找“不可能”的选项,将选项代入验证,选择一定为假的选项。

A、C 项,根据③得出可能为真。

B、D 项,根据①②得出可能为真。

E 项,若李坐在 5F,则宋坐在 5D,此时与(3)矛盾,所以选择 E 项。

24.【答案】A

【解析】解题步骤1:简化题干信息。

(1)后3个学年选修的课程数量均不同。

(2)丙、己、辛在同一学年,丁在后一学年。

(3)第4学年甲∨丙∨丁→第1学年仅戊∧辛。

(4)4个学年选修8门课程,每个学年选修1~3门课程。

(5)乙在丁的前面选修。

解题步骤2:建立题干条件关系。

根据(1)(4)得出,后3个学年选修的课程数量分别为1、2、3之一,又因为4个学年共8门课程,则第1学年选修2门课程。

(2)“丙、己、辛在同一学年”结合(4)“每学年最多选修3门课程”得出,辛和戊不在同一学年;结合(3)得出,第4学年¬甲∧¬丙∧¬丁;又根据(5)(2)可知,乙在丁前面,丙、己、辛在丁前面,所以丁在第3学年∧丙、己、辛在第2学年∧乙在第1学年。

综上,选择A项。

25.【答案】A

【解析】解题步骤1:简化题干信息。

(1)后3个学年选修的课程数量均不同。

(2)丙、己、辛在同一学年,丁在后一学年。

(3)第4学年甲∨丙∨丁→第1学年仅戊∧辛。

(4)4个学年选修8门课程,每个学年选修1~3门课程。

(5)乙在甲、庚的前面选修。

解题步骤2:建立题干条件关系。

由上题得出,第1学年选修2门课程;结合(2)得出,(6)丙、己、辛和丁都在后3个学年。

根据(6)(5)得出,“丙、己、辛”“甲、庚”“丁”都在后3个学年,则戊与乙在第1个学年。

综上,选择A项。

26.【答案】D

【解析】解题步骤1:简化题干信息。

(1)¬王创作诗歌→李爱好小说。

(2)¬王创作诗歌→李创作小说。

(3)王创作诗歌→李爱好小说∧周爱好散文。

(4)4个人每人只爱好4种文学形式中的一种,且各不相同。

(5)4个人每人只创作了4种形式中的一种作品,且形式各不相同。

(6)他们创作的作品形式与各自的文学爱好均不相同。

解题步骤 2:建立题干条件关系。

假设“¬ 王创作诗歌”,根据(1)(2)得出“李爱好小说∧创作小说”,与(6)矛盾,所以假设不成立,得出“王创作诗歌∧¬ 爱好诗歌”,结合(3)得出“李爱好小说∧周爱好散文”, 结合(4)得出“丁爱好诗歌”。

综上,选择 D 项。

27. **【答案】**A

【解析】解题步骤 1:简化题干信息。

(1)王创作诗歌。

(2)李爱好小说∧周爱好散文∧丁爱好诗歌∧王爱好戏剧。

(3)丁创作散文。

(4)4 个人每人只爱好 4 种文学形式中的一种,且各不相同。

(5)4 个人每人只创作了 4 种形式中的一种作品,且形式各不相同。

(6)他们创作的作品形式与各自的文学爱好均不相同。

解题步骤 2:将与“创作”有关的信息转移到表格中。

	诗歌	散文	戏剧	小说
王	√	×	×	×
李	×	×		
周	×	×		
丁	×	√	×	×

“李爱好小说”结合(6)得出,李不创作小说;进而得出,周创作小说∧李创作戏剧。

综上,选择 A 项。

28. **【答案】**A

【解析】解题步骤 1:简化题干信息。

(1)共有 19 人,分 4 组,每组 3~5 人,确定分组情况为 3 组 5 人,1 组 4 人。

(2)男性 16 人,女性 3 人;研究生 13 人,非研究生 6 人。

(3)除“人事调动组”外,其他小组成员均是男性。

(4)除“网络应急组”外,其他小组均有成员未拥有研究生学历,即有 3 组有非研究生。

(5)“安全保卫组”所有成员均没有研究生学历。

解题步骤 2:建立题干条件关系。

根据(1)得出,(6)“安全保卫组”最少 4 人,最多 5 人。

根据(6)(4)(5)得出,“安全保卫组”只能是 4 人,若“安全保卫组”有 5 人,则非研究生只剩1人,最终只能有2组的成员有非研究生学历,与(4)矛盾。

根据(3)可得,“安全保卫组”所有成员均是男性,因此,“安全保卫组”有4名男性成员。

综上,选择A项。

29. 【答案】A

【解析】解题步骤1:确定分组的情况。

6人分到5个国家,分组情况是“2、1、1、1、1”,因此只能有一个国家对应2个人。

解题步骤2:建立题干条件关系。

(1)(2)均涉及N,得出,N来自荷。

(1)(3)均涉及G,得出,G来自德。

根据“N来自荷、G来自德”得出,M来自英或美,再根据(3)“H、W来自英或美”,说明英或美中有一个国家对应2人,剩余的K不来自荷、德、英、美,因此,K来自法。

综上,选择A项。

30. 【答案】D

【解析】解题步骤1:简化题干信息。

(1)乙第四周。

(2)丁/戊……己。

(3)丙……甲……乙(第四周)。

解题步骤2:建立题干条件关系。

由(1)(3)可得,丙可以安排在第一周或第二周值班,甲可以安排在第二周或第三周值班。结合(2)可知,己只能在第六周值班。由于周三值班的人员无法确定,所以甲、丁、戊可以在第三周值班,选择D项。

31. 【答案】A

【解析】解题步骤1:列表简化题干信息。

	周一	周二	周三	周四	周五	周六	周日
老孟		×		×			×
小王				×	√	×	
大李					√	×	×

解题步骤2:根据背景信息继续推理。

①由“一周7天每天总有他们3人中的至少1人值班”得出:(4)大李周四∧老孟周六∧小王周日。

②由“没有人连续3天值班”得出:(5)¬ 大李周三。

③根据“任意2人在同一天休假的情况均不超过1次”,而老孟和小王在周四都休假,所

以周二就不能同时休假，得出：(6)小王周二。同理，由小王和大李在周六都休假得出；(7)小王周三。

④此时，小王周二和周三都值班，结合②和③中条件，没有人连续3天值班，除周六外小王和大李不能同时休假，除周四外老孟和小王不能同时休假，所以可得：(8)¬ 小王周一 ∧ 大李周一 ∧ 老孟周一。

	周一	周二	周三	周四	周五	周六	周日
老孟	(8)√	×		×		(4)√	×
小王	(8)×	(6)√	(7)√	×	√	×	(4)√
大李	(8)√		(5)×	(4)√	√	×	×

综上，选择A项。

32.【答案】E

【解析】解题步骤：简化题干信息，建立题干条件关系。

根据(1)(2)(3)得出第一轮比赛情况(箭头指向获胜方)：己→戊→丙→丁→甲←乙。

根据(4)得出，第二轮比赛情况：己←戊←丙←丁←甲←乙。根据箭头方向得出己是冠军。所以，选择E项。

33.【答案】C

【解析】解题步骤1：简化题干信息。

甲、乙、丙、丁、戊5人，周一到周五每天进行骑行、跑步、游泳、跳操、乒乓球5项运动之一，每人每天的运动项目各不相同，5人在5天中任一天的运动项目也均不相同。该题目属于一一对应题型，列表如下。

	周一	周二	周三	周四	周五
甲	骑行			跳操	
乙	游泳	乒乓球			
丙				游泳	
丁	跳操				
戊		骑行		跑步	

周四所在列已经有了“跳操”“游泳”“跑步”，乙所在行已经有了“乒乓球”，所以得出：乙周四骑行。进一步可得：丁周四打乒乓球。同理，周一所在列已经有了“骑行”“游泳”“跳操”，戊所在行已经有了“跑步”，所以得出：戊周一打乒乓球。进一步可得：丙周一跑步。

解题步骤2：将推出信息转移到表格中。

	周一	周二	周三	周四	周五
甲	骑行			跳操	
乙	游泳	乒乓球		骑行	
丙	跑步			游泳	
丁	跳操			乒乓球	
戊	乒乓球	骑行		跑步	

根据表格，甲所在行、周二所在列已经有了“骑行”“跳操”“乒乓球”，所以甲周二只能跑步或游泳，所以分情况讨论：

情况1：甲周二跑步→丁周二游泳→丙周二跳操。

情况2：甲周二游泳→丁周二跑步→丙周二跳操。

所以，无论哪种情况，都可以得出“丙周二跳操”，选择C项。

34.【答案】B

【解析】解题步骤1：简化题干信息。

(1)赵( )( )宋；宋( )( )赵。

(2)陈( )( )( )孔；孔( )( )( )陈。

(3)王……李……孔。

(4)刘=3。

解题步骤2：建立题干条件关系。

(2)(3)结合，若孔在陈前，得出王=1、李=2、孔=3，与(4)矛盾，所以孔在陈后。

(2)(4)结合，陈在1∨2，可以分情况讨论。

若陈在1，则有1(陈)、2、3(刘)、4、5(孔)、6、7，得出2=王，4=李，与(1)矛盾。

若陈在2，则有1、2(陈)、3(刘)、4、5、6(孔)、7，得出1=王，5=李，赵和宋分别在4和7之一。

综上，选择B项。

35.【答案】A

【解析】解题步骤1：简化题干信息。

(1)赵( )( )宋；宋( )( )赵。

(2)陈( )( )( )孔；孔( )( )( )陈。

(3)王……李……孔。

(4)李=4。

(5)李……赵。

解题步骤2：建立题干条件关系。

(2)(3)(4)结合得出，孔在陈后，有：陈/王……李……赵/孔(a/b不分前后)。

再结合(5)得出，宋在赵前。

解题步骤3:分情况讨论。

情况1	1	2	3	4	5	6	7
		陈		李		孔	
情况2	1	2	3	4	5	6	7
	陈	王	宋	李	孔	赵	刘
情况3	1	2	3	4	5	6	7
	王	宋	陈	李	赵	刘	孔

情况1与(1)矛盾,排除,只分析情况2和情况3。

综上,赵、刘前后相邻,所以选择A项。

36.【答案】A

【解析】解题步骤1:简化题干信息。

(1)陈找宋对弈。

(2)李找周对弈。

(3)孔找王对弈。

(4)陈、李、丁、王4位同学组成第1小组,宋、孔、辛、周4位同学组成第2小组。

(5)8人均未达成对弈意愿,说明自己要找的同学不是找自己对弈的同学。

解题步骤2:建立题干条件关系。

(5)(3)结合得出,王没找孔对弈;再结合(1)(2)(4)可得,第1小组剩余的丁找孔对弈。

综上,选择A项。

37.【答案】C

【解析】解题步骤1:简化题干信息。

(1)陈找宋对弈。

(2)李找周对弈。

(3)孔找王对弈。

(4)陈、李、丁、王4位同学组成第1小组,宋、孔、辛、周四位同学组成第2小组。

(5)8人均未达成对弈意愿,说明自己要找的同学不是找自己对弈的同学。

(6)周找丁对弈。

解题步骤2:建立题干条件关系。

(5)(1)结合得出,宋没找陈对弈;再结合(3)(4)(6)可得,宋找李对弈,第2小组剩余的辛找陈对弈。

综上,选择C项。

38.【答案】A

【解析】解题步骤:分析题干条件关系。

(2)(3)均涉及东线和西线,故将二者结合分析。假设(3)的前件成立,结合(2)可得,东线和西线数量加起来会超过30,而调查共发现石窟寺38处,此时中线发现的石窟寺数量不可能超过10,否定了"其他两线发现的石窟寺均超10处",所以假设不成立,得出东线、西线发现的石窟寺都不足15处,则东线和西线发现的石窟寺数量加起来最多是29,因此中线发现的石窟寺数量最少是9。

综上,选择A项。

39.【答案】B

【解析】解题步骤1:简化题干信息。

(1)临海+峡谷=6。

(2)临海+天坑=7。

(3)四种类型的自然景观中有一种类型的数量是3。

(4)每种类型的自然景观数量各不相同。

解题步骤2:建立题干条件关系。

根据(1)(3)(4)可得,数量是3的既不是临海,也不是峡谷。

分别验证高山草甸和天坑哪个的数量是3。假设天坑是3,根据(2)(1)可得,临海是4,峡谷是2,高山草甸是7,结果符合题干的所有条件,没有出现矛盾,因此B项正确。此时,无须进一步假设了。

综上,选择B项。

燚语点拨

当两种情况分别讨论时,若一种情况没有出现矛盾,另一种情况一般为假或与情况一结果一样。考场上,考生要灵活应变,运用好此做题技巧,可以节省做题时间。

40.【答案】B

【解析】解题步骤1:整理题干信息。

(1)4个人检查5项工作,每人至少检查1项。

(2)每项工作均被检查过一遍,且不会被重复检查,说明每项工作只有1人检查。

(3)表格的三个描述中,正确的数量合计是7。

解题步骤2:分析表格信息。

根据(2)可知,①④⑤这三项工作分别对应的描述都至多一个正确;②③分别对应的描述都至多两个正确。由于(3)"正确的数量合计是7",检查②的是甲,检查③的是丁。此时,描述一中甲检查②、丁检查③正确,所以乙检查①、丁检查④和丙检查⑤是错的。描述三中丙检查②是错的,因此描述二中丙检查①是对的。描述三中对①②的描述均错,进而可得其对③④⑤的描述均对。

综上,选择B项。

41.【答案】A

【解析】解题步骤:分析题干条件关系。

根据(1)可得,乙和丁只能是女性;根据(2)可得,甲和己只能是学士,乙、丙、戊分别是博士、硕士、学士之一且不重复,所以丁只能是硕士。上述分析结果结合可得:丁是女硕士。

综上,选择 A 项。

42.【答案】B

【解析】解题步骤:分析题干条件关系。

甲之后有 3 名士兵,丙之后有 2 名士兵,据此可得丙只能在甲的后面,否则丙后面应该至少有 3 名士兵。再依据丁之后有 2 名士兵,丙是士兵,可得丁在丙的后面,否则丁后面至少有 3 名士兵。丁在丙之后,而丙和丁后面均有 2 名士兵,可得丁是军官。

综上,选择 B 项。

43.【答案】B

【解析】解题步骤 1:整理题干信息。

(1)吴老师、讲授《诗经》的和讲授《论语》的 3 人均是文学院的。

(2)周老师、讲授《墨经》的和讲授《周易》的 3 人均住在教师公寓。

(3)周、吴、王 3 位老师各讲授 2 门课程,且所讲课程完全不同。

解题步骤 2:建立题干条件关系。

由(1)(3)可得,(4)周老师讲授《诗经》《论语》中的某 1 门课程。

由(2)可得,(5)周老师不讲授《墨经》《周易》。

由(5)(3)可得,(6)周老师讲授《论语》《中庸》《诗经》《尚书》中的 2 门课程。

由(4)(6)可得,(7)周老师讲授《中庸》《尚书》中的某 1 门课程。

综上,选择 B 项。

44.【答案】A

【解析】解题步骤 1:将题干确定信息整理到表格中。

	1	2	3	4	5	6	7	8	9	10
李		×		×					×	
王	×				×			×		
文			×			×			×	

解题步骤 2:分析题干条件关系。

根据每人均答对了 6 道,错了 4 道,且没有人连续答对 3 道可得:李在第 6、7 题中错了 1 道,所以李第 1、3、10 题均答对了。

王在第 2、3、4 题中答错了 1 道,所以王第 6、7、9、10 题均答对了,补充信息如下。

	1	2	3	4	5	6	7	8	9	10
李	√	×	√	×	√			√	×	√
王	×				×	√	√	×	√	√
文			×			×			×	

综上，选择 A 项。

45.【答案】C

【解析】解题步骤：根据附加条件分析表格。

继续分析上题表格信息。3 人均答对的题目是第 7 题、第 10 题中的一道；三人均答错的题目是第 2 题、第 4 题中的一道，但不管均答错的是哪一道题，小王第 3 题都会答对。所以，一定为假的是 C 项。

46.【答案】B

【解析】解题步骤 1：通过表格简化题干信息。

根据（2）得出：小洪¬ 宣传部，小龙¬ 宣传部。

根据（1）（4）得出：小陈¬ 财务处、人事处、宣传部；老姜¬ 财务处、人事处、宣传部。

由此得出：大李宣传部。

	财务处	办公室	人事处	科研处	宣传部
小陈	×		×		×
大李	×	×	×	×	√
老姜	×		×		×
小洪					×
小龙					×

解题步骤 2：构建二难推理。

假设（3）的前件为真，小陈办公室→小洪科研处，但如果小陈是办公室的，根据上表也可以推出老姜是科研处的，出现矛盾，所以假设不成立，得出小陈¬ 办公室，所以小陈是科研处的。将上述推理结果继续补充到下表。

	财务处	办公室	人事处	科研处	宣传部
小陈	×	×	×	√	×
大李	×	×	×	×	√
老姜	×		×	×	×
小洪				×	×
小龙				×	×

由上表可知：老姜是办公室的。

综上，选择 B 项。

第四节 综合分析推理

答案速查表										
题号	1	2	3	4	5	6	7	8	9	10
答案	D	D	E	A	C	E	A	C	C	A
题号	11	12	13	14	15	16	17	18	19	20
答案	C	E	D	E	C	D	A	A	B	C
题号	21	22	23	24	25	26	27	28	29	30
答案	B	A	D	E	D	E	C	C	E	E
题号	31	32	33	34	35	36	37	38	39	40
答案	A	B	A	C	E	B	A	E	C	A
题号	41									
答案	D									

1. 【答案】D

【解析】解题步骤 1:简化题干信息。

(1)化学→数学。

(2)怡和招的专业→风云也招。

(3)只有一家招文秘∧该公司¬ 招物理。

(4)怡和招管理→怡和招文秘。

(5)宏宇¬ 招文秘→怡和招文秘。

(6)每家公司招聘 2~3 个专业的若干毕业生。

解题步骤 2:建立题干条件关系。

附加条件(7)“只有一家公司招物理”结合(2)可知,若怡和招物理,则风云也招物理,与(7)矛盾,所以“怡和¬ 招物理”。

根据(3)(2)得出“怡和¬ 招文秘”,结合(5)推出“宏宇招文秘”,再结合(3)推出“宏宇¬ 招物理”。

综上,怡和、宏宇都不招物理,则风云招物理,因此选择 D 项。

2. 【答案】D

【解析】解题步骤 1:简化题干信息。

(1)化学→数学。

(2)怡和招的专业→风云也招。

(3)只有一家招文秘∧该公司¬ 招物理。

(4)怡和招管理→怡和招文秘。

(5)宏宇¬ 招文秘→怡和招文秘。

(6)三家公司都招聘 3 个专业的若干毕业生。

解题步骤 2:建立题干条件关系。

由(3)(2)得出“怡和¬ 招文秘”,结合(4)推出“怡和¬ 招管理”。

假设怡和不招数学,结合(1)得出“怡和¬ 招化学”,与附加条件(6)矛盾,所以“怡和招数学”,结合(2)得出“风云招数学”。

综上,选择 D 项。

3.【答案】E

【解析】解题步骤 1:简化题干信息。

(1)金选水蜜桃→水不选金针菇。

(2)木选金针菇∨土豆→木选木耳。

(3)火选水蜜桃→火选木耳∧土豆。

(4)木选火腿→火不选金针菇。

(5)5 人不选第一个字与自己姓氏相同的食材。

(6)每种食材仅有 2 人选∧每人只选 2 种食材。

解题步骤 2:建立题干条件关系。

(2)结合(5)得出“木不选木耳→木不选金针菇∧不选土豆”,结合(6)得出,(7)木选水蜜桃∧火腿,结合(4)得出,火不选金针菇,结合(5)得出,火不选金针菇∧不选火腿。

根据(3),若火选水蜜桃,则火会选 3 种食材,与(6)矛盾,故火不选水蜜桃,因此火不选金针菇∧不选火腿∧不选水蜜桃,得出:(8)火选木耳∧土豆。

解题步骤 3:将题干信息转移到表格中。

	金针菇 2	木耳 2	水蜜桃 2	火腿 2	土豆 2
金 2	×				
木 2	×	×	√	√	×
水 2			×		
火 2	×	√	×	×	√
土 2					×

由上表结合(6)得出:(9)水选金针菇∧土选金针菇。

(9)“水选金针菇”结合(1)得出,金不选水蜜桃,结合(6)“每种食材仅有 2 人选”,得出“土选水蜜桃”。

补充信息,列表如下。

	金针菇 2	木耳 2	水蜜桃 2	火腿 2	土豆 2
金 2	×		×		
木 2	×	×	√	√	×
水 2	√		×		
火 2	×	√	×	×	√
土 2	√	×	√	×	×

综上,选择 E 项。

4.【答案】A

【解析】解题步骤:建立附加条件和已知条件的关系。

将附加信息“水选土豆”作为出发点,结合(6)和上题表格得出:(10)水不选木耳∧不选火腿。

将信息继续填入上题的表格:

	金针菇 2	木耳 2	水蜜桃 2	火腿 2	土豆 2
金 2	×	√	×	√	×
木 2	×	×	√	√	×
水 2	√	×	×	×	√
火 2	×	√	×	×	√
土 2	√	×	√	×	×

根据表格可知:金选木耳∧火腿。

综上,选择 A 项。

5.【答案】C

【解析】解题步骤 1:简化题干信息。

(1)不含违禁成分→进口。

(2)甲∨乙含有违禁成分→进口戊和己。

(3)丙含有违禁成分→不进口丁。

(4)进口戊→进口乙和丁。

(5)不进口丁⇔进口丙。

解题步骤 2:题干条件关联弱,选项充分,用代入验证排除法。

A 项,“进口丁”结合(3)得出,丙没有违禁成分,结合(1)得出,进口丙,与(5)矛盾,排除。

B 项,丙、丁同时进口,根据(5)可知,丙与丁只能进口一种,排除。

D、E 项,“进口戊”结合(4)可知,要进口丁,“进口丁”结合(3)(1)得出,进口丙,与(5)矛盾,排除。

综上,选择 C 项。

6.【答案】E

【解析】解题步骤 1:简化题干信息。

(1)甲韩国→¬ 丁英国。

(2)丙与戊去年总是结伴出国旅游。

(3)丁和乙只去欧洲国家旅游。

(4)每人都去了其中的两个国家旅游,故丁和乙“英国∧法国”。

(5)每个国家总有他们中的 2~3 人去旅游。

解题步骤 2:建立题干条件关系。

(4)(3)(1)结合得出“丁英国∧¬ 甲韩国”。

由(4)(3)得出,丁与乙“¬ 韩国∧¬ 日本”,结合(5)得出,丙与戊“韩国∧日本”。

综上,选择 E 项。

7.【答案】A

【解析】解题步骤 1:根据上题简化信息。

(1)甲不去韩国。

(2)丙与戊去日本∧韩国。

(3)丁与乙去英国∧法国。

(4)每人都去了其中的两个国家旅游。

(5)去欧洲的总人次=去亚洲的总人次。

解题步骤 2:建立条件关系。

根据(2)(3)(5)得出“剩余的甲必须去 1 次欧洲,去 1 次亚洲”。

根据(1)甲不去韩国,得出“甲去日本”。

综上,选择 A 项。

8.【答案】C

【解析】解题步骤 1:简化题干信息。

(1)甲:¬ 提高企业经济效益∨建立健全企业管理制度。

(2)乙:建立健全企业管理制度∧提高企业经济效益。

(3)丙:提高企业经济效益∨¬ 建立健全企业管理制度。

(4)丁:建立健全企业管理制度∨¬ 提高企业经济效益。

(5)戊:提高企业经济效益∨¬ 建立健全企业管理制度。

解题步骤 2:建立题干条件关系。

等价关系:(1)=(4);(3)=(5)。

包含关系:(2)为真→(1)(3)(4)(5)为真。

至少 1 真的关系:(1)与(3)是至少 1 真的关系。

解题步骤 3:问题要求找“可能的”选项,将选项代入验证。

A 项,乙真即(2)真,可推出(1)(3)(4)(5)为真,所以丙的意见符合决定,该项一定为假,排除。

B 项,因为(1)与(4)同真,(3)与(5)同真,而且(2)为真→(1)(3)(4)(5)为真,所以不可能只有 1 人的意见符合决定,排除。

C 项,(1)与(4)同真,(3)与(5)同真,而且两组属于至少 1 真的关系,所以“只有 2 人的意见符合决定”可能为真,正确。

D 项,因为(1)与(4)同真,(3)与(5)同真,而且(2)为真→(1)(3)(4)(5)为真,所以不可能只有 3 人的意见符合决定,排除。

E 项,(1)与(4)同真,(3)与(5)同真,而且两组属于至少 1 真的关系,所以不可能 5 人的意见均不符合决定,排除。

综上,选择 C 项。

9.【答案】C

【解析】解题步骤 1:简化题干信息。

(1)优秀的论文→逻辑清晰∧论据翔实。

(2)经典的论文→主题鲜明∧语言准确。

(3)(论据翔实∧¬ 主题鲜明)∨(语言准确∧¬ 逻辑清晰)→¬ 优秀的论文。

解题步骤 2:建立题干条件关系。

将(3)逆否得出,(4)优秀的论文→(¬ 论据翔实∨主题鲜明)∧(¬ 语言准确∨逻辑清晰)。要保证(4)为真,“∧”两边的条件都要为真。

根据(1)“优秀的论文→论据翔实”结合(4)“¬ 论据翔实∨主题鲜明”得出,优秀的论文→主题鲜明,即¬ 主题鲜明→¬ 优秀的论文。

综上,选择 C 项。

10.【答案】A

【解析】解题步骤 1:简化题干信息。

(1)乙∨丙在“北阳”停靠→乙∧丙在“东沟”停靠。

(2)丁在“北阳”停靠→丙∧丁∧戊在“中丘”停靠。

(3)甲、乙和丙中至少有 2 趟车在“东沟”停靠→甲∧乙∧丙在“西山”停靠。

(4)每站均恰好有 3 趟车停靠。

(5)甲和乙停靠的站均不相同。

解题步骤 2:建立题干条件关系。

根据(5)(3)可得出,甲、乙、丙最多有 1 趟车在“东沟”停靠,结合(4)得出,丁∧戊在“东沟”停靠，结合(1)得出，¬ 乙 ∧ ¬ 丙在“北阳”停靠，结合(4)得出，甲 ∧ 丁 ∧ 戊在“北阳”停靠，结合(2)得出，丙 ∧ 丁 ∧ 戊在“中丘”停靠，结合(4)得出，甲不在“中丘”停靠。

综上，选择 A 项。

11. **【答案】** C

【解析】 解题步骤 1：将上题中推出的确定信息转移到表格中。

	东 3	西 3	南 3	北 3	中 3
甲				√	×
乙				×	×
丙				×	√
丁	√			√	√
戊	√			√	√

解题步骤 2：没有车在每站都停靠，分情况讨论“丁、戊”同组或不同组。

假设“丁、戊”同组，都在“西山”停靠，则甲、乙、丙都要在“南镇”停靠，与(5)“甲、乙不同站”矛盾，所以“丁、戊”不同组，分别在“西山” 或“南镇” 停靠，但不确定丁、戊谁在“西山”停靠，谁在“南镇”停靠。

根据(5)“甲、乙不同站”可得，为了满足(4)，丙必须在“西山” ∧ “南镇”停靠。

综上，选择 C 项。

12. **【答案】** E

【解析】 解题步骤 1：简化题干信息。

(1)甲和乙没有预约同一天下午的门诊。

(2)乙星期二上午→乙星期五下午。

(3)丙星期五上午→丙星期三上午。

(4)3 人每人预约了 3 次针灸，且一人一天只安排 1 次(这说明星期二与星期五的 3 个名额分别是甲、乙、丙)。

解题步骤 2：建立题干条件关系。

由(1)“甲和乙没有预约同一天下午的门诊” 可得，(5)星期二和星期四下午的“2 人” 中一定有丙。

假设(3)的前件“丙星期五上午”为真，则推出“丙星期三上午”，结合上述分析可知，丙预约了 4 次，与(4)“3 人每人预约了 3 次针灸”矛盾，所以假设不成立，得出“丙¬ 星期五上午”。

根据表格“星期五上午 2 人、下午 1 人”结合(4)“一人一天只安排 1 次”得出，“甲和乙星期五上午 ∧ 丙星期五下午”，该结论否定了(2)的后件，推出“乙¬ 星期二上午”，结合(5)可得，甲星期二上午 ∧ 乙和丙星期二下午。

综上,选择 E 项。

13. 【答案】D

【解析】解题步骤 1:简化题干信息。

(1)美佳销售水果→海奇销售水果。

(2)海奇销售水果→海奇销售糕点。

(3)美佳销售糕点→新月销售糕点。

(4)三家店中两家销售茶叶,两家销售水果,两家销售糕点,两家销售调味品;每家都销售上述 4 类商品中的 2~3 种。

解题步骤 2:分析题干条件关系,做假设。

根据(4)得出,每家销售的商品种类的分组情况为 3、3、2。

根据(1),若海奇¬ 销售水果,则美佳¬ 销售水果,与(4)“两家销售水果”矛盾,所以海奇销售水果;结合(2)得出,海奇销售糕点。

根据(3),若美佳销售糕点,则新月销售糕点;再结合“海奇销售糕点” 可知,此时与(4)“两家销售糕点”矛盾,所以美佳¬ 销售糕点。

综上,选择 D 项。

14. 【答案】E

【解析】解题步骤:建立附加条件和已知条件的关系。

附加条件“美佳不销售调味品”结合“美佳不销售糕点” (上题结论),以及(4)“每家至少销售 2 种商品”得出,美佳销售水果和茶叶。

根据(4)“每种商品都有两家销售”得出,海奇与新月销售调味品和糕点;结合“海奇销售水果和糕点”(上题结论)以及(4)“每家最多销售 3 种商品”得出,海奇不销售茶叶,所以新月销售茶叶。

综上,选择 E 项。

15. 【答案】C

【解析】解题步骤 1:简化题干信息。

(1)吴《光明日报》∨《参考消息》→李《人民日报》∧¬ 王《光明日报》。

(2)¬ 李《文汇报》∨¬ 王《文汇报》→宋《人民日报》∧吴《人民日报》。

(3)李《人民日报》。

(4)4 个人中,每人订阅了 2 种报纸且订阅的不完全相同,每种报纸均有 2 人订阅。

解题步骤 2:建立题干条件关系。

由(3)(4)得出“¬ (宋《人民日报》∧吴《人民日报》)”;结合(2)得出,(5)李《文汇报》∧王《文汇报》;结合(4)“每种报纸均有 2 人订阅”可知,吴《光明日报》∨《参考消息》∨《人民日报》,且吴至少订阅了《光明日报》和《参考消息》中的一种,肯定了(1)的前件,推出“¬ 王《光明日报》”；进而推出，王《人民日报》∀《参考消息》。因为(4)“每人订阅了2种报纸且不完全相同”，所以结合(3)(5)可知，王不能订阅《人民日报》，所以王订阅了《参考消息》。

综上，选择C项。

16. **【答案】** D

【解析】 解题步骤1：简化题干信息。

(1)甲∨乙有项目入选观演建筑∨工业建筑→乙、丙入选的项目均是观演建筑∧工业建筑。

(2)乙∨丁有项目入选观演建筑∨会堂建筑→乙、丁、戊入选的项目均是纪念建筑∧工业建筑。

(3)丁有项目入选纪念建筑∨商业建筑→甲、己入选的项目均在纪念建筑、观演建筑、商业建筑之中。

(4)5类奖项，6位建筑师，每人有2个项目入选不同奖项。

(5)每类奖项有2~3个项目入选，所以分组的情况为3、3、2、2、2。

解题步骤2：建立题干条件关系。

因为乙出现得最多，所以用乙做假设。根据(2)假设乙有项目入选观演建筑∨会堂建筑，推出乙入选的项目是纪念建筑∧工业建筑，与(4)“每人有2个项目入选”矛盾，所以假设不成立，得出：(6)乙¬ 观演建筑∧¬ 会堂建筑。同理，得出(7)丁¬ 观演建筑∧¬ 会堂建筑。

(7)结合(4)“每人有2个项目入选不同奖项”推出，丁纪念建筑∨商业建筑；结合(3)得出，甲、己入选的项目均在纪念建筑、观演建筑、商业建筑之中，进而得出，甲、乙、丁、己都没入选会堂建筑；因此丙、戊有项目入选会堂建筑。

综上，选择D项。

17. **【答案】** A

【解析】 解题步骤1：简化题干信息。

(1)甲∨乙有项目入选观演建筑∨工业建筑→乙、丙入选的项目均是观演建筑∧工业建筑。

(2)乙∨丁有项目入选观演建筑∨会堂建筑→乙、丁、戊入选的项目均是纪念建筑∧工业建筑。

(3)丁有项目入选纪念建筑∨商业建筑→甲、己入选的项目均在纪念建筑、观演建筑、商业建筑之中。

(4)己有项目入选商业建筑。

(5)(乙¬ 观演建筑∧¬ 会堂建筑)∧(丁¬ 观演建筑∧¬ 会堂建筑)(上题结论)。

(6)5 类奖项,6 位建筑师,每人有 2 个项目入选不同奖项。

(7)每类奖项有 2~3 个项目入选,所以分组的情况为 3、3、2、2、2。

解题步骤 2:建立题干条件关系。

(5)“乙¬ 观演建筑∧¬ 会堂建筑”结合(1)得出,乙¬ 工业建筑∧(甲¬ 观演建筑∧¬ 工业建筑),所以可得,(8)乙纪念建筑∧商业建筑。

(5)“丁¬ 观演建筑∧¬ 会堂建筑”结合(6)“每人有 2 个项目入选不同奖项”得出,其肯定了(3)的前件,故后件为真,即甲、己入选的项目均在纪念建筑、观演建筑、商业建筑之中;结合“甲¬ 观演建筑”得出,(9)甲纪念建筑∧商业建筑。结合(4)(5)(8)(9)得出,丁¬ 观演建筑∧¬ 会堂建筑∧¬ 商业建筑,故丁纪念建筑∧工业建筑,己观演建筑∧商业建筑。

综上,选择 A 项。

18. **【答案】** A

【解析】 解题步骤 1:简化题干信息。

(1)牛、虎、猴至少 1 尊“华商捐赠”∨“外国友人返还”→鼠∧马“国企竞拍”。

(2)马、猪至少 1 尊“国企竞拍”∨“外国友人返还”→鼠∧虎“华商捐赠”。

(3)每种方式均获得 2~3 尊兽首铜像,且每种方式获得的兽首铜像各不相同。

解题步骤 2:分析题干条件关系,做假设。

(1)(2)的后件都肯定了鼠,所以假设(1)的前件为真。

若“牛首、虎首和猴首中至少有一尊是通过‘华商捐赠’或者‘外国友人返还’回归的”为真,则可得,(4)通过“国企竞拍”获得的是鼠首和马首;结合(3)“每种方式获得的兽首铜像各不相同”得出,鼠首不能通过“华商捐赠”回归;再结合(2)得出,马首、猪首不是通过“国企竞拍”和“外国友人返还”回归的,与(4)矛盾,所以假设不成立。

综上得出,(5)牛首、虎首和猴首是通过“国企竞拍”回归的。

解题步骤 3:由确定信息出发,建立题干条件关系。

(5)结合(2)得出,马首、猪首是通过“华商捐赠”回归的;结合(3)得出,鼠首、兔首是通过“外国友人返还”回归的。

综上,选择 A 项。

19. **【答案】** B

【解析】 解题步骤 1:简化题干信息。

(1)每个学院至多有 3 名教师入选该委员会。

(2)甲、丙、丁学院合计只有 1 名教师入选该委员会。

(3)甲、乙中至少有一个学院的教师入选→戊、己、庚中至多有一个学院的教师入选。

(4)7 个学院中选 8 名教师。

解题步骤 2:建立题干条件关系。

由(2)可知,(5)乙、戊、己、庚 4 个学院选 7 名教师;结合(1)得出,(6)戊、己、庚至少有 4 名教师入选;结合(3)得出,(7)甲、乙都没有教师入选;结合(5)得出,戊、己、庚 3 个学院选 7 名教师;再结合(1)得出,戊、己、庚 3 个学院都有教师入选。

综上,选择 B 项。

20. **【答案】**C

【解析】解题步骤 1:简化题干信息。

(1)每个学院至多有 3 名教师入选该委员会。

(2)甲、丙、丁学院合计只有 1 名教师入选该委员会。

(3)甲、乙中至少有一个学院的教师入选→戊、己、庚中至多有一个学院的教师入选。

(4)7 个学院中选 8 名教师。

(5)甲和乙都没有教师入选(上题得出)。

(6)乙和戊两学院合计仅有 1 名教师入选(附加条件)。

解题步骤 2:建立题干条件关系。

由(2)可知,乙、戊、己、庚四个学院选 7 名教师;结合(6)(5)得出,己、庚有 6 名教师入选;结合(1)得出,己、庚各有 3 名教师入选,结合(5)得出,乙、己共有 3 名教师入选。

综上,选择 C 项。

21. **【答案】**B

【解析】解题步骤 1:简化题干信息。

(1)甲铅球∨乙铅球→丙铅球。

(2)己跳高→乙跳远∧己跳远。

(3)丙铅球∨戊铅球→己跳高。

(4)6 人中每人报名 1~2 项,有 2 人报名跳远,3 人报名跳高,3 人报名铅球。

解题步骤 2:选取假设对象,建立题干条件关系。

(1)说的都是铅球,且"丙铅球"重复出现,所以可以将"¬ 丙铅球"作为假设的对象。

假设"¬ 丙铅球",结合(1)推出,¬ 甲铅球∧¬ 乙铅球;结合(4)"3 人报名铅球"推出,丁∧戊∧己报名铅球;结合(3)推出,己跳高;结合(2)推出,乙跳远∧己跳远。

所以"己报名铅球、跳高、跳远",与(4)"每人报名 1~2 项"矛盾,所以假设不成立,得出:(5)丙铅球。

由(5)结合(3)得出"己跳高",结合(2)得出,乙跳远∧己跳远。

综上,选择 B 项。

22. **【答案】**A

【解析】解题步骤 1:根据上题,简化题干信息。

(1)丙铅球(上题结论)。

(2)乙跳远(上题结论)。

(3)己跳高∧己跳远(上题结论)。

(4)甲跳高∧乙跳高。(附加条件)

(5)6 人中每人报名 1~2 项,有 2 人报名跳远,3 人报名跳高,3 人报名铅球。

解题步骤 2:建立题干条件关系。

由(3)(4)可知,已有 3 人报名跳高;由(2)(3)可知,已有 2 人报名跳远;结合(6)可知,剩余的丁、戊只能报名铅球。

综上,选择 A 项。

23. 【答案】D

【解析】解题步骤 1:简化题干信息。

(1)《周易》《老子》《孟子》至少有 1 本分发给甲部门∨乙部门→《尚书》分发给丁部门∧《论语》分发给戊部门。

(2)《诗经》《论语》至少有 1 本分发给甲部门∨乙部门→《周易》分发给丙部门∧《老子》分发给戊部门。

(3)《尚书》分发给丙部门。

解题步骤 2:建立题干条件关系。

(3)结合(1)得出,(4)《周易》《老子》《孟子》都不分发给甲、乙部门;由此可得,剩余的 2 本书即《诗经》《论语》分发给甲、乙部门,肯定了(2)的前件,从而得出,(5)《周易》分发给丙部门∧《老子》分发给戊部门。

此时可知,《尚书》《周易》2 本分发给丙部门,其余部门各得 1 本。

结合(4)(5)得出,《孟子》不分发给甲、乙、丙、戊部门,因此只能分发给丁部门。

综上,选择 D 项。

24. 【答案】E

【解析】解题步骤:建立题干条件关系。

“《老子》分发给丁部门”结合(2)得出,《诗经》《论语》都不分发给甲、乙部门;从而得出,剩余的 3 本书中至少有 2 本分发给甲、乙部门,可以推出《周易》《孟子》中至少有 1 本分发给甲部门或乙部门,肯定了(1)的前件,因此可知,《尚书》分发给丁部门∧《论语》分发给戊部门。

此时可知,《尚书》《老子》2 本分发给丁部门,其余部门各得 1 本。《论语》分发给戊部门,则 E 项一定为假。

综上,选择 E 项。

25.【答案】D

【解析】解题步骤 1:简化题干信息。

(1)未来 5 天中的最高气温和最低气温不会出现在同一天。

(2)5 号的最低气温是未来 5 天中最低的→2 号的最低气温比 4 号的高 4℃。

(3)2 号和 4 号每天的最高气温与最低气温之差均为 5℃。

(4)未来 5 天每天的最高气温从 4℃开始逐日下降至-1℃。

(5)最低气温-6℃只出现在其中一天。

解题步骤 2:建立题干条件关系。

(1)(4)(5)得出,(6)1 号的最高气温为 4℃,最低气温不是-6℃。

根据(4)得出,2 号、3 号和 4 号中的最高气温可能是 3℃、2℃、1℃、0℃中的一个且各不相同;再结合(3)可知,2 号和 4 号最低气温可能是-2℃、-3℃、-4℃、-5℃中的一个,因此可得,(7)最低气温不在 2 号、4 号∧2 号的最低气温比 4 号的最多高 3℃;结合(2)得出,最低气温不在 5 号;结合(5)得出,最低气温在 3 号。

综上,选择 D 项。

26.【答案】E

【解析】解题步骤 1:简化题干信息。

(1)甲∧乙德优秀→甲∧乙廉优秀。

(2)乙∧丙德优秀→乙∧丙绩优秀。

(3)甲廉优秀→甲∧丁绩优秀。

(4)5 项考评中都有 3 人优秀,但没有人 5 个单项均优秀。

解题步骤 2:建立题干条件关系。

假设"甲∧乙德优秀",根据(1)得出,(5)甲∧乙廉优秀,结合(3)得出,(6)甲∧丁绩优秀。

根据(4)可知,绩的考评中有 3 人优秀;结合(6)得出,¬(乙∧丙绩优秀);结合(2)得出,¬(乙∧丙德优秀);结合假设和(4)"德的考评中有 3 人优秀"得出,丁、甲、乙德优秀∧¬丙德优秀。

假设"¬(甲∧乙)德优秀",结合(4)"德的考评中有 3 人优秀"得出,丙、丁德优秀。

综上,得出"丁一定德优秀",所以选择 E 项。

27.【答案】C

【解析】解题步骤 1:确定分组的情况。

在德、能、勤、绩、廉 5 个方面的单项考评中,他们之中都恰有 3 人被评为"优秀",即一共有 15 个奖项,分给甲、乙、丙、丁 4 人,且没有人 5 个单项均被评为"优秀",所以 4 个人所得的奖项数为 3、4、4、4。

解题步骤 2:建立题干条件关系。

附加条件“¬ 甲绩优秀”结合(3)得出,(5)¬ 甲廉优秀,从而得出(6)甲在“德、能、勤”三个方面得了奖项,其他人得了 4 个奖项。

(5)结合(1)得出,¬ 甲德优秀 ∨ ¬ 乙德优秀;结合(6)“甲德优秀”得出,¬ 乙德优秀。

综上,选择 C 项。

28. **【答案】** C

【解析】 解题步骤 1:简化题干信息。

(1)¬ 丙樱桃→戊柑橘。

(2)甲、乙种植苹果、枇杷、柑橘 3 种中的 2 种。

(3)丙 ∨ 丁山楂→¬ 戊柑橘 ∧ ¬ 戊石榴。

(4)5 个地块,每个地块只种植一种果树,各地块种植的果树互不相同。

解题步骤 2:选取假设对象,建立题干条件关系。

因为丙与戊两地块重复出现,“戊柑橘”可以联立(1)和(3),肯定(1)的前件就可以得出“戊柑橘”,所以选择“丙山楂”作为假设对象。

假设“丙山楂”,结合(3)得出“¬ 戊柑橘”,结合(1)得出“丙樱桃”,与(4)“每个地块只种植一种果树”矛盾,所以假设不成立,丙地块一定不种植山楂。

综上, 选择 C 项。

29. **【答案】** E

【解析】 解题步骤:建立题干条件关系。

附加条件“丁樱桃”结合(1)(4)得出,戊柑橘;结合(3)得出,¬ 丙山楂 ∧ ¬ 丁山楂。

“戊柑橘”结合(2)得出,甲、乙分别种植枇杷与苹果中的 1 种,所以丙地块种植石榴。

综上,选择 E 项。

30. **【答案】** E

【解析】 解题步骤 1:简化题干信息。

(1)甲和乙一起去张村和赵村。

(2)丙王村→戊张村 ∧ 己张村。

(3)¬ 丙王村→¬ 丁王村 ∧ ¬ 庚王村。

(4)¬ 戊李村→¬ 丙李村 ∧ ¬ 己李村。

(5)7 名大学生,每人去 2 个村,4 个村中每个村至少有 3 人选择。

(6)丙李村 ∧ 己李村。

解题步骤 2:建立题干条件关系。

根据附加条件(6)“丙李村 ∧ 己李村”和(4)得出,戊李村。

根据(1)可知,¬ 甲王村 ∧ ¬ 甲李村 ∧ ¬ 乙王村 ∧ ¬ 乙李村;若丙不去王村,结合(3)得出,¬ 丁王村∧¬ 庚王村,进而可得,只有戊和己去王村,与(5)“每个村至少有 3 人选择”矛盾,因此假设不成立,得出,丙王村;结合(2)得出,戊张村∧己张村。

解题步骤 3:将已知信息转移到表格中。(注意,每行满足两个√之后,剩余的格子需补上×)

	张	王	李	赵
甲	√	×	×	√
乙	√	×	×	√
丙	×	√	√	×
丁				
戊	√	×	√	×
己	√	×	√	×
庚				

根据(5)“每个村至少有 3 人选择”得出,丁和庚都去王村,所以选择 E 项。

31.【答案】A

【解析】解题步骤 1:建立题干条件关系。

根据(1)可知,①¬ 甲王村∧¬ 甲李村∧¬ 乙王村∧¬ 乙李村;若丙不去王村,结合(3)得出,¬ 丁王村∧¬ 庚王村,进而可得,只有戊和己去王村,与(5)“每个村至少有 3 人选择”矛盾,因此假设不成立,得出,丙王村;结合(2)得出,②戊张村∧己张村。

假设戊不去李村,结合(4)得出,¬ 丙李村∧¬ 己李村,结合①“¬ 甲李村∧¬ 乙李村”得出,只有丁和庚去李村,与(5)“每个村至少有 3 人选择”矛盾,因此假设不成立,得出,戊李村;结合②“戊张村”以及(5)“每人去 2 个村”得出,¬ 戊王村;结合附加条件“¬ 丁王村”以及①“¬ 甲王村∧¬ 乙王村”得出,丙王村∧己王村∧庚王村。

解题步骤 2:将已知信息转移到表格中。(注意,每行满足两个√之后,剩余的格子需补上×)

	张	王	李	赵
甲	√	×	×	√
乙	√	×	×	√
丙		√		
丁		×		
戊	√	×	√	×
己	√	√	×	×
庚		√		

根据表格可知,己不去李村,所以选择 A 项。

32.【答案】B

【解析】解题步骤 1:简化题干信息。

(1)市场部人数=外联部人数+1 人。

(2)甲∨丙∨丁市场部→只有甲∧戊 2 人外联部。

(3)5 人选择 3 个岗位,每人选择 2 个岗位,其中 1 个岗位有 5 人选择。

解题步骤 2:确定数据关系。

(1)(3)得出,3 个岗位的数据情况有 2 种。

情况 1:市场部 5 人,外联部 4 人,人事部 1 人。

情况 2:市场部 3 人,外联部 2 人,人事部 5 人。

解题步骤 3:分情况讨论,继续推理。

(2)说明情况 2 成立。若外联部有 4 人,否定了(2)的后件,推出甲、丙、丁都不应聘市场部,说明市场部不是 5 人都应聘的部门,所以情况 1 不成立。所以可知,甲和戊选择了外联部,5 人都选择了人事部,再结合(3)“每人选择 2 个岗位”推知,选择市场部的是乙、丙、丁。

综上,市场部:乙、丙、丁。外联部:甲、戊。人事部:甲、乙、丙、丁、戊。所以,选择 B 项。

33.【答案】A

【解析】解题步骤 1:简化题干信息。

(1)甲、丙至少有 1 人访谈了陈→乙分别访谈了王、李各 2 次。

(2)乙、丁至少有 1 人访谈了陈→王只分别接受了丙、丁各 1 次访谈。

(3)每个人均进行或接受了至少 1 次访谈,访谈共进行了 6 次。

解题步骤 2:建立题干条件关系。

若(1)前件成立,说明甲、丙、丁中至少有 1 人未访谈,与条件(3)矛盾,说明甲、丙都没有访谈陈,可知乙、丁至少有 1 人访谈了陈 ,结合(2)可知,王只分别接受了丙、丁各 1 次访谈,再结合(3)得,甲至少访谈了张、李中的 1 人。

综上,选择 A 项。

34.【答案】C

【解析】解题步骤 1:根据上题推出的结果简化题干信息。

(1)甲、丙都没有访谈陈。

(2)王只分别接受了丙、丁各 1 次访谈。

(3)甲至少访谈了张、李中的 1 人。

(4)每个人均进行或接受了至少 1 次访谈,访谈共进行了 6 次。

(5)丙访谈了张和李。

解题步骤 2:建立题干条件关系。

(2)(3)(5)得出,目前一共至少进行了 5 次访谈,并且暂时没有人访谈陈,结合(4)“访谈共进行了 6 次”得出,陈只接受了 1 次访谈。

综上,选择 C 项。

35.【答案】E

【解析】解题步骤 1:分析题干条件关系。

根据(1)(2)可得:(5)教练员是中学教师 ∨ 教练员住在阳光小区。

解题步骤 2:根据(5)分情况讨论。

第一种情况,若教练员是中学教师 ∧ 不住阳光小区,结合(2)(3)得出,教练员和裁判员性别相同 ∧ 不是一家人。进一步分析,若教练员和裁判员为王先生 ∧ 李儿子→李女士 ∧ 王女儿为运动员;若教练员和裁判员为李女士 ∧ 王女儿→王先生 ∧ 李儿子为运动员。

第二种情况,若教练员不是中学教师 ∧ 住阳光小区,结合(1)(4)得出,教练员和裁判员性别不同 ∧ 是一家人,得出另一家的大人和孩子为运动员。

综上得出,大人中有一个为运动员,孩子中有一个为运动员,所以选择 E 项。

36.【答案】B

【解析】解题步骤 1:简化题干信息。

(1)甲、乙、丙 3 人参加的志愿服务项目完全不相同。

(2)乙、丙、丁、戊中至少有 3 人各参加 3 项志愿服务。

(3)甲参加“文明宣传”或“环境保障”→甲参加“应急救助”。

(4)丙、丁中至多有 1 人参加“应急救助”和“文化传播”→乙、丁、戊 3 人参加的志愿服务项目完全不相同。

(5)丙只参加其中 2 项志愿服务(附加条件)。

(6)6 项志愿服务均有 2 人参加,每人参加 1~3 项,说明 12 个项目分给 5 人,每人 1~3 项。

解题步骤 2:建立题干搭桥关系。

从附加条件(5)出发,结合(2)得出,(7)乙、丁和戊都参加 3 项,再结合(1)得出,(8)甲参加 1 项、丙参加 2 项、乙参加 3 项。

一共有 6 个项目,结合(7)可知,乙、丁、戊参加的项目一定有相同的,结合(4)的逆否可得,(9)丙和丁都参加“应急救助”和“文化传播”,结合(6)“6 项志愿服务均有 2 人参加”得出,甲不参加“应急救助”,结合(3)的逆否可得,甲¬“文明宣传”∧¬“环境保障”。(1)结合(9)可得,甲¬“应急救助”∧¬“文化传播”。

综合上述分析可知,甲¬“文明宣传”∧¬“环境保障”∧¬“应急救助”∧¬“文化传播”,再结合(8)“甲参加 1 项”推出,甲“信息咨询”∨“人员引导”。上述结论结合(1)和(9)“丙‘应急救助’∧‘文化传播’”得出,剩余的 3 项乙都要参加,所以乙一定参加“环境保障”和“文明宣传”,所以选择 B 项。

37.【答案】A

【解析】解题步骤1:建立题干条件关系。

由附加条件(5)"乙'信息咨询'∧丁'信息咨询'"出发,结合(4)的逆否可得,丙"应急救助"∧"文化传播",丁"应急救助"∧"文化传播"∧"信息咨询",结合(6)"6项均有2人参加"可得,"应急救助""文化传播""信息咨询"都满员。由(1)(2)可知,丁、戊都参加3项。

解题步骤2:将已知信息转移到表格中。

	"信息咨询"2	"人员引导"2	"文明宣传"2	"应急救助"2	"环境保障"2	"文化传播"2
甲	×			×		×
乙	√			×		×
丙	×			√		√
丁3	√			√		√
戊3	×			×		×

戊不参加"信息咨询""应急救助""文化传播",且参加3项,因此戊一定参加"人员引导",所以选择A项。

38.【答案】E

【解析】解题步骤1:简化题干信息。

(1)总共9场考试,共需要11人次,每位老师监考2~3场,所以5位老师中有4位监考2场、1位监考3场。

(2)根据戊的要求,戊监考3场,甲、乙、丙、丁都监考2场。

解题步骤2:由附加条件出发,建立题干条件关系。

"星期五安排乙监考"结合乙的要求得出,乙会和丙在同一天监考,监考时间可能是星期一晚上、星期四晚上和星期四下午。注意:星期四下午有2个考场,符合乙"和丙在同一天同一时间监考"的要求。

解题步骤3:分析题干条件关系。

根据戊的要求,戊的3场监考都在下午或者晚上,甲的要求是监考只能在晚上且不连续,所以甲或者在星期一、星期三晚上监考,或者在星期二、星期四晚上监考,或者在星期一、星期四晚上监考,而不论甲是哪种情况,都会出现戊、甲共同监考某场的情况,所以选择E项。

39.【答案】C

【解析】解题步骤1:简化题干信息。

(1)总共9场考试,共需要11人次,每位老师监考2~3场,所以5位老师中有4位监考2场、1位监考3场。

(2)根据戊的要求,戊监考的3场都在下午或者晚上,甲、乙、丙、丁都监考2场。

(3)丁的监考都安排在晚上。

(4)甲的监考安排在晚上,但不要连续两个晚上都安排监考。

解题步骤2:建立题干条件关系。

由(2)(3)(4)得出,甲晚上2场,丁晚上2场。

根据(2)可得,戊的3场在下午或者晚上,所以下午和晚上需要的8人次被甲、丁、戊占据了7人次,剩余的1人次只能在星期四的下午,因此两人共同监考的那2场都不会是乙和丙的组合,因此代入乙的要求,逆否可得,乙监考的2场都在前三天,也就是在星期二和星期三的上午,进而可得,丙监考的场次在星期四的下午和星期五的上午。

综上,选择C项。

40.【答案】A

【解析】解题步骤:选取假设对象构建二难推理。

根据题干限定条件"预测完全正确的选手排名都上升了",选取与预测排名升降相关的小凤和小梅作为假设对象。

若小凤预测正确,说明"小凤的排名下降"为真,但预测正确的选手排名上升,所以小凤预测不正确,排除C、E项。

同理,若小梅预测正确也会出现矛盾,所以小梅预测不正确,排除B、D项,所以选择A项。

41.【答案】D

【解析】解题步骤1:由确定条件出发推理。

根据小梅的预测错误得出"小雅、小嫣的排名都下降",所以小雅、小嫣的预测也是错误的。

解题步骤2:整理题干信息。

(1)小凤>小嫣>小芬。

(2)小凤排名下降,小梅>小雅。

(3)小梅排名下降,小雅、小嫣的排名均下降。

(4)本赛季与上赛季相比,小梅和小芬的排名恰好互换。

解题步骤3:分析题干条件关系。

因为小凤预测错误,所以小凤与上赛季比排名是下降的,因此本赛季小凤不是第一,小兰是第一。本赛季排名为,小兰第一,小凤第二,小嫣第三,小芬第四,小梅第五,小雅第六。结合(4)"小梅和小芬的排名恰好互换",得出上赛季小芬第五,小梅第四,所以选择D项。

第五节 结构比较

答案速查表										
题号	1	2	3	4	5	6	7	8	9	10
答案	D	E	B	C	D	C	E	A	C	A
题号	11	12	13	14						
答案	D	A	E	D						

1. 【答案】D

【解析】解题步骤1:简化题干论证方法。

注重教育,激发潜能;缺乏教育,影响能力发展。

题干论证方法:注重A,激发……;缺乏A,影响……。

解题步骤2:选项代入验证,排除不一致的选项。

A项,“竭泽而渔”与“缘木求鱼”都是不好的结果,与题干论证形式不一致,排除。

B项,该项没有提及过去“盼温饱、求生存”和现在“盼环保、求生态”的结果,与题干论证形式不一致,排除。

C项,只有“对环境越来越漠视”这一个不好的结果,与题干论证形式不一致,排除。

D项,注重调查研究,掌握第一手资料(好的结果);闭门造车,脱离实际(不好的结果)。该项与题干论证形式一致,正确。

E项,该项有三种类型的对象及三种结果,题干是两种,与题干论证形式不一致,排除。

2. 【答案】E

【解析】解题步骤1:简化题干推理形式。

甲:¬ 己所欲→¬ 施于人。乙:反对,己所欲→施于人。

题干属于“¬ b→¬ a;b→a”的形式。

解题步骤2:选项代入验证,排除不一致的选项。

A项,甲:¬ b→¬ a。乙:反对,a→b。该项与题干论证形式不一致,排除。

B项,甲的“谋其政”与乙的“行其政”概念不一致,排除。

C项,甲:¬ b→a。乙:反对,b∧a。该项与题干论证形式不一致,排除。

D项,甲:¬ b→a。乙:反对,c∧a。该项与题干论证形式不一致,排除。

E项,甲:¬ b→¬ a。乙:反对,b→a。该项与题干论证形式一致,正确。

3. 【答案】B

【解析】解题步骤1:简化题干论证形式。

赵是优秀企业家。因为工作经历∧管理经验→优秀企业家。

题干论证形式为“C→D。因为A∧B→D”。

解题步骤2:选项代入验证,排除不一致的选项。

A项,“E→D。因为¬（A∧B∧C）→¬ D”,与题干论证形式不一致,排除。

B项,“C→D。因为A∧B→D”,与题干论证形式一致,正确。

C项,“E→D。因为¬ A→¬ B∧¬ C”,与题干论证形式不一致,排除。

D项,“A→C。因此,A_1→B”,与题干论证形式不一致,排除。

E项,“E→D。因为D→A∧B∧C”,与题干论证形式不一致,排除。

4.【答案】C

【解析】解题步骤1:简化题干推理形式。

甲:科技创新→知识产权保护。乙:反对。知识产权保护→¬ 科技创新。

题干推理形式为“a→b;反对,b→¬ a”。

解题步骤2:选项代入验证,排除不一致的选项。

A项,顾客:a→b。商人:不对。a→c。该项与题干推理形式不一致,排除。

B项,妻子:a→b。丈夫:不对。（b∧¬ c）∧¬ a。该项与题干推理形式不一致,排除。

C项,母亲:a→b。孩子:不对。b→¬ a。该项与题干推理形式一致,正确。

D项,老师:a→b。学生:不对。¬ b→a。该项与题干推理形式不一致,排除。

E项,老板:a→b。员工:不对。b∧¬ a。该项与题干推理形式不一致,排除。

5.【答案】D

【解析】解题步骤1:简化题干论证形式。

刀不磨→要生锈,人不学→要落后。所以,不想落后→应该多磨刀。

题干论证形式为“A→B,C→D。所以,¬ D→¬ A”。

解题步骤2:选项代入验证,排除不一致的选项。

A项,A→B,C→D。所以,¬ D→A。该项与题干论证方式不一致,排除。

B项,A→B,¬ A→D。所以,¬ D→E。该项与题干论证方式不一致,注意该项有偷换概念的问题,A是有志,E是立志。排除。

C项,A→B,C→D。所以,¬ D→¬ C。该项与题干论证方式不一致,排除。

D项,A→B,C→D。所以,¬ D→¬ A。该项与题干论证方式一致,正确。

E项,A∧B,C∧D。该项前句是且命题,与题干论证方式不一致,排除。

6.【答案】C

【解析】解题步骤1:简化题干论证方法。

甲:A最重要的是B。乙:A最重要的是C,¬ C→¬ A。

解题步骤2:选项代入验证,排除不一致的选项。

A 项,甲:A 最重要的是 B。乙:A 最重要的是 C,B→C。该项与题干反驳方式不一致,排除。

B 项,甲:A 最重要的是 B。乙:A 最重要的是 C,¬ C→¬ B。该项与题干反驳方式不一致,排除。

C 项,甲:A 最重要的是 B。乙:A 最重要的是 C,¬ C→¬ A。该项与题干反驳方式一致,正确。

D 项,甲:A 最重要的是 B。乙:A 最重要的是 C,B→C。该项与题干反驳方式不一致,排除。

E 项,甲:A 最重要的是 B。乙:A 最重要的是 C,¬ C→¬ B。该项与题干反驳方式不一致,排除。

7. **【答案】** E

【解析】 解题步骤 1:简化题干论证方法。

甲:A 难 B 易,A 然后 B。乙:不对,A 易 B 难,B 然后 A。

解题步骤 2:选项代入验证,排除不一致的选项。

A、B 项,没有难易比较,与题干论证不一致,排除。

C 项,甲:A 易 B 难,B 比 A 更重要。该项与题干论证不一致,排除。

D 项,甲:A 易 B 难,A 然后 B。该项与题干论证不一致,排除。

E 项,甲:A 难 B 易,A 然后 B。乙:不对,A 易 B 难,B 然后 A。该项与题干论证一致,正确。

8. **【答案】** A

【解析】 解题步骤 1:简化题干论证。

不赞同赵博士的做法,因为到现在他连副教授都没有评上,他的观点怎么能令人信服呢?

题干论证的谬误属于诉诸人身,即宣称某人有负面特质,明示或暗示其主张或行为不可取。

解题步骤 2:选项代入验证,排除不一致的选项。

A 项,不赞同张某提议,因为“她年轻、级别低”,与题干论证的谬误一致,正确。

B 项,如果不认可制度,就是反对公平,没有说明是某人的问题,与题干论证的谬误不一致,排除。

C 项,“难以相信你对单位制度提了不少意见”否定了某人提出的意见,但没有指出某人的问题,与题干论证的谬误不一致,排除。

D 项,“只有你一个人对任命科长有意见”否定了某人提出的意见,但没有指出某人的问题,与题干论证的谬误不一致,排除。

E 项,“该观点是错误的”,否定的是某种观点,而非某人的言行,与题干论证的谬误不一致,排除。

9.【答案】C

【解析】解题步骤1：简化题干推理形式。

考试通过∧体检合格→将被录取。因此，李铭考试通过∧未被录取→他一定体检不合格。

题干推理形式：A∧B→C；A∧¬C→¬B。

解题步骤2：选项代入验证，排除不一致的选项。

A项，推理形式为“A∧B→C。¬C→¬A∨¬B”。该项的推理形式与题干不同，排除。

B项，推理形式为“A∧B→C。A∧¬B→¬C”。该项的推理形式与题干不同，排除。

C项，推理形式为“A∧B→C。A∧¬C→¬B”。该项的推理形式与题干一致，正确。

D项，推理形式为“A∧B→C。C∧¬B→¬A”。该项的推理形式与题干不同，排除。

E项，推理形式为“A∧B→C。A∧C→B”。该项的推理形式与题干不同，排除。

10.【答案】A

【解析】解题步骤1：简化题干论证方式。

学问的本来意义与人的生命、生活有关。但是，如果学问成为口号或教条，就会失去其本来的意义。因此，任何学问都不应该成为口号或教条。

题干论证方式：a与b有关。如果a是c，a就失去b的意义。因此，a都不c。

解题步骤2：选项代入验证，排除不一致的选项。

A项，大脑(a)会改编现实经历(b)。但是，如果大脑(a)只是储存现实经历的“文件柜”(c)，(a)就不会对其进行改编(b)。因此，大脑(a)不应该只是储存现实经历的“文件柜”(c)。该项与题干论证方式一致，正确。

B项，人工智能“应该可以”判断黑猫和白猫都是猫，与题干“a与b有关”这种确定的关系不一致，排除。

C项，机器人“没有”人类的弱点和偏见，与题干“a与b有关”这种肯定的关系不一致，排除。

D项，椎间盘是“没有”血液循环的组织，与题干“a与b有关”这种肯定的关系不一致，排除。

E项，历史(a)包含必然性(b)。但是，如果坚信历史(a)只包含必然性(b)，就会阻止我们用不断积累的历史数据去证实或证伪它(c)。因此，历史(a)不应该只包含必然性(b)。该项与题干论证方式不一致，排除。

11.【答案】D

【解析】解题步骤1：简化题干论证方式。

题干论证方式：a→b，但有的a⇒¬c，因为有的b⇒¬c。

解题步骤2：选项代入验证，排除不一致的选项。

A项，a→b，但有的a⇒¬c，因为d→¬b，与题干论证方式不一致，排除。

B 项,a→b,但 a→¬ c,因为 b→¬ c,与题干论证方式不一致,排除。

C 项,a→b,但有的 a⇒¬ c,因为有的 c⇒¬ b,与题干论证方式不一致,排除。

D 项,a→b,但有的 a⇒¬ c,因为有的 b⇒¬ c,与题干论证方式一致,正确。

E 项,a→b,但有的 a⇒¬ c, 因为 c→¬ b,与题干论证方式不一致,排除。

12. **【答案】** A

【解析】 解题步骤 1:简化题干论证方式。

a 不一定是 b,c 说自己是 b,所以,c 从来不是 a。

解题步骤 2:选项代入验证,排除不一致的选项。

A 项,a 不一定是 b,c 说自己是 b,所以,c 从来不是 a。该项与题干论证方式一致,正确。

B 项,a 不一定是 b,c 现在说他是 b,所以,c 过去从未是 a。时间状语不一致,所以排除。

C 项,a 不一定是 b,c 今年是 b,所以,c 总是 a。该项与题干论证方式不一致,排除。

D 项,a 是 b,c 是 b,所以,c 从来不是 a。该项与题干论证方式不一致,排除。

E 项,“看起来很普通”是指别人对自己的看法,题干中的“刘某说”表示对自己的看法,排除。

13. **【答案】** E

【解析】 解题步骤 1:简化题干论证。

甲:某人有某特点,我不喜欢他。

乙:你不喜欢某人没关系,他有其他的优点。

解题步骤 2:选项代入验证,排除不一致的选项。

A 项,甲:某人有某特点,我很反对。乙:反对有道理。该项中乙的态度与题干中乙的态度不一致,排除。

B 项,甲:某人有某特点,我很担心他。该项中甲的态度与题干中甲的态度不一致,排除。

C 项,甲:某人有某特点,我讨厌他。乙:你的态度有问题。该项中乙的态度与题干中乙的态度不一致,排除。

D 项,甲:某人有某特点,我很不理解。乙:我对你的想法也不理解。乙的意思是不赞同甲的想法,所以乙的态度与题干中乙的态度不一致,排除。

E 项,甲:某人有某特点,我有看法。乙:你有看法没用,某人有其他的优点。该项与题干论证一致,正确。

14. **【答案】** D

【解析】 解题步骤 1:简化题干论证形式。

并不是 A 都是 B,因为有些 A 是¬ (C∧D),而 B 需要 C∧D。

解题步骤 2:选项代入验证,排除不一致的选项。

A 项,“并不是 A 都是 B,因为有些 A 是 C”,与题干论证方式不一致,排除。

B 项,“并不是 A 都是 B,因为有些 A 是 C∧D”,与题干论证方式不一致,排除。

C 项,“并不是 A 都是 B,因为 D 还应当是 C”,与题干论证方式不一致,排除。

D 项,“并不是 A 都是 B,因为有些 A 是¬ C,而 B 需要 C”,与题干论证方式相似,该项中的 C 可等价于题干中的“C∧D”,正确。

E 项,“并不是 A 都是 B,因为 E 最重要的是 C∧D”,与题干论证方式不一致,排除。

第三章 论证逻辑

第一节 削弱

答案速查表										
题号	1	2	3	4	5	6	7	8	9	10
答案	C	C	C	B	C	C	A	B	B	C
题号	11	12	13	14	15	16	17	18	19	20
答案	E	A	A	B	B	A	E	A	D	C
题号	21	22	23	24	25	26	27	28	29	30
答案	E	E	B	A	C	C	B	C	E	D
题号	31	32	33	34	35	36	37	38	39	40
答案	A	C	D	E	B	D	C	E	C	B
题号	41									
答案	E									

1. **【答案】** C

【解析】 解题步骤 1:简化研究人员的观点。

前提:拥有其他类型基因的人在上午 11 时之前去世,拥有 GG 型基因的人在下午 6 时左右去世。

结论:拥有 GG 型基因类型的人会比其他人平均晚死 7 个小时。

解题步骤 2:选项代入验证,比较力度强弱。

A 项,没有提及“死亡时间”,与论题无关,排除。

B 项,“死亡原因”与论题无关,排除。

C 项,比较死亡时间,更需要“比较哪一年、哪一天”,说明如果不是同一年的同一天,前提的比较就没有办法得出结论,削弱论证话题,力度最强,正确。

D 项,“平均寿命”和“生命存续长度”与论题无关,排除。

E 项,“死亡临近时人体的状态”与论题无关,排除。

2. **【答案】** C

【解析】 解题步骤 1:简化商家的论证结构。

前提:商品已作特价处理、商品已经开封或使用。

结论:拒绝退货。

解题步骤 2:选项代入验证,比较力度强弱。

A 项,“特价处理的商品质量没保证”仅与前提有关,排除。

B 项,“不开封就不知道是否有质量问题”仅与前提有关,排除。

C 项,“开封或使用也可以退货”话题最相关,正确。

D 项,“政府偏向消费者”与论题无关,排除。

E 项,“开封后,如果问题来自消费者本人,消费者应承担责任”支持了商家,排除。

3. **【答案】** C

【解析】 解题步骤 1:简化专家的观点。

前提:机器人战争技术的出现。

结论:使人类远离危险,更安全。

解题步骤 2:选项代入验证,比较力度强弱。

A 项,机器人可能“掌控”人类,与论证话题无关,排除。

B 项,“机器人战争技术有助于摆脱以往大规模杀戮”支持论证,排除。

C 项,“掌握机器人战争技术的国家少,未来战争会更频繁、血腥”直接削弱论证关系,正确。

D 项,机器人战争技术让“部分国家远离危险”,也是支持论证,排除。

E 项,“机器人战争技术要消耗更多资源”,没提到对人类安全的影响,排除。

4. **【答案】** B

【解析】 解题步骤 1:简化“理性计算”的观点。

(1)只要有“加塞”的,你开的车就一定要让着它。

(2)有车不打方向灯在你近旁突然横过来要撞上你,你也得让着它。

解题步骤 2:根据问题“不能削弱”排除能削弱的选项。

A、C、D 项,均指出“理性计算”有弊端,削弱了题干观点,排除。

B 项,肯定了“让更好”,支持了题干观点,正确。

E 项,说明有警方保护,不必忍让,削弱了题干观点,排除。

5. **【答案】** C

【解析】 解题步骤 1:简化天文学家的结论。

前提:(1)任何物质的运动速度都不可能超过光速;(2)观测到伽马射线的速度超过了光速。

结论:光速不变定律需要修改了。

解题步骤 2:根据话题最相关的原则,选项代入验证,比较力度强弱。

A 项,“过去对光速不变定律的实践检验没有反例”仅削弱结论,而且过去的实践结果不能说明“本次”实验是否合理,排除。

B 项,质疑“观测数据”,仅削弱前提(2),力度弱,排除。

C 项,列举了“伽马射线不可能超过光速”这一前提下的两种情况,并且一定有一种情况发生,说明光速不变定律不需要修改,削弱论证,正确。

D 项,等价于“观测无误→光速不变定律已经过时”,支持论证,排除。

E 项,与 D 项类似,支持论证,排除。

6. **【答案】** C

【解析】 解题步骤 1:简化田先生的观点。

观点(1):绝大部分笔记本电脑运行速度慢是因为硬盘速度慢。

观点(2):给老旧的笔记本电脑换装固态硬盘能提升使用者的游戏体验。

解题步骤 2:选项代入验证,比较力度强弱。

A 项,说明可能是 CPU 或内存的问题,削弱了观点(1)的背景,力度弱,排除。

B 项,“固态硬盘很贵”与论题无关,排除。

C 项,“电脑的显卡影响游戏体验”削弱了观点(1),说明电脑运行速度慢可能不是硬盘的问题;也削弱了观点(2),说明给老旧笔记本电脑换装固态硬盘不能提升使用者的游戏体验,话题最相关,正确。

D 项,“电脑使用者的习惯不好导致电脑运行速度慢”仅削弱了观点(1),但是没有直接针对“使用者的游戏体验”,话题关联弱于 C 项,排除。

E 项,“固态硬盘的利润”与论题无关,排除。

7. **【答案】** A

【解析】 解题步骤 1:简化钟医生的论证。

前提:(1)研究者放弃在杂志发表前匿名评审的等待时间;(2)新医学信息的及时公布将允许人们利用它们以提高健康水平。

结论:公共卫生水平可以伴随着医学发现更快获得提高。

解题步骤 2:选项代入验证,比较力度强弱。

A 项,“匿名评审常常能阻止那些含有错误结论的文章发表”说明若放弃匿名评审的等待时间,可能导致有错误结论的文章发表,未必能提高公共卫生水平。该项采用有因无果的方法削弱论证,正确。

B 项,支持了提前公开信息会对人们生活有影响,排除。

C 项,公共卫生水平的提高“不完全”依赖于医学新发现,说明“提前公布还是有作用”,支持论证,排除。

D 项,肯定了杂志发表前的成果有人报道,排除。

E 项,“医学杂志不愿意放弃匿名评审制度”与论题无关,排除。

8.【答案】B

【解析】解题步骤 1:简化研究人员的论证。

前提:不幸福并不意味着死亡的风险变高。

结论:不幸福本身不会对健康状况造成损害。

解题步骤 2:根据 ab→ac 的结构,直接拆桥,预判优选项“b×c”(“×”表示无关或不等价)。

A 项,“幸福是心理体验”与论题无关,排除。

B 项,直接否定“死亡风险”与“健康状况”有关系,直接拆桥,正确。

C 项,“死亡风险的高低难以准确评估”仅削弱前提,力度弱,排除。

D 项,“高寿老人过得不幸福”与论题无关,排除。

E 项,“患有重大疾病的人幸福感高”与论题无关,排除。

9.【答案】B

【解析】解题步骤 1:简化调研的论证。

前提:某国 30 岁至 45 岁人群中,患冠心病、骨质疏松等病症的人越来越多,而原来患有这些病症的大多是老年人。

结论:该国年轻人中“老年病”发病率有不断增加的趋势。

解题步骤 2:选项代入验证,比较力度强弱。

A 项,“老年人”未必患冠心病、骨质疏松等“老年病”与论题对象“年轻人”无关,排除。

B 项,“45 岁以下的年轻人增加”说明前提中患“老年病”的年轻人基数增大,发病率不一定增加,他因削弱论证,正确。

C 项,针对的是“该国民众”而非“30 岁至 45 岁的年轻群体”,范围扩大,降低力度,排除。

D 项,该项指出老年人的最低年龄提高了,肯定了结论中“年轻人中有人得了老年病”,但题干不涉及最低年龄的具体内容,与题干关联差,排除。

E 项,“健康老龄人口”与论题无关,排除。

10.【答案】C

【解析】解题步骤 1:简化专家的推断。

前提:(1)自由行游客放弃了人工导游;(2)智能导游 App 自动提供景点讲解等。

结论:未来智能导游必然会取代人工导游。

解题步骤 2:选项代入验证,比较力度强弱。

A 项,肯定了智能导游 App 的价值,支持结论,排除。

B 项,质疑了智能导游 App 未来的商业价值,但没有涉及人工导游,关联弱,排除。

C 项,将人工导游与智能导游 App 比较,提出了人工导游的优势,否定了智能导游会取代人工导游的推断,话题最相关,正确。

D 项,否定了智能导游 App 的市场普遍性,但没有涉及人工导游的价值,关联弱,排除。

E 项,否定了人工导游的价值,支持结论,排除。

11. 【答案】E

【解析】解题步骤 1:简化调查者的观点。

前提:(1)不苟言笑的老人中认为自身现在的健康状态不好的比例更高;(2)爱笑的老人对自我健康状态的评价往往较高。

结论:爱笑的老人更健康。

解题步骤 2:选项代入验证,比较力度强弱。

A 项,"更长寿"与论题"更健康"没有必然的关联,排除。

B 项,"被病痛折磨的老人"与论题"不苟言笑的老人和爱笑的老人"无关,排除。

C 项,"女性爱笑的比例比男性高"与论题无关,排除。

D 项,"家庭氛围让老人身体更健康"只削弱结论,关联弱,排除。

E 项,"老人的自我健康评价不等于实际健康状况"直接否定了前提与结论的关系,话题最相关,正确。

12. 【答案】A

【解析】解题步骤 1:简化有关人员的观点。

前提:北京应大力推广阔叶树,并尽量减少针叶林面积。

结论:可以降尘。

解题步骤 2:选项代入验证,比较力度强弱。

A 项,"阔叶树与针叶树比例失调"影响林木的生长等,说明"推广阔叶树,减少针叶林面积"的方法不能达到降尘的目的,削弱论证,话题最相关,正确。

B 项,"针叶树生物活性差"支持前提"减少针叶林面积",排除。

C 项,"植树造林"范围扩大,没有针对"阔叶树与针叶树",与论题关联弱,排除。

D 项,"阔叶树在冬天的养护成本比针叶树高"与论题无关,排除。

E 项,"建造通风走廊"与论题无关,排除。

13. 【答案】A

【解析】解题步骤 1:简化教授的推测。

前提:(1)参试者寻找到达关键地标的最短路线,然后识别植物的气味;(2)寻路任务中得分高者其嗅觉也比较灵敏。

结论:一个人空间记忆力好、方向感强,就会使其嗅觉更为灵敏。

解题步骤 2:选项代入验证,比较力度强弱。

A 项,大多数动物的"嗅觉"进化有助于"导航",因果倒置削弱论证,话题最相关,正确。

B 项,美食家≠嗅觉灵敏,与论题无关,排除。

C 项,马拉松运动员≠方向感强的寻路者,与论题无关,排除。

D 项，教授的嗅觉灵敏度和方向感与论题无关，排除。

E 项，“玩方向感要求较高的电脑游戏”导致“食”不知味，而题干的论题是“嗅觉”，排除。

14. **【答案】** B

【解析】 解题步骤 1：简化专家的论断。

前提：(1)移动支付迅速普及；(2)很多老年人仍然习惯传统的现金交易。

结论：移动支付的普及会影响他们晚年的生活质量。

解题步骤 2：根据话题最相关的原则，选项代入验证，比较力度强弱。

A 项，老年人的生活质量“引起社会关注”，但不知道是否会受影响，关联弱，力度弱，排除。

B 项，许多老年人基本不直接进行购物消费，所需物品一般由儿女或社会提供，他们的晚年生活很幸福，“有因无果”削弱了论证关系，正确。

C 项，消费者在使用现金支付时被很多商家拒绝，支持了论断，排除。

D 项，已学会移动支付的方法≠能够习惯使用移动支付，不确定是否影响老年人的晚年生活质量，力度弱，排除。

E 项，“看不清手机屏幕”“记不住手机支付密码”支持了论断，排除。

15. **【答案】** B

【解析】 解题步骤 1：简化李教授的指责。

指责另一高校的张教授早年发表的一篇论文存在“抄袭”现象。

解题步骤 2：预判优选项，即与“抄袭”相关的 A、B 项。

A 项，“李教授”的论文也存在抄袭现象与“张教授”说明自己没抄袭无关，排除。

B 项，“论文抄袭其实是他人抄自己”针对指责直接削弱，正确。

16. **【答案】** A

【解析】 解题步骤 1：简化专家的论断。

人们通过手指是否有“杵状改变”的自我检测能快速判断自己是否患有心脏或肺部疾病。

解题步骤 2：选项代入验证，比较力度强弱。

A 项，“杵状改变是手指末端软组织积液造成”说明可能与心脏或肺部疾病无关，直接拆桥，力度最强，正确。

B 项，“杵状改变可能由多种肺部疾病引起”支持了论断，排除。

C 项，“40%的肺癌患者有杵状改变” 支持了论断，排除。

D 项，“杵状改变检测只能作为一种参考”说明该检测有一定作用，支持了论断，排除。

E 项，“病变”的范围扩大，没针对心脏或肺部疾病，降低了力度，排除。

17. **【答案】** E

【解析】 解题步骤 1：简化专家的观点。

大规模的人口流动给流入地政府的基本公共服务和社会保障带来巨大压力，进一步加剧了省际财政矛盾。

解题步骤 2：选项代入验证，比较力度强弱。

A 项，“流动家庭基本公共服务的提供仍然需要流入地政府额外的财政投入”支持了专家的观点，排除。

B 项，流动人口的公共服务在“流入地”与“流出地”之间衔接不畅，支持了专家的观点，排除。

C 项，“流动人口增速下降”说明流动人口依然在增加，部分支持了专家的观点，排除。

D 项，流入地政府承担流动儿童的主要教育责任，支持了专家的观点，排除。

E 项，国家弥补人口流入省份的财政缺口，削弱了专家的观点，正确。

18. **【答案】**A

【解析】解题步骤 1：简化专家的观点。

前提：人造肉在口感和成分上与动物肉非常接近。

结论：人造肉在不远的将来会有很好的市场前景。

解题步骤 2：选项代入验证，比较力度强弱。

A 项，补充新论据“人造肉的生产成本远高于动物肉，且产量极低”，削弱了论证关系，说明人造肉不一定有很好的市场前景，正确。

B 项，“人造肉已在素斋中广泛使用”支持了题干的结论，排除。

C 项，“人造肉的制造需要加入大量的动物血清”说明不了人造肉的市场前景，关联性弱，排除。

D 项，“太空中肉类蛋白的获取”与论题无关，排除。

E 项，“人造肉研发的风险投资和股票价格”与论证结论中的“市场前景”关联性弱，排除。

19. **【答案】**D

【解析】解题步骤 1：简化专家的观点。

多吃猪蹄其实并不能补充胶原蛋白。

解题步骤 2：选项代入验证，比较力度强弱。

A 项，“猪蹄中的胶原蛋白” 不会直接以胶原蛋白的形态补充到皮肤中，说明补充到皮肤中的可能是其他物质，支持了专家观点，排除。

B 项，日常生活中的饮食已经足以提供人体所需的胶原蛋白，但无法确定猪蹄是否能补充胶原蛋白，排除。

C 项，“食用猪蹄会增加患高血压的风险”与题干论证无关，排除。

D 项，“猪蹄中的胶原蛋白”被分解后合成“人体必需的胶原蛋白”，说明多吃猪蹄能补充胶原蛋白，削弱了专家的观点，正确。

E 项，胶原蛋白的本质与作用与专家的观点“多吃猪蹄不能补充胶原蛋白”无关，排除。

20.【答案】C

【解析】解题步骤 1:简化专家的主张。

教育影视剧只能贩卖焦虑,进一步激化社会冲突,对实现教育公平于事无补。

解题步骤 2:预判与“教育影视剧”话题相关的优选项,即 C、D、E 项,排除干扰项。

C 项,教育影视剧引发关注会对国家教育政策产生重要影响,说明教育影视剧对“教育公平”有影响,正确。

D 项,教育影视剧提醒学校应明确职责,但这不能说明教育影视剧对“教育公平”有影响,力度弱,排除。

E 项,家长不应成为教育焦虑的“剧中人”,但事实上有没有影响不确定,排除。

21.【答案】E

【解析】解题步骤 1:简化科学家的观点。

前提:小型土壤线虫的两组基因序列调整后,线虫寿命延长了 5 倍。

结论:如果将该科学方法应用于人类,人活到 500 岁就会成为可能。

解题步骤 2:预判说明“延长人类寿命与延长线虫寿命不具有可比性”的优选项,即 C、E 项。

C 项,“将该科学方法应用于人类”需要时间,说明人活到 500 岁是有可能的,支持了科学家的观点,排除。

E 项,“人类寿命的提高幅度不会像线虫那样简单倍增,基本不可能超过 200 岁”,直接拆桥,说明人不可能活到 500 岁,正确。

A 项,基因调整技术导致“个体失去繁殖能力”,与科学家的观点无关,排除。

B 项,“只会有极少的人活到 500 岁”肯定了有人可以活到 500 岁,支持了科学家的观点,排除。

D 项,“不良的生活方式影响身心健康”与科学家的观点无关,排除。

22.【答案】E

【解析】解题步骤 1:根据问题简化 S 公司可能做出的有力回应和反驳。

(1)S 公司生产的薯片样品中致癌物丙烯酰胺的含量不超标。

(2)M 市消委会公布的检测报告不能说明 S 公司生产的薯片有问题。

解题步骤 2:选项代入验证,比较力度强弱。

A 项,“我国目前没有出台相关的法规和标准”与论题无关。

B 项,“吃一包薯片丙烯酰胺的实际摄入量极低”与论题无关。

C 项,“消委会检测的原因”与论题无关,排除。

D 项,“大多数品牌的薯片中丙烯酰胺都超标”间接肯定了 S 公司的薯片有问题,排除。

E 项,“多家权威机构检测的同批次薯片均无问题”说明(2)为真,正确。

23. 【答案】B

【解析】解题步骤1:简化专家的观点。

用“蟑螂吃掉垃圾”这一生物处理方式解决餐厨垃圾,既经济又环保。

解题步骤2:选项代入验证,比较力度强弱。

A项,“餐厨垃圾经发酵转化为能源的处理方式已被国际认可”与论题无关,排除。

B项,“人工养殖的蟑螂逃离控制区域,会危害周边生态环境”直接削弱论题,正确。

C项,“政府给予该项目政策扶持” 与论题无关,排除。

D项,“饲养蟑螂将来盈利十分可观”肯定了饲养蟑螂有经济效益,支持了专家的观点,排除。

E项,“蟑螂能吃掉全区的餐厨垃圾”肯定了方法可行,支持了专家的观点,排除。

24. 【答案】A

【解析】解题步骤1:简化专家的观点。

互联网时代,老年人应该加强学习,跟上时代发展。

解题步骤2:选项代入验证,比较力度强弱。

A项,“为老年人提供传统服务既是老年人的权利,也是一种社会保障和社会公德”说明老年人可以不用跟随时代发展,间接否定了专家的观点,正确。

B项,老年人能够使用电子产品,跟上时代发展,支持了专家的观点,排除。

C项,“有些老年人不会使用智能手机”没有说明结果,态度不明确,排除。

D项,“社会管理和服务不应只有一种模式”没有直接针对老年人,范围扩大,力度弱,排除。

E项,“有些老年人感觉自己被时代抛弃了,这容易导致他们与社会加速脱离”支持了专家的观点,排除。

25. 【答案】C

【解析】解题步骤1:简化专家的观点。

知识付费市场的发展不可能长久,因为人们大多不愿为网络阅读付费。

解题步骤2:根据核心词“知识付费”,预判与之话题相关的优选项,即C、D项。

C项,“只要知识付费平台做得足够好,他们就愿意为此付费”说明人们愿意付费,直接否定了专家的观点,正确。

D项,“当前网上知识付费平台缺少规范,一些年轻人沉湎其中,难以自拔”说明年轻人愿意付费,但“年轻人”范围缩小,力度弱,排除。

其他选项与论题无关,排除。

26. 【答案】C

【解析】解题步骤1:简化研究人员的设想。

在太空中种植新鲜水果和蔬菜→有利于航天员的身体健康∧降低食物的上天成本∧利

用其消耗的二氧化碳产生氧气，为航天员的生活与工作提供有氧环境。

解题步骤2：选项代入验证，质疑研究人员的设想，优选矛盾选项。

A项，带种子、土壤→影响其他科学实验安排，说明不了“种植新鲜水果和蔬菜”对成本及航天员健康的影响，也没有否定“种植新鲜水果和蔬菜”能产生氧气，排除。

B项，“在太空可能会遇到意想不到的情况”说明“在太空可能不能栽培植物”，仅质疑了前提，削弱力度弱，排除。

C项，失重等因素会对植物的生长发育产生不良影响∧食用这些植物可能损害航天员健康，属于矛盾削弱，正确。

D项，“航天员将植物带回地面”与论题无关，排除。

E项，被携带上天的植物没有存活很长时间，说明不了“种植新鲜水果和蔬菜”对成本及航天员健康的影响，也没有否定“种植新鲜水果和蔬菜”能产生氧气，排除。

27. **【答案】**B

【解析】解题步骤1：简化张先生的观点。

前提：2019年，中国已成为M国木材出口占比最大的国家；十多年前曾有传闻，M国96%的一次性筷子来自中国。

结论：中国人的环保意识已经超越M国。

解题步骤2：选项代入验证，比较力度强弱。

A项，“十多年前的传闻不一定反映真实情况”仅质疑前提，力度弱，排除。

B项，“2018年起，中国木材需求增长，M国正处于木材采伐期，出口量递增”结合已知的前提说明，2019年两国的角色转换是由于其他原因，难以说明中国人的环保意识已经超越M国，削弱了论证关系，正确。

C项，“中国进口M国杉木的数量增加”部分支持了前提“中国成为M国木材出口占比最大的国家”，排除。

D项，“制作一次性筷子的速生树只占中国经济林的极小部分”与论题无关，排除。

E项，“环保意识只是因素之一”支持了张先生的观点，排除。

28. **【答案】**C

【解析】解题步骤1：简化专家的观点。

对员工进行“步行任务”的考核能鼓励员工多运动，促进员工的身心健康，引导企业积极向上。

解题步骤2：选项代入验证，排除“质疑专家观点”的选项。

A项，“按照《劳动法》的规定，企业规章制度涉及的员工行为应与工作有关”质疑了“步行任务”的考核规定，排除。

B项，“步行不达标就扣钱会影响员工对企业的认同感”质疑了“引导企业积极向上”的结果，排除。

C 项,“鼓励员工多运动,可让其释放工作压力,改善人际关系”支持了专家观点,正确。

D 项,“步行规定影响了员工的正常休息”质疑了“促进员工的身心健康”的结果,排除。

E 项,“老张购买了刷步行数据的服务”质疑了“能鼓励员工多运动”的结果,排除。

29. **【答案】**E

【解析】解题步骤 1:简化专家的观点。

中国电商平台如此发达,其实是在毁掉实体经济。

解题步骤 2:选项代入验证,比较力度强弱。

A 项,“实体店铺被电商取代可能会引发社会风险” 表明,如果电商取代了实体经济,会对社会带来不利的影响,支持了专家的观点,排除。

B 项,“很多人将线下门店搬到网上,吸引了更多的消费者”没有说明电商对实体经济的影响,排除。

C 项,“实体店铺能吸引人到街上产生‘随机消费’”没有说明电商对实体经济的影响,排除。

D 项,“很多人愿意在商场先试穿体验” 没有说明电商对实体经济的影响,排除。

E 项,“电商销售的产品来自线下,同时电商创造了快递行业”表明,电商的发展不仅有利于实体经济的发展,还带动了其他行业的发展,直接削弱了专家的观点,正确。

30. **【答案】**D

【解析】解题步骤 1:简化负责人的观点。

强制自行车骑行人戴头盔的规定会大幅降低骑行人数。

解题步骤 2:选项代入验证,比较力度强弱。

A 项,“限制越少,骑行人才会越来越多”支持了负责人的观点,排除。

B 项,“强制戴头盔只会增加头盔生产商的利润”与论题无关,排除。

C 项,“戴头盔会让有些骑行人忽视其他可能引发骑行事故的因素”与论题无关,排除。

D 项,“绝大多数骑行人会自觉戴头盔”说明规定不会导致骑行人数大幅下降,直接削弱了负责人的观点,正确。

E 项,特例可以说明不戴头盔有风险,但不能直接说明该规定对骑行人数的影响,排除。

31. **【答案】**A

【解析】解题步骤 1:简化专家的观点。

前提:传播媒介不断发展,声音的接收门槛相对较低,一些听书听剧网站的颇受欢迎让一些人看到了希望,认为会说话就行,用“声音”就可以获得财富。

结论:声媒降低了就业门槛,为人们提供了更多平等就业的机会。

解题步骤 2:预判优选项,即“传播媒介的发展没有降低就业门槛”。

A 项,指出传媒接收门槛的降低并不意味着声媒准入门槛的降低,也就不能得出就业门槛降低的结论,直接拆桥,力度最强,正确。

32.【答案】C

【解析】解题步骤1:简化专家的观点。

前提:(1)初次使用的快递纸箱大都可重复使用;(2)寄快递时所用的新纸箱快递点一般都要收费。

结论:即使从自身利益角度出发,快递点对纸箱回收也应具有积极性。

解题步骤2:选项代入验证,比较力度强弱。

A项,有些人收快递后处理纸箱的习惯与论证内容无关,排除。

B项,“快递员回收纸箱的意愿并不高”与应不应“具有积极性”关联弱,结果不确定,排除。

C项,“为客户提供旧纸箱时也不会收费”说明快递点回收和提供旧纸箱时不会产生自身利益问题,该选项补充了新论据,否定了前提和结论的关系,正确。

D项,该项讨论的是客户,与论证讨论的“快递点”无关,并且“有些”削弱力度弱,排除。

E项,该项只说明客户拿到快递后自己决定是否将快递当场拆封并将纸箱留下,与专家的观点“快递点回收纸箱对其有积极意义”无关,因为客户并不一定关心,所以选项与论证关联差,排除。

33.【答案】D

【解析】解题步骤1:简化专家的观点。

前提:大量未纳入保护范围的传统村落仍处于放任自流的状态,其现状不容乐观。

结论:随着社会的快速发展和新生活方式的兴起,这些传统村落走向衰亡是一种必然趋势。

解题步骤2:预判优选项,即“未纳入保护范围的传统村落不一定会衰亡”。

D项,补充了新论据“有些未纳入保护名录的传统村落‘既留住了村民,也迎来了游客’”,说明由前提不一定得出结论,正确。

解题步骤3:排除干扰项。

A项,“乡土中国的精神和文化”与题干“未纳入保护范围的传统村落”范围关联弱,排除。

B项,“有些城里人自愿来到农村居住”与题干“未纳入保护范围的传统村落”范围关联弱,排除。

C项,欧洲国家对本国传统村落的保护情况与我国无关,排除。

E项,“部分传统村落已经消失在合并的过程中”间接支持了结论,排除。

34.【答案】E

【解析】解题步骤1:简化专家的建议。

前提:实地探访所见的小众景点与滤镜照片形成强烈反差,而且小众景点中有些体验项目也不像网络宣传的那样有趣美好、物有所值。

结论:广大游客应远离小众景点,不给他们宰客的机会。

解题步骤 2:选项代入验证,比较力度强弱。

A 项,"有些专家的建议值得参考"支持了观点,排除。虽然后半句也有质疑作用,但这种"墙头草"的选项一定不能选。

B 项,"旅游业"与题干中"小众景点"论证范围关联弱,排除。

C 项,"在拍照片或短视频时相机或手机会自动美化"支持了前提"小众景点中有些体验项目也不像网络宣传的那样有趣美好",排除。

D 项,"越来越多的景点通过网络营销模式进行推广和宣传"与题干论证范围关联弱,排除。

E 项,很多乡村景点虽不出名,但让游客在美丽乡村流连忘返,说明也有值得游客游览的小众景点,直接否定了专家的建议,正确。

35.【答案】B

【解析】解题步骤 1:简化专家的观点。

前提:要求驴友支付因自身野游遇险而产生的救援费用。

结论:将会对驴友野游产生有力的约束作用。

解题步骤 2:预判优选项,即"驴友不在意救援费用的支出"。

B 项,该项措施对经济条件较好的驴友无法产生约束作用,表明措施达不到目的,削弱论证,正确。

A 项,支持出台有偿救援制度,仅支持前提,排除。

C 项,约束驴友野游除提高他们的违规成本外,还有其他方法,但该项前半句肯定方法可行,排除。

D 项,有偿救援制度的实施,有利于社会化专业应急救援力量的成长,与结论无关,排除。

E 项,有些经济条件窘迫的驴友会考虑探险装备投入及遇险求救费用,支持论证,排除。

36.【答案】D

【解析】解题步骤 1:简化研究人员的预测。

前提:有研究人员发现蠕虫体内有与肥胖有关的基因,并且精准测定了这些基因对肥胖的影响。

结论:该项成果将对治疗人类肥胖发挥十分重要的作用。

解题步骤 2:预判优选项,即"蠕虫体内与肥胖有关的基因研究成果不适用于人类"。

D 项,表明研究基因的方式未必对人类治疗肥胖有用,因为很多人的肥胖不是由基因导致的,属于间接拆桥,正确。

A 项,蠕虫 70%左右的基因与人类的基因非常相似,支持论证,排除。

B 项,导致蠕虫肥胖的基因可以改造为防止其肥胖的基因,肯定前提,排除。

C 项,蠕虫的生活环境与人类的生活环境存在明显差异,但没有提及两者基因的关系,也没有提及生活环境的差异是否会导致基因的差异，因此不能作为一个确定的信息质疑题干，排除。

E 项，不确定基因疗法能否治疗人类肥胖，无法质疑结论，排除。

37.【答案】C

【解析】解题步骤 1：简化研究人员的观点。

每天活动 20 分钟可减少久坐危害，降低死亡风险。

解题步骤 2：选项代入验证，比较力度强弱。

A 项，只列举了离世受访者的久坐时间，没说明活动时间，结果不确定，排除。

B 项，只说明中老年人每天活动时长难以达到 20 分钟，无法质疑研究人员的观点，排除。

C 项，"中老年即使每天活动 20 分钟，死亡风险也会增加"，说明对于中老年人，每天活动 20 分钟不能降低死亡风险，属于有因无果的削弱，正确。

D 项，"花 20 分钟活动"后的其他行为与能否降低死亡风险没有直接的关系，排除。

E 项，"20 分钟只是正常人一天活动的最低要求，为了健康，活动时间可以更长一些"，没有说明每天活动 20 分钟能否降低死亡风险，排除。

38.【答案】E

【解析】解题步骤 1：简化网友的观点。

水在流经铅管道的时候被铅污染了，罗马居民天天饮用铅污染水，发生了铅中毒现象，从而加速了帝国的衰亡。

解题步骤 2：选项代入验证，比较力度强弱。

A 项，"罗马人广泛使用银作为货币和装饰，这使得罗马帝国每年产铅量巨大"，与罗马居民是否存在铅中毒现象无关，排除。

B 项，"铅金属可以用来制作生活中各种方便实用的合金工具" 与罗马居民是否存在铅中毒现象无关，排除。

C 项，"罗马人习惯用铅制容器加热葡萄汁，每升葡萄汁中会含有高达一克的铅"，说明可能是其他原因造成罗马居民铅中毒现象，属于他因削弱，力度较弱，排除。

D 项，"罗马帝国早期很少有铅中毒的记载"与观点中铅管道的水导致铅中毒现象的关联差，排除。

E 项，"铅水管里的水垢阻挡了水和铅的接触，使得水中的含铅量极少，并不足以威胁人的健康"，说明即便使用铅管道，也不一定出现铅中毒现象，属于有因无果的削弱，正确。

39.【答案】C

【解析】解题步骤 1：简化登山爱好者的观点。

"无痛登山"让登山失去了灵魂，这样的登山其实已经没有乐趣可言。

解题步骤 2：选项代入验证，比较力度强弱。

A 项，登山步道长度及海拔高差与题干观点无关，排除。

B 项，“装有登山索道或电梯的名山公园，还留有传统登山步道供登山爱好者使用”，没有针对“无痛登山”进行论证，排除。

C 项，“很多游客走高山索道或电梯，就能欣赏眼前一片广阔风景，好不自在”，说明“无痛登山”者也能获得乐趣，直接质疑登山爱好者的观点，正确。

D 项，“安装索道或电梯不符合人与自然和谐共生的理念”与题干观点无关，排除。

E 项，“无痛登山”让乐趣和快感荡然无存，支持观点，排除。

40.【答案】B

【解析】解题步骤 1：简化网友的主张。

前提：外卖柜的获益方不只是骑手。

结论：外卖柜服务费应由骑手、平台及消费者三方共同承担。

解题步骤 2：选项代入验证，比较力度强弱。

A 项，“外卖柜服务费由骑手独自承担会影响他们的收入”与外卖柜的获益方无关，排除。

B 项，“引入外卖柜实际损害了消费者的利益”，说明消费者不应承担外卖柜服务费，补充新论据质疑结论，正确。

C 项，“让骑手单独支付费用会影响外卖平台自身利益”，说明外卖柜只向骑手收费会有弊端，间接肯定应由多方共同承担费用，排除。

D 项，“消费者应承担部分外卖柜服务费”，支持结论，排除。

E 项，肯定了外卖柜对骑手在短期有利，但“长期看，对相关各方的利益都会带来损害”没有针对结论说明是否需要三方承担外卖柜服务费，排除。

41.【答案】E

【解析】解题步骤 1：简化专家的观点。

前提：生物结皮覆盖了这段古长城的大部分外墙，使得这一文物建筑保存了下来。

结论：我们应该保护文物建筑表面自然形成的生物结皮，而不是剥除它们。

解题步骤 2：选项代入验证，比较力度强弱。

A 项，“生物结皮覆盖的夯土比裸露的夯土稳定性更强”，说明生物结皮能保护文物，支持观点，排除。

B 项，“北方有些地区可能由干变湿，这会影响生物结皮的保护功能”与论证内容无关，排除。

C 项，“人工培养生物结皮对某些建筑会产生一定的保护作用”，说明生物结皮有保护作用，支持观点，排除。

D 项，“我国古长城须保护”与论证内容无关，排除。

E 项，“生物结皮保护文物建筑的功能只能在干旱地区发挥出来，并不适用于潮湿地区”，说明在潮湿地区生物结皮可能有弊端，质疑观点，正确。

第二节 支持

答案速查表										
题号	1	2	3	4	5	6	7	8	9	10
答案	D	D	E	A	B	E	A	A	C	D
题号	11	12	13	14	15	16	17	18	19	20
答案	A	C	A	E	C	E	C	C	C	B
题号	21	22	23	24	25	26	27	28	29	30
答案	B	D	A	D	C	D	B	B	C	C
题号	31	32	33	34	35	36	37	38	39	40
答案	C	A	E	A	E	D	B	E	E	D
题号	41	42	43	44	45	46	47	48	49	50
答案	E	B	B	A	C	E	B	E	D	C
题号	51	52	53	54	55	56	57	58	59	60
答案	B	E	E	E	C	C	E	D	E	C
题号	61	62	63	64	65	66	67	68	69	70
答案	D	D	C	E	D	E	C	A	B	B
题号	71	72	73							
答案	E	E	C							

1. **【答案】** D

【解析】 解题步骤 1:简化考古学家的推测。

前提:土坯砖边缘整齐,并且没有切割痕迹。

结论:土坯砖应该是使用木质模具压制成型的。

解题步骤 2:选项代入验证,比较力度强弱。

A 项,“人们已经掌握了高温冶炼技术”仅支持背景,排除。

B 项,“仰韶文化晚期的年代”与论题无关,排除。

C 项,“西周时期”与题干论证范围无关,排除。

D 项,属于无因无果的直接搭桥,正确。

E 项,“确实属于仰韶文化晚期的物品”仅支持背景,排除。

2. 【答案】D

【解析】解题步骤1:简化论证的设想。

前提:为了解决雾霾天气与热岛效应。

结论:建立“城市风道”,促进城市空气的循环。

解题步骤2:选项代入验证,比较力度强弱。

A项,说明建立城市风道可能没有用,削弱设想,排除。

B项,说明有些城市可以建立“城市风道”,部分支持结论,力度弱,排除。

C项,说明“城市风道”的设想未必可行,削弱设想,排除。

D项,城市风道不仅有利于“驱霾”,还有利于散热,直接搭桥,正确。

E项,只是说明方法无恶果,力度弱,排除。

3. 【答案】E

【解析】解题步骤1:简化专家的观点。

(1)电子学习机可能不利于儿童成长。

(2)父母陪孩子一起阅读纸质图书,可以在交流中促进其心灵的成长。

解题步骤2:预判优选项,即两个观点均涉及的选项。

A项,孩子使用电子学习机时不关注学习内容不能说明电子学习机不利于儿童成长,与论题无关,排除。

B项,使用电子学习机会形成“电子瘾”,支持观点(1),部分支持,排除。

C项,说明父母很难与孩子一起共同阅读,削弱观点(2),排除。

D项,纸质书有好处,间接肯定观点(2),部分支持,排除。

E项,两个观点均提及,力度最强,正确。

4. 【答案】A

【解析】解题步骤1:简化专家的观点。

前提:海外代购让政府损失了税收收入。

结论:政府应该严厉打击海外代购行为。

解题步骤2:预判优选项,即建立“海外代购”与“税收收入”关系的选项。

A项,补充新论据,说明海外代购不仅影响税收,而且涉及的数额很大,进一步支持了专家观点,正确。

B项,削弱观点,说明海外代购产品质优价廉,间接否定了结论,排除。

C项,说明海外代购满足了部分民众的需求,间接否定了结论,排除。

D项,无关内容,该项内容不涉及税收与海外代购,排除。

E项,无关内容,该项指出海外代购违法,但是没有说明其与税收的关系,排除。

5.【答案】B

【解析】解题步骤1:简化专家的断言。

前提:(1)通识教育重在帮助学生了解各个学科领域的基本常识;(2)人文教育重在培育学生了解生活世界的意义,对价值和意义做出合理的判断。

结论:人文教育对个人未来的影响比通识教育更大。

解题步骤2:选项代入验证,比较力度强弱。

A项,仅说明人文教育值得探究等,没有比较人文教育与通识教育的影响,部分支持,力度弱,排除。

B项,说明相较于通识教育,人更加不能没有人文教育,话题最相关,力度最强,正确。

C项,仅肯定了两者的价值,没有比较影响大小,排除。

D项,说明两者均重要,排除。

E项,大学开设课程的多少与对个人未来影响的大小关联弱,排除。

6.【答案】E

【解析】解题步骤1:简化专家的观点。

前提:持续接触高浓度污染物会直接导致有的人患有眼睛慢性炎症或干眼症。

结论:如果不采取紧急措施改善空气质量,这些疾病的发病率和相关的并发症将会增加。

解题步骤2:选项代入验证,比较力度强弱。

A项,说明即便采取措施,短期内也未必能改善空气质量,削弱论点,排除。

B项,“患者的年龄和性别”与论题无关,排除。

C项,说明造成这些病症的可能是花粉,不一定是空气质量的问题,削弱论点,排除。

D项,说明用其他方法也能预防眼疾,削弱论点,排除。

E项,补充新论据“长期接触有毒颗粒物会影响泪腺细胞”,支持论点,正确。

7.【答案】A

【解析】解题步骤1:简化科学家的论断。

前提:(1)黄金纳米粒子很容易被人体癌细胞吸收;(2)将黄金纳米粒子包上一层化疗药物,可准确地将其投放到癌细胞中。

结论:黄金纳米粒子能提升癌症化疗的效果,并降低化疗的副作用。

解题步骤2:选项代入验证,比较力度强弱。

A项,“黄金纳米粒子能精准投送”支持结论“提升化疗效果”,且“携带药物不伤及其他细胞”支持结论“降低副作用”,该项支持论证,正确。

B项,黄金纳米粒子不与人体细胞发生反应,削弱“能提升化疗效果”的结论,排除。

C项,指出能判定黄金纳米粒子是否投放到癌细胞中,仅支持前提(2),排除。

D项,指出可以通过加热黄金纳米粒子杀死癌细胞,仅支持结论“提升化疗效果”,部分支持,排除。

E项,质疑黄金纳米粒子的疗效,排除。

8.【答案】A

【解析】解题步骤1:简化专家的观点。

配音已失去观众,必将退出历史舞台。

解题步骤2:根据问题“除哪项外都能支持”,排除能支持的选项。

A项,说明在国内,配过音的外国影视剧没有失去观众,削弱观点,正确。

B项,说明许多人不喜欢配过音的影视剧,支持观点,排除。

C项,说明人们可以看原版影视剧,支持观点,排除。

D项,指出有的人等不及看配音影视剧,支持观点,排除。

E项,指出有的人觉得配音影响了其对原剧的欣赏,支持观点,排除。

9.【答案】C

【解析】解题步骤1:简化专家的结论。

晚睡其实隐藏着烦恼。

解题步骤2:选项代入验证,比较力度强弱。

A项,“总在睡前磨蹭”是否代表有烦恼未知,排除。

B项,指出晚睡是为了做有意义的事,并非有烦恼,排除。

C项,说明晚睡是因为存在着某种令人不满的问题,肯定了专家观点,正确。

D项,指出晚睡者具有积极的人生态度,并非有烦恼,排除。

E项,指出晚睡是活在当下,活出精彩的表现,并非有烦恼,排除。

10.【答案】D

【解析】解题步骤1:简化专家的观点。

分心驾驶已成为我国道路交通事故的罪魁祸首。

解题步骤2:选项代入验证,比较力度强弱。

A项,指出分心驾驶中的主要表现形式是使用手机,属于特例支持,力度弱,排除。

B项,阐述美国发生车祸的原因,与题干论证范围无关,排除。

C、E项,说明驾驶中使用手机的不良影响,属于特例支持,力度弱,排除。

D项,说明分心驾驶导致的事故占比最高,与观点最相关,正确。

11.【答案】A

【解析】解题步骤1:简化专家的论证。

前提:雌性青蛙变成雄性。

结论:相关区域青蛙数量下降。

解题步骤 2:选项代入验证,比较力度强弱。

A 项,说明雌性数量的充足对物种繁衍至关重要,直接搭桥,正确。

B 项,说明物种以雄性为主(即雌性少)会影响物种的个体数量,也是直接搭桥,但选项中有程度副词“可能”,降低了力度,排除。

C 项,“影响青蛙的生长发育过程”不等于“青蛙数量下降”,排除。

D 项,“雌性青蛙的数量减少”仅支持前提,排除。

E 项,“破坏青蛙的食物链”不等于“影响青蛙数量”,排除。

12. **【答案】** C

【解析】 解题步骤 1:简化论证结构。

前提:岩画中出现人们手持长矛,追逐着前方猎物的景象。

结论:此时的人类已经居于食物链的顶端。

解题步骤 2:选项代入验证,比较力度强弱。

A 项,“岩画中的动物是人类捕猎的对象”仅支持前提,排除。

B 项,“人类避免被动物猎杀”削弱结论,排除。

C 项,“使用工具可以猎杀其他动物,而不是相反”支持结论“人类居于食物链顶端”,正确。

D 项,“岩画提高了人类生存能力”与论题无关,排除。

E 项,“人类脱离动物、产生宗教”与论题无关,排除。

13. **【答案】** A

【解析】 解题步骤 1:简化科学家的建议。

前提:熬夜、睡眠不足有损身体健康。

结论:人们应该遵守作息规律。

解题步骤 2:选项代入验证,比较力度强弱。

A 项,说明长期睡眠不足的确有损身体健康,支持论点,正确。

B 项,说明缺乏睡眠会导致体重增加,支持力度弱,排除。

C 项,说明熬夜会影响与他人的交流,支持力度弱,排除。

D 项,“人类进化过程”与论题无关,排除。

E 项,睡眠不足的人面容憔悴,支持力度弱,排除。

14. **【答案】** E

【解析】 解题步骤 1:简化研究人员的观点。

前提:母亲与婴儿对视时,双方脑电波趋于同步。

结论:母亲与婴儿对视有助于婴儿的学习与交流。

解题步骤 2:选项代入验证,比较力度强弱。

A 项,对象为两个成年人,与论题无关,排除。

B 项,对象为父母与孩子,不等价于母亲与婴儿,排除。

C 项,对象为部分学生,与论题无关,排除。

D 项,母亲和婴儿都发出“信号”,信号的范围大于脑电波,范围扩大,排除。

E 项,“脑电波趋于同步,使交流更默契”直接搭桥,力度最强,正确。

15. 【答案】C

【解析】解题步骤 1:简化专家的论断。

家长陪孩子写作业,会对孩子的成长产生不利影响。

解题步骤 2:选项代入验证,比较力度强弱。

A 项,支持家长陪孩子写作业,削弱论断,排除。

B 项,只是指出家长没有精力陪孩子写作业,没有指出有何“不利影响”,排除。

C 项,指出家长陪孩子写作业确实对孩子不利,支持论断,正确。

D 项,只是指出家长在孩子教育上不擅长,与其是否会产生不利影响没有直接关系,排除。

E 项,指出家长陪孩子写作业应注重的方面,与论题无关,排除。

16. 【答案】E

【解析】解题步骤 1:简化推测的论证。

前提:《淮南子·齐俗训》中“熬”为熬牛肉制汤的意思。

结论:牛肉汤的起源不会晚于春秋战国时期。

解题步骤 2:选项代入验证,比较力度强弱。

A 项,“完成于西汉时期”与论题无关,排除。

B 项,“春秋战国时期已开始使用耕牛”与论题无关,排除。

C 项,“有作者来自齐国”与论题无关,排除。

D 项,“有熬汤的鼎器”与论题无关,排除。

E 项,恰好建立了前提与结论的联系,正确。

17. 【答案】C

【解析】解题步骤 1:简化小李的论断。

前提:女员工的绩效都比男员工高=男员工的绩效都比女员工差。

结论:新入职员工中绩效最好的不如绩效最差的女员工=新入职员工的绩效都比女员工差。

解题步骤 2:预判优选项,排除干扰项。

优选项是“建立男员工与新入职员工的关系”的 A、C 项。

A 项,男员工→新入职员工,此时结合题干前提“男员工→绩效比女员工差”无法得出结论,排除。

C 项，新入职员工→男员工，此时结合题干前提“男员工→绩效比女员工差”可以得出，新入职员工→绩效比女员工差，正确。

18. **【答案】** C

【解析】 解题步骤 1：简化李教授的观点。

不吃早餐的后果：(1)增加患Ⅱ型糖尿病的风险；(2)增加患其他疾病的风险。

解题步骤 2：预判优选项，排除干扰项。

优选项是与“不吃早餐”主题一致的 C、E 项。

C 项，“不吃早餐不利于血糖调节”肯定了后果(1)，“容易患上胃溃疡、胆结石等疾病”肯定了后果(2)，话题最相关，正确。

E 项，容易形成不良生活习惯≠增加患糖尿病等疾病的风险，关联弱，排除。

19. **【答案】** C

【解析】 解题步骤 1：简化论证结构。

前提：(1)西藏披毛犀化石的鼻中隔是一块不完全的硬骨；(2)亚洲北部、西伯利亚等地发现的披毛犀化石的鼻中隔比西藏披毛犀的“完全”。

结论：西藏披毛犀比亚洲北部、西伯利亚等地的披毛犀具有更原始的形态。

解题步骤 2：预判优选项，排除干扰项。

优选项是建立“‘不完全’比‘完全’更原始”的搭桥关系的选项，只有 C 项符合。

C 项，披毛犀的鼻中隔经历了由软到硬的进化过程，最终才形成一块“完整”的骨头，说明不完全的鼻中隔更原始，建立了搭桥关系，正确。

20. **【答案】** B

【解析】 解题步骤 1：简化科学家的观点。

该技术可以把二氧化碳等物质“电成”有营养价值的蛋白粉，有助于解决全球饥饿问题。

解题步骤 2：选项代入验证，排除能支持的选项。

A 项，肯定了该技术方法可行，支持观点，排除。

B 项，没有说明该技术能否解决饥饿问题，该项为无关选项，正确。

C 项，该技术将彻底改变农业，说明有助于解决全球饥饿问题，支持观点，排除。

D 项，说明“电成”的蛋白粉确实有营养价值，有助于解决全球饥饿问题，支持观点，排除。

E 项，这项技术为解决饥饿问题提供重要帮助，说明有助于解决全球饥饿问题，支持观点，排除。

21. **【答案】** B

【解析】 解题步骤 1：简化陪审团的判决。

支持鱼油检查员的诉求，该商人需接受检查并缴费。

解题步骤 2:选项代入验证,比较力度强弱。

A、C、D、E 项,均与“鱼油”的论题无关,排除。

B 项,补充了相关的法律论据,支持了陪审团的判决,正确。

22.【答案】D

【解析】解题步骤 1:简化专家的论证。

前提:未来 10 年,发展中国家比发达国家更加缺乏高层次人才。

结论:我国急需加强高层次人才引进工作。

解题步骤 2:选项代入验证,比较力度强弱。

A 项,讨论的是近年来已引进的人才数量,与论题范围“未来 10 年”无关,排除。

B 项,文、理科人才紧缺程度的比较与论题无关,排除。

C 项,“一般性人才”与论题无关,排除。

D 项,我国仍然是发展中国家,直接搭桥,正确。

E 项,“衡量国家综合国力的指标”与论题无关,排除。

23.【答案】A

【解析】解题步骤 1:简化专家的观点。

数字阅读具有重要价值,是阅读的未来发展趋势。

解题步骤 2:选项代入验证,比较力度强弱。

A 项,相关网络阅读服务平台近几年越来越多,补充新论据,支持观点,正确。

B 项,只是说明数字阅读对生活有影响,但没有明确这种影响是有利的还是不利的,以及是否有重要价值,排除。

C 项,网络交流者可能会提供虚假信息,说明数字阅读有弊端,排除。

D 项,有些网络读书平台会使得读者的读书效率较低,说明数字阅读有弊端,排除。

E 项,说明数字阅读不如纸质阅读,削弱观点,排除。

24.【答案】D

【解析】解题步骤 1:简化论证结构。

前提:哲学不是一门具体科学。

结论:哲学不能被经验的个案反驳。

解题步骤 2:选项代入验证,比较力度强弱。

A 项,哲学能否“推演出”经验的个案与论题无关,排除。

B 项,“任何科学”是否需要接受经验的检验与论题无关,排除。

C 项,具体科学研究什么与论题无关,排除。

D 项,经验的个案只能反驳具体科学 = 不是具体科学就不能被经验的个案反驳,直接搭桥,正确。

E 项,哲学是否可以对具体科学“提供指导”与论题无关,排除。

25.【答案】C

【解析】解题步骤 1:简化论证推断。

肥胖者若持续这样的餐前锻炼,可以改善代谢能力,从而达到减肥效果。

解题步骤 2:选项代入验证,比较力度强弱。

A 项,不影响他们锻炼的积极性≠达到减肥效果,无关选项,排除。

B 项,与“餐前锻炼”话题无关,排除。

C 项,餐前锻炼⇒增强肌肉细胞对胰岛素的反应⇒更有效地消耗体内的糖分和脂肪⇒达到减肥效果,补充了新论据(消耗糖分和脂肪),支持了论证,正确。

D 项,觉得≠事实,无关选项,排除。

E 项,额外的代谢是否与脂肪减少有关与题干论证关系不大,排除。

26.【答案】D

【解析】解题步骤 1:简化专家的观点。

前提:为了更好保护地球免受太阳风的影响。

结论:必须更新现有的研究模式,另辟蹊径研究太阳风。

解题步骤 2:选项代入验证,比较力度强弱。

A 项,“高速”与“低速”太阳风的来源与论题无关,排除。

B 项,“太阳风的磁场”与论题无关,排除。

C 项,没说明为何必须更新现有研究模式,排除。

D 项,说明现有模型有问题,误差很大,所以需要更新研究模式,支持了论证的隐含条件,正确。

E 项,“最新观测结果”产生了作用,说明可以不用更新现有研究模式,削弱了观点,排除。

27.【答案】B

【解析】解题步骤 1:简化专家的观点。

饭后喝酸奶其实并不能帮助消化。

解题步骤 2:选项代入验证,比较力度强弱。

A 项,说明酸奶对于食物消化能起到间接帮助作用,削弱观点,排除。

B 项,该项相当于:人体消化需要 a 和 b,酸奶中没有 a,也没有 b。该项直接肯定观点,正确。

C 项,“酸奶导致肥胖”与论题无关,排除。

D 项,没有直接否定酸奶的作用,可能很少的益生菌也能帮助消化,结果不明确,支持力度弱,排除。

E 项,酸奶不含膳食纤维且维生素 B_1 的含量不丰富≠酸奶不能帮助消化,结果不明确,支持力度弱,排除。

28.【答案】B

【解析】解题步骤1:简化专家的论证。

前提:(1)教育质量将决定经济实力;(2)中国学生在PISA测试中的表现超过其他国家学生。

结论:中国有一支优秀的后备力量以保障未来经济的发展。

解题步骤2:选项代入验证,比较力度强弱。

A项,仅支持了前提(2),部分支持,排除。

B项,“PISA测试”能很好地反映“学生的受教育质量”,直接搭桥,力度最强,正确。

C项,“其他国际智力测试”与论题无关,排除。

D项,创新能力的培养与论题无关,排除。

E项,中国学生未来的表现与论题无关,排除。

29.【答案】C

【解析】解题步骤1:简化论证结构。

前提:(1)水产品的脂肪含量相对较低;(2)禽肉的脂肪含量也比较低,脂肪酸组成优于畜肉。

结论:在肉类选择上,应该优先选择水产品,其次是禽肉,这样对身体更健康。

解题步骤2:选项代入验证,比较力度强弱。

A项,脂肪含量与不饱和脂肪酸含量的论证关系与论题无关,排除。

B项,所有人罹患心血管疾病的风险与论题无关,排除。

C项,直接搭桥,力度最强,正确。

D项,根据自己的喜好选择肉类属于主观意愿,与题干中肉类的选择对健康的影响这一客观事实的关联差,排除。

E项,摄入多少动物脂肪能满足身体的需要与论题无关,排除。

30.【答案】C

【解析】解题步骤1:简化科学家的观点。

“快速阅读能将阅读速度提高至少两倍,并不影响理解”是不可能的。

解题步骤2:选项代入验证,比较力度强弱。

A项,“阅读是一项复杂的任务”没有直接关联“阅读速度与理解”,关联弱,排除。

B项,科学界始终对快速阅读持怀疑态度≠快速阅读是不可能的,支持力度弱。

C项,人的视力范围及识别单词的能力限制了“阅读范围和阅读理解”,直接支持了专家观点,正确。

D项,没有提及“理解”,关联弱,排除。

E 项,没有提及“理解”,关联弱,排除。

31. 【答案】C

【解析】解题步骤 1:简化专家的观点。

进入学校后,孩子受到外在的不当激励造成他们的好奇心越来越少。

解题步骤 2:选项代入验证,比较力度强弱。

A、E 项,与观点无关,直接排除。

B 项,没有说明这种压力对“好奇心”的影响,结果不明确,支持力度弱,排除。

C 项,直接指出老师、家长给孩子外部压力(只看成绩),导致孩子只知道死记硬背,支持观点,正确。

D 项,长时间宅在家里≠外在的不当激励,关联弱,排除。

32. 【答案】A

【解析】解题步骤 1:简化论证结构。

前提:老式荧光灯老化后灯光颜色和亮度不断闪烁。

结论:老式荧光灯易引发头痛和视觉疲劳,学校应该尽快将其淘汰。

解题步骤 2:选项代入验证,比较力度强弱。

A 项,补充新论据“灯光闪烁会加重视觉负担”,建立前提和结论的关系,正确。

B 项,换了新式荧光灯后头痛和视觉疲劳消失,说明应该淘汰老式荧光灯,部分支持结论,力度弱于 A 项,排除。

C 项,“新式荧光灯设计、外形等受年轻人喜爱”与论题无关,排除。

D 项,“老式荧光灯的颜色变化可以减弱”仅和前提中的亮度有关,部分相关,排除。

E 项,“淘汰老式荧光灯需要支出经费”与论题无关,排除。

33. 【答案】E

【解析】解题步骤 1:简化专家的观点。

近视率的剧增主要是因为人们在白天的户外活动时间过短。

解题步骤 2:选项代入验证,比较力度强弱。

A 项,并未指出被调查对象在“户外活动时间”上的差异,排除。

B 项,少儿每天用眼时间为 10 多个小时,支持背景,与专家观点无关,排除。

C 项,样本的选取对象是“小学生”,题干的对象为“年青人”,范围改变降低了支持力度,排除。

D 项,将鸡与人类比,类比不当,排除。

E 项,室外光照阻止了眼球的伸长(近视),补充新论据且结果明确,支持力度更强,正确。

34.【答案】A

【解析】解题步骤 1:简化尹研究员的观点。

若种群个体数量减少,一旦种群的出生率、死亡率或性别比发生偶然变动,就会直接导致种群的灭绝。

解题步骤 2:选项代入验证,比较力度强弱。

A 项,直接举例搭桥,说明“个体数量少的种群,出生率低会直接导致种群灭绝”,力度最强,正确。

B 项,非洲某部落消失的原因是大多数幼儿患麻疹而死亡,缩小了“灭绝原因”的范围,属于特例支持,力度弱,排除。

C 项,仅能说明该蛋白质有利于存活,与论题无关,排除。

D 项,父母照顾后代可以延续种群,与论题无关,排除。

E 项,“近亲繁殖会给种群繁衍带来不利影响”支持了贾研究员的观点,排除。

35.【答案】E

【解析】解题步骤 1:简化学者的观点。

《夜雨寄北》实际是寄给友人的。

解题步骤 2:选项代入验证,比较力度强弱。

A 项,李商隐之妻与友人无关,排除。

B 项,明清小说戏曲与《夜雨寄北》这首诗无关,排除。

C 项,唐代温庭筠的《舞衣曲》与《夜雨寄北》这首诗无关,排除。

D 项,寄怀妻子与友人无关,排除。

E 项,《夜雨寄北》诗词中的“西窗”指“客房、客厅”,说明确实与友人相关,用等价的内容直接搭桥,支持观点,正确。

36.【答案】D

【解析】解题步骤 1:简化 GCP 的观点。

前提:汽车使用量下降。

结论:2020 年的碳排放量下降了。

解题步骤 2:选项代入验证,比较力度强弱。

A 项,美国和欧盟是碳排放量下降最明显的国家或地区,与论题无关,排除。

B 项,“气候变化”与论题无关,排除。

C 项,没说明减排与汽车的关系,排除。

D 项,减少的碳排放总量中,交通运输业所占比例最大,直接说明结论与前提有关系,正确。

E 项,2021 年的全球碳排放量与论题无关,排除。

37.【答案】B

【解析】解题步骤1:简化研究人员的观点。

前提:(1)默认网络是参与内心思考的大脑区域,这些内心思考包括回忆旧事、规划未来、想象等;(2)孤独者大脑的默认网络联结更为紧密。

结论:大脑默认网络的结构和功能与孤独感存在正相关。

解题步骤2:选项代入验证,比较力度强弱。

A项,“人们”与论题“孤独者”的范围关联弱,排除。

B项,有孤独感的人更多地使用想象、回忆过去和憧憬未来,说明孤独者更多地使用默认网络的功能,直接搭桥,正确。

C项,“孤独的老年人”更易“出现认知衰退,患上痴呆症”的论证关系与论题无关,排除。

D项,“了解孤独感”有助于“减少社会的孤独现象” 的论证关系与论题无关,排除。

E项,穹隆的作用机理与论题无关,排除。

38.【答案】E

【解析】解题步骤1:简化病毒学家的推测。

前提:(1)新冠病毒在全球范围内肆虐;(2)甲型H1N1流感毒株出现时,另一种甲型流感毒株消失了。

结论:人体同时感染新冠病毒和流感病毒的可能性应该低于预期。

解题步骤2:选项代入验证,比较力度强弱。

A项,“接种流感疫苗”能降低“同时感染这两种病毒的概率”,该论证关系与论题无关,排除。

B项,虽然3%的比例小,但还是说明人体可能同时感染两种病毒,削弱观点,排除。

C项,“感染病毒后先天免疫系统的防御能力会逐步增强”的论证关系与论题无关,排除。

D项,避免感染新冠病毒的方法与论题无关,排除。

E项,补充新论据,说明新冠病毒和流感病毒无法同时出现,支持论证,正确。

39.【答案】E

【解析】解题步骤1:简化研究人员的断定。

前提:有胃底腺息肉的患者无人患胃癌,而没有胃底腺息肉的患者中有人患胃癌。

结论:胃底腺息肉与胃癌呈负相关。

解题步骤2:选项代入验证,比较力度强弱。

A项,“绝大多数没有”说明也可能有,力度弱,排除。

B、C、D项,没有提及“胃癌”相关内容,排除。

E项,补充新论据,支持论证,正确。

40.【答案】D

【解析】解题步骤1:简化专家的断定。

我国取得这场脱贫攻坚战的胜利为全球减贫事业作出了重大贡献。

解题步骤2:预判优选项,排除干扰项。

根据断定,要建立中国与全球关于脱贫的关系,与之相关的优选项为C、D项。

C项,我国的反贫困理论和经验赢得国际赞誉,但没说明两者关系,排除。

D项,补充新论据,说明我国减贫人口占全球减贫人口的比例高,建立了我国脱贫攻坚战的胜利与全球减贫事业的关系,正确。

41.【答案】E

【解析】解题步骤1:简化研究人员的观点。

前提:上述三家公司疫苗"有效率"的数据是保护人们避免出现新冠症状的概率,而新冠病毒传遍全球主要是由于无症状患者的传播。

结论:接种这些疫苗不一定可以阻止新冠病毒在全球范围内的传播。

解题步骤2:预判优选项,排除干扰项。

要支持研究人员的观点,应重点说明三家公司的数据不具有确定性或代表性,与数据相关的选项为B、C、E项。

B项,接种疫苗的志愿者中存在"少数"无症状患者,程度副词为"少数",降低了支持力度,排除。

C项,"3期试验"为特定范围,属于特例支持,范围改变降低了力度,排除。

E项,三家公司的数据不足以说明其可以阻止接种者成为无症状传播者,即指出数据不具有确定性,正确。

42.【答案】B

【解析】解题步骤1:简化科研人员的观点。

如果温室气体排放量不减少,那么生活在海拔低于2米的地区的人将面临海平面上升带来的生存风险。

解题步骤2:预判优选项,排除干扰项。

优选项为同时涉及"温室气体"与"海平面"的B、C项。

B项,"温室气体排放会导致海平面上升"说明"排放量不减少"会导致"海平面上升",直接搭桥,正确。

C项,"如果温室气体排放量减少"否定了前件,与题干论证关系不一致,排除。

43.【答案】B

【解析】解题步骤1:简化题干论证。

前提:中国在各个经济领域都注重知识产权保护。

结论：中国对创新保护工作高度重视。

解题步骤2：选项代入验证，比较力度强弱。

A项，“创新有利于发展”与论题无关，排除。

B项，“保护知识产权就是保护创新”直接搭桥，正确。

C项，“知识产权向提高质量转变”仅支持前提，力度弱，排除。

D项，“中国将要做什么”与题干论证关系不大，排除。

E项，“专利申报数量多说明科技实力强”与题干论证无关，排除。

44. **【答案】**A

【解析】解题步骤1：简化研究人员的观点。

利用超临界水作为特殊溶剂，水中的有机物和氧气可以在极短时间内完成氧化反应，把有机物彻底“秒杀”。

解题步骤2：选项代入验证，比较力度强弱。

A项，有机物在超临界水中可“瞬间”转化，说明超临界水可以把有机物“秒杀”，直接支持，力度最强，正确。

B项，“超临界水氧化技术是废水处理的‘撒手锏’”与论题无关，排除。

C项，超临界水在特定条件下才能把有机物彻底“秒杀”，范围缩小，降低了力度，排除。

D项，“超临界水对有机废水尤为适用”属于特点范围的适用，范围缩小，降低了力度，排除。

E项，“超临界水氧化技术应用于污水处理”与论题无关，排除。

45. **【答案】**C

【解析】解题步骤1：简化研究人员的观点。

食用鱼油不一定能够有效控制血脂水平并预防由高血脂引起的各种疾病。

解题步骤2：选项代入验证，比较力度强弱。

A项，“鱼油容易引起肥胖”与论题“高血脂”无关，排除。

B项，鱼油的概念范围与论题无关，排除。

C项，“不饱和脂肪酸容易氧化分解”间接说明鱼油对于由高血脂引起的各种疾病不一定有用，正确。

D项，“通过鱼油控制体内血脂存在学术争议”不能确定实际的效果，降低力度，排除。

E项，“身体健康需要膳食平衡”与论题无关，排除。

46. **【答案】**E

【解析】解题步骤1：简化专家的观点。

从鼓励见义勇为到倡导“见义智为”反映了社会价值观念的进步。

解题步骤2：选项代入验证，排除支持的选项。

A 项,“见义智为”表明了科学理性、互帮互助的社会价值取向,支持观点,排除。

B 项,见义勇为需要专业技术知识,没有相应知识的民众最好不要贸然行事,肯定了“见义智为”更可取,支持观点,排除。

C 项,“救人者的生命同样应得到尊重和爱护”间接说明应该“见义智为”,支持观点,排除。

D 项,“在保证自身安全的情况下‘机智’救助他人”肯定了“见义智为”,支持观点,排除。

E 项,倡导“见义智为”容易导致社会道德水平下滑,否定了“见义智为”,削弱观点,正确。

47. 【答案】B

【解析】解题步骤 1:简化研究人员的观点。

前提:如果人体生成的骨钙蛋白减少,人的记忆力就会随之衰退。

结论:如果加强锻炼就能保持记忆力不衰退。

解题步骤 2:选项代入验证,比较力度强弱。

A 项,“记忆力与骨钙蛋白有关”部分支持前提,但该项针对的是实验鼠,力度弱,排除。

B 项,“锻炼能促进骨钙蛋白的生成”直接搭桥,力度最强,正确。

C 项,人体内 RbAp48 基因的活跃程度与骨钙蛋白变化的论证关系与论题无关,排除。

D 项,人体中蛋白质的合成与论题无关,排除。

E 项,骨密度与骨钙蛋白的论证关系与论题无关,排除。

48. 【答案】E

【解析】解题步骤 1:简化专家的观点。

建立长期陪护保障机制可以破解医养两难困境,帮助失能、半失能的老人有尊严地安享晚年,同时缓解他们的家庭负担。

解题步骤 2:选项代入验证,比较力度强弱。

A 项,“家庭出现失能、半失能老人,年轻人无法承担照护家庭的责任”部分支持观点的背景,仅说明为何要建立长期陪护保障机制,力度弱,排除。

B 项,“医院不愿让失能、半失能老人长期占用稀缺的床位资源”部分支持观点的背景,仅说明为何要建立长期陪护保障机制,力度弱,排除。

C 项,“雇用住家保姆来护理家中的失能、半失能老人”与论题无关,排除。

D 项,“不少养老院很难治疗失能、半失能老人的疾病”部分支持观点的背景,仅说明为何要建立长期陪护保障机制,力度弱,排除。

E 项,“长期护理保障机制以失能、半失能人员为主要保障对象,个人支付费用不高”直接搭桥,力度最强,正确。

49. 【答案】D

【解析】解题步骤 1:简化题干论证。

前提:(1)2 660 万需要心理救助的人中有 920 万有个性化咨询需求;(2)截至今年 11 月份,需要心理救助的人员增加到 9 000 万。

结论:有个性化咨询需求的应超过了 3 000 万人。

解题步骤 2:分析论证关系,预判优选项。

3 000 万约等于(920/2 660)×9 000 万,所以本题隐含的假设是个性化咨询需求的比例基本保持不变。包含“个性化咨询需求的比例或占比”的优选项是 A、D 项。

A 项,“该国人口中有个性化心理咨询需求的人占比逐年增长”属于过度支持,占比只需要保持不变即可,排除。

D 项,“有个性化咨询需求的占比基本没有变化” 属于题干隐含假设,正确。

50. **【答案】**C

【解析】解题步骤 1:简化专家的观点。

前提:能真正滋养一个人的著述往往都带着某种枯燥,需要读者投入专注力去穿透抽象。

结论:年轻人读书要先克服前 30 页的阅读痛苦,这样才能获得知识与快乐。

解题步骤 2:预判优选项,即与“前 30 页”相关的选项。

B 项,“有些人连续读 30 页也不会感到枯燥乏味”削弱了结论,排除。

C 项,补充了新论据“前 30 页往往是概念术语的首次展现,有一定的阅读门槛”,说明要想获得阅读的愉悦,就要克服前 30 页的阅读痛苦,建立了前提和结论的关系,正确。

E 项,“有些书即使硬着头皮读了前 30 页,后面的文字仍不能让人感到快乐并有所收获”削弱了结论,排除。

51. **【答案】**B

【解析】解题步骤 1:简化研究人员的观点。

前提:流感的频繁活动通常发生在当年 11 月至次年 3 月期间。

结论:寒冷天气确实更容易让人感染流行性感冒。

解题步骤 2:选项代入验证,排除支持的选项。

A 项,“各种病毒在低温且干燥的环境中更稳定”支持结论,排除。

B 项,“寒冷的天气里,人们更愿意待在温暖的室内,而不愿进行户外活动”削弱结论,正确。

C 项,补充了新论据“通风不良的室内供暖环境中,人体抵御细菌感染的机能会有所减弱”,支持结论,排除。

D 项,补充了新论据“温度大幅降低会妨碍呼吸系统和消化系统的正常运转”,支持结论,排除。

E 项,补充了新论据“承受低温会影响代谢系统和免疫系统的正常运转”,支持结论,排除。

52.【答案】E

【解析】解题步骤1:简化研究人员的观点。

前提:大约4 300年前,良渚古城遭到神秘摧毁,良渚文明就此崩溃。

结论:良渚古城的摧毁很可能与洪水的暴发存在关联。

解题步骤2:预判优选项,即与“洪水”相关的选项。

C项,良渚古城外围建有多条能防御超大洪灾的水坝,削弱结论,排除。

D项,结果不确定,不知道良渚古城是否因此被摧毁,支持力度弱,排除。

E项,公元前2277年前即大约4 300年前,异常的降雨量超出了当时先进的良渚古城水坝和运河的承受极限,很可能导致古城被摧毁,直接支持观点,正确。

53.【答案】E

【解析】解题步骤1:简化专家的观点。

前提:科学家在一台宇宙探测器上安装了刻有14颗脉冲星的铭牌,这些脉冲星被当作一组特殊的宇宙路标,科学家试图以此引导外星人来到地球。

结论:地球人制作的这一“脉冲星地图”很难实现预想的目标。

解题步骤2:预判优选项,即“14颗脉冲星不能引导外星人来到地球”。

C项,该项支持了专家的观点,但是有弱化词“可能”,故该项力度较弱,排除。

E项,说明外星人即使捕获了探测器,也不能根据14颗脉冲星找到地球,补充了新论据,建立了前提和结论的关系,正确。

54.【答案】E

【解析】解题步骤1:简化专家的观点。

前提:瘦肉精莱克多巴胺通过模拟肾上腺素的功能来抑制饲养动物的脂肪生长,从而增加瘦肉含量;从现实来看,食用瘦肉精含量极低的肉类仍是安全的。

结论:全球多数国家对莱克多巴胺采取零容忍政策,是一项正确合理的决策。

解题步骤2:预判优选项,即“瘦肉精(莱克多巴胺)有弊端”。

A项,喂了瘦肉精的动物会产生什么后果与结论关联弱,排除。

E项,允许瘦肉精合法使用,政府有关部门检查起来技术复杂、成本高昂,补充了新论据,建立了前提和结论的关系,正确。

解题步骤3:排除干扰项。

B项,“允许进口含有瘦肉精的肉类”削弱结论,排除。

C项,食品法典委员会规定的肉类中莱克多巴胺的最高残留量与题干的论证内容无关,排除。

D项,“摄入微量莱克多巴胺对人体无害”仅支持前提,部分支持,排除。

55. 【答案】C

【解析】解题步骤1:简化学者的观点。

前提:拉施都丁在14世纪初写成的《史集》中称,“忽必烈合罕(即可汗)在位三十五年,并在他的年龄达到八十三之后……去世。”

结论:《马可·波罗游记》中“忽必烈寿命‘约有八十五岁’”的说法很可能是正确的。

解题步骤2:预判优选项,即和《史集》与《马可·波罗游记》相关的选项。

C项,论证前提中说《史集》中称忽必烈是八十三岁以后去世的,再结合该项中的时间换算关系,《史集》在记载纪年上相比《马可·波罗游记》每30年少1年,说明忽必烈寿命至少为八十五岁,支持了学者的观点,正确。

解题步骤3:排除干扰项。

A项,通过否定《元史》不能直接肯定《马可·波罗游记》中的说法正确,力度弱,排除。

B项,仅凭“超出一倍多”不能得出忽必烈去世时有八十五,也可能是八十,结果不确定,排除。

D项,《马可·波罗游记》出自谁与题干论证范围关联弱,排除。

E项,《饮膳正要》对忽必烈生活的记录与题干论证内容无关,排除。

56. 【答案】C

【解析】解题步骤1:简化学者的观点。

前提:三星堆出土的文物显示,三星堆王国是由笄发的神权贵族和辫发的世俗贵族联合执政;而金沙遗址出土的文物显示,三星堆王国衰亡之后继起的金沙王国仅由三星堆王国中辫发的世俗贵族单独执政。

结论:三星堆王国衰亡可能是内部权力冲突导致的。

解题步骤2:选项代入验证,比较力度强弱。

A项,“三星堆王国因外敌入侵而衰亡的说法备受质疑”间接支持结论,支持力度弱,排除。

B项,“金沙王国延续了三星堆王国的主要族群和传统”与论证内容无关,排除。

C项,补充了新论据“联合执政的政治权力平衡一旦被打破,就会出现内部冲突”,肯定了前提和结论的关系,正确。

D项,“古蜀国的史料记载”论证范围与论证话题关联弱,排除。

E项,“外部入侵在先、内部冲突在后”部分质疑结论,排除。

57. 【答案】E

【解析】解题步骤1:简化专家的观点。

前提:高学历拥有者“跨界”就业,用非所学,从事明显“较低”层面的工作。

结论:这些年轻人善于变通,选择从基层做起,他们的人生积极向上,没有“浪费”人生。

解题步骤 2:预判优选项,即“积极向上就没有‘浪费’人生”。

E 项,只要积极进取,就不能算作蹉跎人生、虚度年华,直接搭桥,正确。

解题步骤 3:排除干扰项。

A 项,人们的择业观念也越来越多元,只与前提有关,排除。

B 项,有些高学历者愿意从事“较低”层面的工作,只与前提有关,排除。

C 项,“用非所学”不但浪费了以往的学习成本,而且造成了人才资源的极大浪费,削弱了观点,排除。

D 项,有些高学历者只是因为求职受挫才勉强“跨界”就业,仅与前提有关,排除。

58.【答案】D

【解析】解题步骤 1:简化专家的观点。

前提:纯文学 App 要求付费阅读。

结论:很难产生较强的用户黏性,未来不会走得太远。

解题步骤 2:预判优选项,即“付费阅读未来不会走得太远”。

D 项,纯文学 App 不能提供免费阅读就无法吸引用户,纯文学网络平台就无法维持下去,属于无因无果的直接搭桥,力度最强,正确。

解题步骤 3:排除干扰项。

A 项,虽实行“付费分享”政策,但可满足许多人热爱文学、享受文学的需求,削弱结论,排除。

B 项,讨论纯文学期刊与博客、微博、公众号、视频号等的竞争,与论证无关,排除。

C 项,指出付费阅读可能会将部分读者挡在门外,但存在弱力度词“可能、部分”,排除。

E 项,仅说明纯文学 App 较难要求用户付费,但结果不确定,排除。

59.【答案】E

【解析】解题步骤 1:简化专家的观点。

前提:公安部已经取消领取驾照的年龄上限,70 岁以上的老人也可以开车上路了。

结论:此举不但方便老人出行,还能刺激汽车消费,助力中国经济增长。

解题步骤 2:选项代入验证,比较力度强弱。

A 项,讨论的是一些老龄化程度较高的国家的情况,扩大了范围,力度较弱,排除。

B 项,70 岁以上老人愿意资助儿孙买车买房,与论证无关,排除。

C 项,我国许多老年人对驾驶不感兴趣,削弱了取消领取驾照的年龄上限有利于刺激汽车消费的结论,排除。

D 项,我国放开年龄上限,其实是与国际接轨,只肯定了前提的合理性,但与结论无关,排除。

E 项,补充新论据,说明我国 60 岁以上的驾驶人新增数量及增速远超 26~50 岁的驾驶人,间接肯定了让70岁以上老人开车有利于刺激汽车消费的结论，正确。

60.【答案】C

【解析】解题步骤1：简化研究人员的观点。

前提：人工饲养的黑猩猩长大后很难回归到野生黑猩猩群落中。

结论：采取人工饲养方式难以达到把黑猩猩的基因保护下来的目的。

解题步骤2：预判优选项，即“难以回归野生群落”导致“难以保护黑猩猩基因”。

C项，补充新论据，说明人工饲养的黑猩猩不及时回归野生群落就不能延续下一代，即人工饲养不能把黑猩猩的基因保护下来，支持论证，正确。

解题步骤3：排除干扰项。

A项，回归后的黑猩猩一般都会意识到自己在群体中的地位并尊重群体的规则，但不能确定能否延续后代，排除。

B项，回归后的黑猩猩会受到自己的父亲和非亲生母猩猩的虐待，与论证无关，排除。

D项，有些研究机构不再从事人工饲养黑猩猩的工作，与论证无关，排除。

E项，人工饲养的黑猩猩更愿意接近人类，而不是同类，说明结论可能不成立，排除。

61.【答案】D

【解析】解题步骤1：简化郑教授的观点。

前提：小镇中森林覆盖率高达85%，空气中负氧离子的浓度常年保持在每立方厘米6 000个以上；教授在此地的睡眠状况得到了显著改善。

结论：优良的空气质量可以改善睡眠。

解题步骤2：预判优选项，即说明空气中负氧离子深度与空气质量的关系的选项。

D项，负氧离子浓度的高低是衡量空气质量高低的重要指标，属于直接搭桥，正确。

解题步骤3：排除干扰项。

A项，四面环山仅在题干背景信息中提到，不等于森林覆盖率高、负氧离子浓度高，与论证前提不一致，排除。

B项，森林中树木葱郁，充盈着大量的负氧离子，仅肯定了前提，排除。

C项，夏季山区康养小镇的空气质量是一年中最好的，与论证内容无关，论证没有涉及不同季节空气质量的比较，排除。

E项，指出生活状态与睡眠质量的关系，属于他因削弱，排除。

62.【答案】D

【解析】解题步骤1：简化专家的观点。

前提：艺术的本质是人内心世界的外化，通过艺术人们既可以表达自己的内心世界，也可以看到别人的内心世界。

结论：艺术可通心，对于促进不同国家、不同语言、不同文化之间人们的沟通交流具有天然优势。

解题步骤 2:选项代入验证,比较力度强弱。

A 项,“全球有九大语系”与艺术无关,排除。

B 项,“听懂、看懂艺术作品”“通过艺术作品感受世界各地人民的情感脉动”与促进人们的沟通交流关联差,排除。

C 项,“艺术必须是创作者内心的真实写照”与论证内容无关,排除。

D 项,“艺术具有基于人性、传达情感等特点,在艺术创造、传播、接受等过程中,这些特点对于任何人都是一样”,属于补充新论据,肯定了前提和结论的关系,正确。

E 项,“以文化人,这样才能真正实现以艺通心”,削弱论证,说明跨文化沟通交流还要靠文化,排除。

63.**【答案】**C

【解析】解题步骤 1:简化民俗学家的观点。

汤圆真正的前身是宋代被称为“圆子”的小吃。

解题步骤 2:预判优选项,即和“宋代与汤圆”相关的选项。

C 项,“宋代《元宵煮浮圆子》是最早描述元宵节水煮汤圆的诗歌”搭建了汤圆与宋代“圆子”之间的关系,属于支持中的搭桥,正确。

解题步骤 3:排除干扰项。

A 项,“蜜饵”与民俗学家的观点无关,排除。

B 项,仅提及宋代的“圆子”的食材,不涉及汤圆,关联差,排除。

D 项,“宋代‘圆子’种类更加繁多”与民俗学家的观点没有直接的关系,排除。

E 项,“只有宋人常写涉及‘圆子’的诗词”,但没有提及汤圆,关联差,排除。

64.**【答案】**E

【解析】解题步骤 1:简化研究人员的推测。

前提:疲倦、头疼、心情抑郁和食欲不振等症状与清除病原体并没有直接的联系。

结论:有些症状的出现不是为了提高个人的生存率,而是为了保护整个种群的利益。

解题步骤 2:选项代入验证,比较力度强弱。

A 项,“病原体”不是题干论证的主要内容,排除。

B 项,“没有发烧也会出现头疼、乏力和食欲不振等症状”与题干论证内容无关,排除。

C 项,“出现疲倦、头疼和心情抑郁等症状是为了杀死病原体”属于削弱前提,排除。

D 项,“黑死病”与题干论证内容无关,排除。

E 项,补充新论据,说明疲倦、咳嗽等症状是为了减少社交,让别人远离,进而得出有些症状有利于保护整个种群的利益,正确。

65.【答案】D

【解析】解题步骤 1:简化专家的观点。

王羲之养鹅、爱鹅,其实也看重鹅的药用价值。

解题步骤 2:预判优选项,即和“王羲之与鹅”相关的选项。

B 项,王羲之也“认为”鹅是有仙气的禽鸟,食之益处良多,但不一定等于“看重鹅的药用价值”,关联差,排除。

D 项,王羲之“发现鹅血、鹅肉能缓解服用药石引发的燥热症状”,列举事实说明王羲之看重鹅的药用价值,正确。

66.【答案】E

【解析】解题步骤 1:简化专家的观点。

如果铁路公司根据市场需求将有、无座位的票价拉开差距,就可能对低收入者产生不利影响。

解题步骤 2:选项代入验证,比较力度强弱。

A 项,“实行无座票打折政策,有座票乘客会觉得不公平”与题干中“对低收入者产生不利影响”关联差,排除。

B 项,“无座票打折导致的‘蹭座’行为会加大铁路公司的监管成本”与题干论证观点无关,排除。

C 项,“有座票的购买需要付出更多的时间和精力,其真实价格其实是高于无座票的”与题干论证观点无关,排除。

D 项,“低收入者只要早些去抢票,还是可以买到有座票的”与题干论证观点无关,排除。

E 项,若执行“谁花钱多谁就有座位使用权”的原则,低收入者可能完全没有机会得到座位,直接肯定了观点,说明低收入者更可能买无座票,会对其产生不利影响,正确。

67.【答案】C

【解析】解题步骤 1:简化专家的观点。

前提:自南宋以来人们常以“老泉”称苏轼的父亲苏洵;苏轼“晚又号老泉山人,以眉山先茔有老翁泉,故云”。

结论:专家认为,南宋以来的人们将苏洵称作“老泉”纯属误传。

解题步骤 2:选项代入验证,比较力度强弱。

A 项,苏轼《阳羡帖》上有“东坡居士、老泉山人”之图记,说明苏轼可能是老泉山人,但与题干中“将苏洵称作‘老泉’纯属误传”关联差,排除。

B 项,“人们以为苏老泉即苏洵”与事实并没有直接的关联,排除。

C 项,根据宋时避讳规矩,如果苏洵称为“老泉”,那么苏轼的诗中是不能出现“老泉”的,而诗中出现了“老泉”,进而证明将苏洵称作“老泉”纯属误传,补充新论据支持论证,正确。

D 项,“苏老泉”即苏洵,质疑结论,说明不是误传,排除。

E 项,“西方人取名”与论证内容无关,排除。

68.【答案】A

【解析】解题步骤 1:简化专家的观点。

RZN-Ⅲ虽只提供既有知识,但也能助力科技创新,大学禁用 RZN-Ⅲ其实不妥。

解题步骤 2:选项代入验证,比较力度强弱。

A 项,RZN-Ⅲ加速和简化人们的学习过程,为科技创新腾出时间和精力,补充新论据,直接肯定 RZN-Ⅲ能助力科技创新,肯定观点,正确。

B 项,RZN-Ⅲ导致文明进程出现停滞甚至倒退, 否定观点,排除。

C 项,没有针对 RZN-Ⅲ进行论证,排除。

D 项,RZN-Ⅲ代替学生思考,就会弱化他们的创新思维和进取心,否定观点,排除。

E 项,RZN-Ⅲ应进入大学课堂,与“科技创新”无关,排除。

69.【答案】B

【解析】解题步骤 1:简化专家的观点。

人体内的牛磺酸水平与人体的健康状况呈正相关关系。

解题步骤 2:选项代入验证,比较力度强弱。

A 项,“牛磺酸可能具备抗衰老功效”,抗衰与健康没有必然关系,排除。

B 项,牛磺酸可缓解骨质疏松症这种典型的中老年疾病,说明有利于人体健康,正确。

C 项,牛磺酸能延长寿命,但寿命长不一定健康,关联差,且老鼠与人不一定具有可比性,排除。

D 项,“锻炼可以提升体内的牛磺酸水平”,但没有说明对健康的影响,排除。

E 项,牛磺酸增加肌肉的耐力和爆发力,但增加了肌肉的耐力和爆发力不一定健康,关联差,且猴子与人不一定具有可比性,排除。

70.【答案】B

【解析】解题步骤 1:简化论证结构。

前提:生态环境数据信息共享不够,导致生态环境治理在一定程度上出现“反复治理、治理反复”的问题。

结论:建成生态环境数据“一张网”、建设数字生态文明是非常必要的。

解题步骤 2:选项代入验证,比较力度强弱。

A 项,“数字化和绿色化相互融合、相互促进,已成为全球发展的重要主题”与题干结论没有必然关系,排除。

B 项,建设数字生态文明能够有效提升生态文明建设的共享性,共享性正好可以解决生态环境数据信息共享不够的问题，正确。

C 项，“建成生态环境数据‘一张网’可以拓展生态环境治理的方法和路径”只是肯定了该方法对生态文明有用，但没有肯定其必要性，排除。

D 项，“建设数字生态文明为促进经济社会全面绿色转型等提供动能”与题干论证关系不一致，排除。

E 项，“数字赋能生态文明建设为建设全球生态文明贡献中国标准”与题干论证关系不一致，排除。

71.【答案】E

【解析】解题步骤 1：简化专家的观点。

根据肺病等大规模流行病学调查数据断定，电子烟并不比传统香烟更安全。

解题步骤 2：预判优选项，即和“电子烟与传统香烟比较”相关的选项。

B 项，指出改吸电子烟的大多吸烟者变成两者都抽的“双料烟枪”，但没有说明其安全性，排除。

E 项，“吸食电子烟时会比传统香烟吸得更深，从而使他们的呼吸系统更容易受到损害”直接肯定了专家观点，正确。

72.【答案】E

【解析】解题步骤 1：简化鉴赏家的观点。

前提：吴镇的画作《渔父图》中，每只小舟上都有一位渔父，他们各自沉浸在自己的天地里，心无旁骛，陶然忘机。

结论：鉴赏家认为，这些渔父并非点缀，他们实际上都是吴镇的“形象代言人”。

解题步骤 2：选项代入验证，比较力度强弱。

A 项，“吴镇画中的渔父是思想家渔父，得道者渔父”与吴镇的“形象代言人”无关，排除。

B 项，“吴镇偏爱小舟一叶，随处悠游”不代表吴镇就是画中的渔父，与论证关联差，排除。

C 项，“吴镇乐在江湖之间”与渔父内容无关，排除。

D 项，“《渔父图》与他的这些生活经历密切相关”，但论证是要说明渔父与吴镇的关系，而不是吴镇与《渔父图》的关系，排除。

E 项，“忧倾倒，系浮沉，事事从轻不要深”，这亦是吴镇本人参禅悟道的写照，与前提中“渔父沉浸在自己的天地里，心无旁骛，陶然忘机”相关，说明渔父是吴镇的“形象代言人”，正确。

73.【答案】C

【解析】解题步骤 1：简化研究者的观点。

前提：入侵牙龈的病菌还可以通过毛细血管进入血液循环系统。

结论：牙龈炎增加了阿尔茨海默病、糖尿病、心脑血管病等多种疾病的患病风险。

解题步骤 2：选项代入验证，比较力度强弱。

A 项,“侵染牙龈的病菌可能会引发肺部感染”只提及“增加了患病风险”,未提及“血液循环系统”,力度弱,排除。

B 项,“有良好刷牙习惯与没有这些习惯的人”改变了论证对象,排除。

C 项,“病菌通过牙龈入侵血液循环系统后引发大脑等组织的炎症反应,降低机体对胰岛素的敏感度”补充新论据,说明病菌会引发牙龈炎,进而导致人类患上和胰岛素相关的病症,正确。

D 项,“牙周病和阿尔茨海默病的发病率存在某种相关性”,论证关系不明确,不知道是哪个病引发另一个,排除。

E 项,“糖尿病患者中接受过牙周炎治疗的人与未接受过牙周炎治疗的人”改变了论证对象,排除。

第三节 假设

答案速查表

题号	1	2	3	4	5	6	7	8	9	10
答案	A	C	C	C	B	C	C	D	D	C
题号	11	12								
答案	E	B								

1.【答案】A

【解析】解题步骤 1:简化牛师傅的看法。

前提:(1)水果在收摘之前都喷洒了农药;(2)超市中销售的苹果留有的油脂痕迹是农药所致。

结论:消费者在超市购买水果后,一定要清洗干净方能食用。

解题步骤 2:分析论证关系。

题干得出结论的直接前提是“超市在销售前没有处理过水果上的农药残留”,若水果运到超市时有农药残留,但经过处理后才上架销售,那么结论就不一定成立。

解题步骤 3:选项代入验证,比较力度强弱。

A 项,如果超市里销售的水果得到了彻底清洗,那么消费者购买之后就不一定需要再清洗,选项加非后可以削弱论证,属于隐含假设,正确。

B 项,只是重复前提,部分支持,排除。

C 项,消费者“不在意”水果是否清洗过,选项加非后,消费者在意水果是否清洗过,不能削弱论证,排除。

D项，“只有能留下油脂痕迹的农药才可能被清洗掉”表达过于绝对，过度假设，排除。

E项，“其他许多水果运至超市时也留有一定的油脂痕迹”只与前提相关，部分支持，排除。

2. 【答案】C

【解析】解题步骤1：简化钟医生的论证。

前提：(1)研究者可以放弃发表前的等待时间而事先公开其成果；(2)新医学信息的及时公布将允许人们利用这些信息。

结论：我们的公共卫生水平就可以伴随着医学发现更快获得提高。

解题步骤2：分析论证关系。

直接得出结论的隐含前提是，人们会利用这些没有在杂志发表的信息，或没有在杂志发表的信息对公共卫生水平有促进作用。若人们不会使用这些信息或这些信息对公共卫生水平没有促进作用，就无法更快提高公共卫生水平。

解题步骤3：选项代入验证，比较力度强弱。

A项，许多医学研究者不愿成为论文评审者，与论证内容无关，排除。

B项，“论文评审者”本身并不是医学研究专家，该项的对象与论证无关，排除。

C项，选项加非，若没发表的医学论文不会被人们使用，那么这些论文就无法提高公共卫生水平，可以削弱论证，属于隐含假设，正确。

D项，“部分医学研究者愿意事先公开其成果”只部分支持了前提，排除。

E项，“首次发表于匿名评审杂志的新医学信息”与论证内容无关，排除。

3. 【答案】C

【解析】解题步骤1：简化科学家的观点。

前提：(1)婴儿通过触碰物体、四处玩耍和观察成人的行为等方式来学习；(2)机器人只能按照编定的程序学习。

结论：(1)婴儿是地球上最有效率的学习者；(2)可以设计出能像婴儿那样学习的机器人。

解题步骤2：分析论证关系。

建立前提(1)与结论(1)的关系要搭桥“触碰物体、四处玩耍和观察成人的行为等方式来学习是地球上最有效率的学习方式”。

建立前提(2)与结论(2)的关系要搭桥“按照编定的程序学习≠婴儿的学习方式”。

解题步骤3：选项代入验证，比较力度强弱。

A项，“成年人”与现有的机器人，范围扩大，过度假设，排除。

B项，“最好的机器人与最差的婴儿”论证范围改变，排除。

C项，直接搭桥前提(1)与结论(1)，正确。

D项，“婴儿与其他动物幼崽”论证范围改变，排除。

E项，“机器人智能超过人类”论证范围改变，排除。

4. 【答案】C

【解析】解题步骤1:简化科学家的论证。

前提:狗的大脑皮层神经细胞的数量比猫多。

结论:狗比猫更聪明。

解题步骤2:选项代入验证,比较力度强弱。

A项,狗对人类的“贡献”比猫多,与论证无关,排除。

B项,狗的“复杂行为”与论证无关,排除。

C项,直接搭桥,说明“大脑皮层神经细胞的数量越多的动物越聪明”,正确。

D项,补充新论据支持前提,属于部分支持,排除。

E项,棕熊与狗和猫的对比与论证无关,排除。

5. 【答案】B

【解析】解题步骤1:简化论证结构。

前提:得道者→多助→天下顺之。(根据结论简化有效的前提)

结论:君子战必胜。

解题步骤2:选项代入验证,比较力度强弱。

A项,“得道者多”不等于“得道者多助”,该项混淆概念,排除。

B项,“君子是得道者” 建立了前提与结论的关系,直接搭桥,正确。

C、D、E项,补充新论据,支持前提,部分支持,排除。

6. 【答案】C

【解析】解题步骤1:简化专家的论断。

前提:医生要有足够的爱心和兴趣才能做好=没有爱心或兴趣不能做好医生。

结论:医学专业不招调剂生=调剂生不适合做医生。

解题步骤2:分析论证关系。

前提说明“对医学没有兴趣”的人不适合做医生,结论说明“调剂生”不适合做医生,直接搭桥,即“调剂生对医学没兴趣”。

解题步骤3:选项代入验证,比较力度强弱。

A项,学好医学要有“奉献精神”,与题干背景医生是“崇高”的职业部分相关,仅支持前提,排除。

B项,没有爱心就不能从医,重复前提“医生要有足够的爱心才能做好”,属于部分支持,排除。

C项,“调剂生对医学缺乏兴趣”直接搭桥,正确。

D项,“因优惠条件报考医学的学生缺乏奉献精神”说明调剂生不适合学医,仅支持结论,部分相关,排除。

E项,是否在意收费与论证内容无关,排除。

7.【答案】C

【解析】解题步骤1:简化专家的推断。

前提:植被破坏、水流冲刷→黄土高原没树木。

结论:黄土是生土→黄土高原没植物。

解题步骤2:分析论证关系。

“植被破坏、水流冲刷”会导致“黄土变成生土”,直接搭桥建立关系。

解题步骤3:选项代入验证,比较力度强弱。

A项,“生土不长庄稼”仅支持结论,部分相关,排除。

B项,“生土无人愿意耕种” 与论题无关,排除。

C项,“水土流失造成生土”直接搭桥,正确。

D项,“东北的黑土地”与论题无关,排除。

E项,“熟土”与题干论证范围“生土”不一致,排除。

8.【答案】D

【解析】解题步骤1:简化论证结构。

前提:(1)艺术家的创造性劳动→审美需求和情感表达;(2)人工智能没有自我意识。

结论:人工智能不能取代艺术家的创造性劳动。

解题步骤2:分析论证关系,预判优选项。

结论是“人工智能不能取代艺术家的创造性劳动”,说明“人工智能没有审美需求和情感表达”。而前提指出“人工智能没有自我意识”,所以只需说明“没有自我意识→没有审美需求和情感表达”。

D项,只有具备自我意识,才能具有审美需求和情感表达=没有自我意识,就没有审美需求和情感表达,正确。

9.【答案】D

【解析】解题步骤1:简化专家的论断。

前提:健身长跑能使人体吸入大量氧气,改善心肌供氧状态,加快心肌代谢,提高心脏的工作能力。

结论:健身长跑可以增进健康。

解题步骤2:选项代入验证,比较力度强弱。

A项,补充新论据,支持前提“健身长跑可以提高心脏工作能力”,部分支持,排除。

B项,补充新论据“健身长跑可以抑制癌细胞的生长和繁殖”,但不能因此得出“增进健康”的结论,排除。

C项,补充新论据,支持前提“健身长跑可以提高心脏的工作能力”,部分支持,排除。

D项,“人体的健康”与“呼吸系统和心脏循环系统”密切相关,直接搭桥,正确。

E 项,“体育”能强身健体,范围扩大,过度假设,排除。

10. 【答案】C

【解析】解题步骤 1:简化受访者的论证。

前提:(1)引导学生想创业;(2)通过实训等让学生能创业;(3)通过专业化的服务帮助学生创成业。

结论:培养创新型人才。

解题步骤 2:选项代入验证,比较力度强弱。

A 项,“不懂创新就不懂创业”的论证关系与论题无关,排除。

B 项,“创新能力越强,创业收益越高” 的论证关系与论题无关,排除。

C 项,直接搭桥建立前提(2)(3)与结论的关系,正确。

D 项,表述过于绝对,属于过度假设,排除。

E 项,“创新型人才的主要特征”与论题无关,题干讨论的是创业与创新型人才,排除。

11. 【答案】E

【解析】解题步骤 1:简化题干论证。

前提:几处早期建立的将军雕像并没有被损毁的痕迹。

结论:罗斯特将军还是受到岛国人民的尊重的。

解题步骤 2:直接搭桥,预判优选项。

优选项中应含有“雕像”和“尊重”的关系,相关的选项有 A、E 项。

A 项,说明岛国人民在尊重罗斯特将军的前提下才会建立他的雕像,即为何会建立雕像;但题干论证的是罗斯特将军的雕像没有被损毁说明他受到岛国人民的尊重,两者不一致,排除。

E 项,如果岛国人民不尊重罗斯特将军,就会损毁他的雕像 = 没有损毁他的雕像→岛国人民尊重罗斯特将军,直接搭桥,正确。

12. 【答案】B

【解析】解题步骤 1:简化分析人士的观点。

前提:今年随着智能手机和新能源汽车的销售势头放缓,两大行业的产能将会降低。

结论:芯片供应的紧张形势有望得到缓解。

解题步骤 2:预判优选项,即“智能手机和新能源汽车”与芯片有关的选项。

B 项,指出智能手机和新能源汽车是半导体行业的两大主要终端用户,所以如果这两个行业的产能降低,对芯片的需求就会大幅减少,进而缓解芯片供应的紧张形势,直接搭桥,正确。

解题步骤 3:排除干扰项。

A 项,仅指出新能源汽车的情况,部分支持,排除。

C 项,没有提到智能手机和芯片的关系,排除。

D 项,没有提及芯片与“智能手机和新能源汽车”的关系,与题干论证范围关联弱,排除。

E 项,市场需求情况对工厂产能的影响机制与题干论证内容无关,排除。

第四节 解释

答案速查表										
题号	1	2	3	4	5	6	7	8	9	10
答案	A	E	D	D	D	B	E	B	C	B
题号	11									
答案	C									

1.【答案】A

【解析】解题步骤 1:简化人们的困惑。

政府能在短期内实施“APEC 治理模式”取得良好效果,为什么不将这一模式长期坚持下去呢?

解题步骤 2:根据问题“除哪项外,均能解释”,排除能解释的选项。

A 项,解释为何要在 APEC 会议期间治理雾霾,与人们的困惑无关,正确。

B 项,从经济和发展的角度解释为何不能长期实施,排除。

C 项,从代价与收益的角度解释为何不能长期实施,排除。

D 项,从落实的难度解释为何不能长期实施,排除。

E 项,指出严格的减排措施短期可行,但长期不一定可行,排除。

2.【答案】E

【解析】解题步骤 1:简化实验现象。

贴着“眼睛”的那一周,收款箱里的钱远远超过贴其他图片的情形。

解题步骤 2:预判与“眼睛”相关的优选项,排除干扰项。

A、B、D 项,与“眼睛”无关,直接排除。

C 项,感动与自律无关,无法解释收款箱里的钱为何增多,排除。

E 项,“联想到有人看着他们”说明眼睛的图片能起到监督的作用,有利于提高职员的自律水平,正确。

3.【答案】D

【解析】解题步骤 1:简化题干发现的现象。

现象(1):乐于助人的人平均寿命长于一般人。

现象(2):心怀恶意的人 70 岁之前的死亡率更高。

解题步骤 2:选项代入验证,比较力度强弱。

A 项,“心存善念的人身体健康”仅解释现象(1),排除。

B 项,男性与女性平均寿命的对比与论题无关,排除。

C 项,“自我优越感强的人”与论题无关,排除。

D 项,分别说明“助人”与“损人”对健康的影响,解释了题干所述的现象,正确。

E 项,“心理状况”与“相处情况”的关系与论题无关,排除。

4. 【答案】D

【解析】解题步骤 1:通过转折词“然而”简化矛盾现象。

现象(1):长期在寒冷环境中生活的居民可以有更强的抗寒能力。

现象(2):北方人难以忍受南方的寒冷天气,怕冷程度超过南方人。

解题步骤 2:预判出现“南方与北方”对比的优选项,排除干扰项。

A 项,“南方存在极端低温的天气”仅从极端低温的特殊情况做出解释,解释力度弱,排除。

B 项,“有些北方人不适应北方气候”没有说明北方人为何比南方人怕冷,排除。

C 项,南方体感温度比实际温度低,并非南方温度与北方温度对比,排除。

D 项,北方冬天的室内温度比南方的高,解释了北方人为何不能忍受南方的寒冷天气,正确。

E 项,“北方人去南方时保暖工作做得不够”仅解释了现象(2)中的前半句,部分相关,排除。

5. 【答案】D

【解析】解题步骤 1:通过转折词“不过”简化矛盾现象。

现象(1):降水量比往年偏低,流速会减缓,有利于河流中的水草总量增加。

现象(2):去年极端干旱之后,尽管该地区某河流的流速缓慢,水草总量并未随之增加。

解题步骤 2:预判描述“去年”特殊情况的优选项。

针对去年的情况进行解释的只有 D 项,“去年干旱导致大量水生物死亡”利用他因解释了为何水草没有增加,话题最相关,正确。

6. 【答案】B

【解析】解题步骤 1:简化题干信息。

(1)实测气温与人实际的冷暖感受常常存在一定的差异。

(2)阴雨天、刮大风的天气会使人感到特别冷、寒风刺骨。

解题步骤 2:选项代入验证,比较力度强弱。

A 项,“夏日”与论题无关,排除。

B 项，人的体感温度受“风速与空气湿度”的影响，即受到“阴雨天与大风天”的影响，解释了上述的现象，正确。

C 项，“低温，但风不大、阳光充足时，人不会感到特别寒冷”没有解释为何阴雨天、刮大风时人感到特别寒冷，排除。

D 项，“适当锻炼，不会感到太冷”与论题无关，排除。

E 项，“有阳光的室外让人感到温暖”与论题无关，排除。

7.【答案】E

【解析】解题步骤 1：通过转折词“可是”简化矛盾现象。

现象(1)：我国政府有关部门发布“禁电子烟令”。

现象(2)：“禁电子烟令”发布后的两周内，有些电商依然在国内网站上销售电子烟。

解题步骤 2：根据问题“除哪项外均能解释”，排除能解释的选项。

A 项，电商认为只卖烟棒不卖烟弹不算销售电子烟，解释了现象(2)，排除。

B 项，电子烟投资人不愿白投入，解释了现象(2)，排除。

C 项，禁令是禁止向未成年人出售电子烟，解释了现象(2)，排除。

D 项，有的电商没有收到具体通知，解释了现象(2)，排除。

E 项，其他国家没有出台“禁电子烟令”，与论题无关，正确。

8.【答案】B

【解析】解题步骤 1：简化实验结果。

长期噪声组的鱼在第 12 天开始死亡，短期噪声组和对照组的鱼则在第 14 天开始死亡。

解题步骤 2：选项代入验证排除。

A 项，噪声污染危害“两栖动物、鸟类和爬行动物等”与实验无关，排除。

B 项，“长期噪声污染会加速寄生虫对宿主鱼类的侵害”解释了为何长期噪声组的鱼死亡时间早，正确。

C 项，“天然环境与充斥噪声的养殖场的对比”与实验无关，排除。

D 项，噪声污染增加鱼类健康风险，但该项没有比较长期噪声组与短期噪声组，排除。

E 项，短期噪声组的噪声可能不会损害鱼类的免疫系统，但该项没有针对“死亡时间的差异”做出说明，与实验结果关联弱，排除。

9.【答案】C

【解析】解题步骤 1：简化题干中的现象。

现象(1)：种植了金盏草的花坛，玫瑰长得很繁茂。

现象(2)：未种植金盏草的花坛，玫瑰却呈现病态，很快就枯萎了。

解题步骤 2：预判解释“金盏草对玫瑰的影响”的优选项。

A 项，没有说明“金盏草对玫瑰的影响”，排除。

B 项,金盏草不会与玫瑰争夺营养,但没有说明其对玫瑰的好处,力度弱,排除。

C 项,金盏草根部可分泌杀死土壤中害虫的物质,使玫瑰免受其侵害,解释了出现差异的原因,正确。

D 项,金盏草对玫瑰的生长具有奇特的作用,但不知道是好的还是不好的作用,排除。

E 项,没有说明"金盏草对玫瑰的影响",排除。

10. **【答案】** B

【解析】 解题步骤 1:简化题干中的现象。

现象(1):中国人均拥有的外科医生数量同其他中高收入国家相当。

现象(2):中国人均拥有的外科医生所做的手术量却比那些国家少 40%。

解题步骤 2:选项代入验证,比较力度强弱。

A 项,"年轻外科医生需要较长的时间才能主刀上阵是国内外医疗行业的惯例"不能解释题干中的中外数量差异,排除。

B 项,我国"能做手术"的外科医生的人均手术量=其他中高收入国家外科医生的人均手术量,而我国人均拥有的外科医生的数量与其他中高收入国家相当,但缺少"能做手术"的外科医生,解释了为何我国人均拥有的外科医生的手术量少于其他中高收入国家,正确。

C 项,"患者想请经验丰富的外科医生主刀"与题干中的中外数量差异无关,排除。

D 项,"资深外科医生培养了不少年轻主刀医生"与题干中的中外数量差异无关,排除。

E 项,"有的学生没能成为能做手术的外科医生"与论题无关,排除。

11. **【答案】** C

【解析】 解题步骤 1:简化题干信息。

似乎中国古代山水画表达的生活场景不符合生活常理。

解题步骤 2:选项代入验证,比较力度强弱。

A 项,"中国古代山水画中的人物被看作山水画'画眼'之所在"没有说明为何画中场景不符合生活常理,排除。

B 项,"人物活动与景物特征一般也符合四时规律"没有解释为何画中场景不符合生活常理,排除。

C 项,"中国古代山水画描绘的是含情之景而非实景"说明画中不是生活中场景的真实现象,正确。

D 项,"山水画中的自然亦是与人共鸣的自然"说明画中场景应该符合人们的生活常理,排除。

E 项,"读书人既看有字书也看风景"与生活常理没有关系,排除。

第五节 评价与对话焦点

答案速查表										
题号	1	2	3	4	5	6	7	8	9	
答案	D	A	A	E	B	D	D	E	D	

1. **【答案】** D

【解析】 解题步骤 1：简化双方观点。

陈先生：侵入别人的电脑与开偷来的车撞伤人比，后者犯罪性质更严重。

林女士：侵入医院的电脑会危及病人生命，因此侵入电脑同样会造成人身伤害。

解题步骤 2：确定双方分歧为，侵入电脑与偷汽车撞伤人，谁的“犯罪性质更严重”。

A 项，“危及人的生命”并非双方分歧，排除。

B 项，“同样构成犯罪”是双方都认可的，并非双方分歧，排除。

C 项，是不是“同样性质的犯罪”与论题无关（例如刑事犯罪与民事犯罪属于不同性质的犯罪），排除。

D 项，犯罪性质是否一样严重？陈先生认为开偷来的车撞伤人更严重，林女士认为入侵别人电脑也严重，属于双方的分歧，正确。

E 项，“侵占有形财产”仅陈提到，不属于双方分歧，排除。

2. **【答案】** A

【解析】 解题步骤 1：简化论证结构。

前提：公达律师事务所以为刑事案件辩护著称，而老余以为离婚案件辩护著称。

结论：老余不可能是公达律师事务所的成员。

解题步骤 2：预判优选项，排除干扰项。

针对论证的前提与结论概括漏洞的优选项为 A、E 项。

A 项，“律师事务所”具有的特征，“成员”老余未必具有，直接针对论证过程指出漏洞，说明“整体具有的特征个体未必具有”，正确。

E 项，“老余具有的特征，律师事务所未必具有”没有针对论证指出问题，排除。

3. **【答案】** A

【解析】 解题步骤 1：简化双方观点。

赵明：选拔喜爱辩论的人。

王洪：招募的不是辩论爱好者，而是能打硬仗的辩手。

解题步骤 2：确定双方“分歧”为，两人招募的标准不同。

A 项,“招募的标准是对辩论的爱好还是辩论的能力”概括了双方分歧,正确。

B 项,“从现实出发还是从理想出发”与论题无关,排除。

C、D、E 项,“招募的目的”与论题无关,排除。

4. 【答案】E

【解析】解题步骤:简化论证结构。

前提:¬ 理解自己→¬ 理解别人。

结论:¬ 自我理解→¬ 理解别人。

论证的结论只是重复了前提,优选项是针对论证的前提与结论指出漏洞的选项,因此选择 E 项。

5. 【答案】B

【解析】解题步骤:简化双方观点。

王研究员:对于创业者来说,最重要的是需要一种坚持精神。

李教授:对于创业者来说,最重要的是要敢于尝试新技术。

确定双方“分歧”为,对于创业者来说,坚持精神与敢于尝试新技术哪个更重要,因此选择 B 项。

6. 【答案】D

【解析】解题步骤 1:简化论证结构。

前提:从事有规律的工作满 8 年的白领,体重比刚毕业时平均增加了 8 千克。

结论:有规律的工作会增加人们的体重。

解题步骤 2:预判优选项,与“有规律的工作”的对照组的体重变化有关的选项,只有 D 项。

D 项,若没有从事有规律的工作的人体重没增加,说明无因无果,支持论证;若没有从事有规律的工作的人体重也增加了,说明无因有果,削弱论证。符合“关键问题”的特征,正确。

7. 【答案】D

【解析】解题步骤 1:简化题干信息。

贾某找易某协商空调外机向贾家窗户方向吹热风的问题。易某回答:“别人家能装,我家不行吗?”

解题步骤 2:优选项为针对易某的回答进行评价的选项。

A 项,“易某是正常行使自己的权利”没有针对易某的回答进行评价,排除。

B 项,“易某的行为已经构成对贾家权利的侵害”与题干无关,排除。

C 项,“贾家也可以在正对易家卧室窗户处安装空调外机”与题干无关,排除。

D 项,直接指出易某的回答存在的问题,正确。

E 项,“易某空调外机的安装不应正对贾家卧室窗户”仅针对题干背景进行否定,没有针对易某的回答，排除。

8.【答案】E

【解析】解题步骤 1：简化小张与小李的论证。

小张：网红餐厅想赚快钱，忽视了餐饮的核心服务要素。

小李：有些网红餐厅有意识维护“网红”状态，不断提高服务质量。

解题步骤 2：预判优选项。

两人争论的焦点是“网红餐厅是否都忽视了餐饮的核心服务要素”，与之相关的选项只有 E 项，因此选择 E 项。

9.【答案】D

【解析】解题步骤 1：根据问题简化甲和乙的对话。

甲：独特性正成为中国人的一种生活追求。

乙：走自己的路，不要管自己是否和别人一样。

解题步骤 2：选项代入验证，比较力度强弱。

A 项，“没有人能做到独一无二”不能完全概括乙的观点，排除。

B、C 项，“撞衫”的相关话题并不是甲的直接观点，甲的观点是个人的独特性，排除。

D 项，直接概括了双方的分歧，正确。

E 项，“甲认为乙遇到‘撞衫’无所谓”与论题无关，排除。

MBA MPA MPAcc MEM 逻辑

管理类与经济类综合能力逻辑历年真题全解

题型分类版 试题册

王燚 ▶ 主编

北京理工大学出版社
BEIJING INSTITUTE OF TECHNOLOGY PRESS

图书在版编目(CIP)数据

MBA MPA MPAcc MEM 管理类与经济类综合能力逻辑历年真题全解：题型分类版. 试题册 / 王燚主编. — 北京：北京理工大学出版社, 2023.4(2025.4 重印)
ISBN 978-7-5763-2217-0

Ⅰ. ①M… Ⅱ. ①王… Ⅲ. ①逻辑-研究生-入学考试-习题集 Ⅳ. ①B81-44

中国国家版本馆 CIP 数据核字(2023)第 051672 号

责任编辑：武丽娟　　文案编辑：孙　玥
责任校对：刘亚男　　责任印制：李志强

出版发行 / 北京理工大学出版社有限责任公司
社　　址 / 北京市丰台区四合庄路 6 号
邮　　编 / 100070
电　　话 / (010) 68944451 (大众售后服务热线)
(010) 68912824 (大众售后服务热线)
网　　址 / http://www.bitpress.com.cn

版 印 次 / 2025 年 4 月第 1 版第 3 次印刷
印　　刷 / 三河市良远印务有限公司
开　　本 / 787 mm×1092 mm　1/16
印　　张 / 9.25
字　　数 / 231 千字
定　　价 / 62.90 元 (全 2 册)

图书出现印装质量问题，请拨打售后服务热线，负责调换

前言

本书以经管类综合能力考试真题为出发点,专为准备参加全国硕士研究生管理类综合能力考试和经济类综合能力考试的考生打造。本书根据学生学习的特点,出于方便学生核对答案及查看解析的目的,分为试题册和解析册。试题册每节内容都包括要点回顾、真题专训两个模块,解析册则有答案速查表、答案、解析等模块。书中主要选取了 2016—2025 年管理类综合能力考试和 2021—2025 年(即经综改革后)经济类综合能力考试的经典逻辑真题。

真题具有题干信息多的特点,考生若从题干出发解题,则耗时长、效率低,难以快速判断题干中的重点信息从而找到突破口。在考场上,考生花在每道逻辑题上的平均时长不应超过 2 分钟,这就需要考生能够根据题型特点精准地找到解题关键点,提高解题的速度与正确率。当考生看到一道逻辑题,需要先通过问题确定题型,再根据题干条件和选项特点确定解题的方法。所以,真题归类的目的就是训练考生快速识别题型,根据题干条件和选项特点找到做题方法的能力。本书通过详细的解析带领考生科学有效地研习真题,熟悉真题的命题特点,总结每类题型的解题思路,以求提高大家做逻辑题的效率和正确率。

本书按照知识点将真题分为形式逻辑、分析推理和论证逻辑三章,每章又细分了不同的题型。

第一章"形式逻辑",以形式逻辑标志词和推理规则为主。本章分为简单判断推理、复合判断简单推理和复合判断综合推理三节。第一节"简单判断推理",题干或选项是以直言判断和模态判断标志词为主的形式逻辑。要点回顾模块总结了直言判断与模态判断的推理规则、对当关系和非标准表达与标准表达,大家回顾完这些要点之后即可进行归类练习。第二节"复合判断简单推理",题干或选项是以复合判断标志词为主的形式逻辑。要点回顾模块总结了联言判断、选言判断、假言判断的推理规则,判断间的关系,二难推理模型。考生在做此节题目时,需要先识别题干与选项的特点,找到相应考点。例如,选项是确定条件,要先找到题干的确定条件,以此作为解题的出发点;再结合推理规则,将题干内容符号化;最后建立题干条件关系。将题干特点与解题方法更好地匹配,才能提高解题的速度。第三节"复合判断综合推理",题干是以假言判断为主,同时结合了事实条件或数量关系等的形式逻辑。要点回顾模块总结了题型特点和应对方法,考生在简化题干信息的同时需要注意运用限定条件等找到解题的突破口。形式逻辑题目的设置主要是为了考查考生建立多个条件之间逻辑关系的能力,考生需要在掌握对应的推理规则的基础上,根据题型特点找到解题的突破口,提高解题的速度和正确率。

第二章“分析推理”，其中包含的题型也需根据题干和选项的特点确定解题方法。本章分为真假话推理、简单分析、综合分析、综合分析推理、结构比较五节内容。第一节“真假话推理”，要点回顾模块总结了传统真假话、新颖真假话以及其他真假话的题型特点和应对方法。考生可以根据题型特点，按照既定的解题步骤，找到解题的突破口。第二节“简单分析”，要点回顾模块总结了此类题型的特点和应对方法。考生分析题干条件，采用选项代入验证排除法解题即可。第三节“综合分析”，题干条件多，需要借助相关的表格建立题干条件关系。要点回顾模块总结了该题型的特点和应对方法。第四节“综合分析推理”，考查考生的应变能力，需要结合题干背景信息、题型特点和问题及选项的特点进行综合推理。要点回顾模块总结了该题型的特点和应对方法。第五节“结构比较”，要点回顾模块总结了该题型的特点和应对方法，考生根据问题的特点可以快速确定题型。本章的题目以分析为主，通过将真题分类，可以训练考生识别题目难易，提高应变能力，帮助考生在考场上合理取舍，避免出现因个别难题耗费大量时间的情况。

第三章“论证逻辑”，根据问题分为削弱、支持、假设、解释、评价与对话焦点六类题型。本章每一节的要点回顾模块都总结了题型特点和应对方法，考生要根据题型特点和常见错误选项总结每类题型的考查侧重点和命题陷阱。论证逻辑的学习重点是培养论证思维，考生要能够预判优选项，分析论证关系，而不是惯性地先通读题干和选项的内容，再一步步解题，这样会浪费时间，事倍功半。

本书结合考生的学习习惯，从题型特点出发，固化对应的解题方法，帮助大家精准、高效地解题，培养逻辑思维能力。希望所有用本书备考的考生，都可以掌握真题的命题规律和解题技巧；希望这本书可以帮助每一个心怀梦想的“准研究生”实现自己的人生追求！

王燚

目录

第一章　形式逻辑

第二章　分析推理

第三章 论证逻辑

第一章 形式逻辑

第一节 简单判断推理

一、要点回顾

(一)推理规则

1. 直言判断推理规则

①方向推理规则:所有→某个→有的。

②换位推理规则:a→b=¬ b→¬ a;有的 a⇒b=有的 b⇒a。

③性质推理规则:肯定的前提不能推出否定的结论为真。

2. 模态判断推理规则

①方向推理规则:必然→可能。

②性质推理规则:肯定的前提不能推出否定的结论为真。

3. 直言判断搭桥规则

①“所有”与“所有”搭桥,相同项首尾搭桥。

②“所有”与“有的”搭桥,相同项在“所有”的首和“有的”的尾。

③两个“有的”不能搭桥。

④两个否定不能搭桥。

(二)对当关系

1. 矛盾关系:“所有 a 都是 b”与“有的 a 不是 b”,“所有 a 都不是 b”与“有的 a 是 b”,“这个 a 是 b”与“这个 a 不是 b”;“必然是 a”与“可能不是 a”,“必然不是 a”与“可能是 a”。

2. 上反对关系:“所有 a 都是 b”与“所有 a 都不是 b”,“所有 a 都是 b”与“这个 a 不是 b”,“所有 a 都不是 b”与“这个 a 是 b”;“必然是 a”与“必然不是 a”。

3. 下反对关系:“有的 a 是 b”与“有的 a 不是 b”,“有的 a 是 b”与“这个 a 不是 b”,“有的 a 不是 b”与“这个 a 是 b”;“可能是 a”与“可能不是 a”。

4. 包含关系:性质一致,范围不同。“所有 a 都是 b→这个 a 是 b→有的 a 是 b”,“所有 a 都不是 b→这个 a 不是 b→有的 a 不是 b”;“必然是 a→可能是 a”,“必然不是 a→可能不是 a”。

(三)非标准表达与标准表达

没有 a 是 b=所有 a 都不是 b(逻辑符号:a→¬ b)。

没有 a 不是 b=所有 a 都是 b(逻辑符号:a→b)。

有的 a 是 b=有的 b 是 a(逻辑符号:有的 a⇒b/有的 b⇒a)。

二、真题专训

1. 2017-27[①] 任何结果都不可能凭空出现，它们的背后都是有原因的；任何背后有原因的事物均可以被人认识，而可以被人认识的事物都必然不是毫无规律的。

根据以上陈述，以下哪项一定为假？

A. 人有可能认识所有事物。

B. 任何结果出现的背后都是有原因的。

C. 那些可以被人认识的事物必然有规律。

D. 任何结果都可以被人认识。

E. 有些结果的出现可能毫无规律。

2. 2017-44 爱书成痴注定会藏书。大多数藏书家也会读一些自己收藏的书；但有些藏书家却因喜爱书的价值和精致装帧而购书收藏，至于阅读则放到了自己以后闲暇的时间，而一旦他们这样想，这些新购的书就很可能不被阅读了。但是，这些受到“冷遇”的书只要被友人借去一本，藏书家就会失魂落魄，整日心神不安。

根据上述信息，可以得出以下哪项？

A. 有些藏书家从不读自己收藏的书。

B. 有些藏书家会读遍自己收藏的书。

C. 有些藏书家喜欢闲暇时读自己的藏书。

D. 有些藏书家不会立即读自己新购的书。

E. 有些藏书家将自己的藏书当作友人。

3. 2018-32 唐代韩愈在《师说》中指出：“孔子曰：三人行，则必有我师。是故弟子不必不如师，师不必贤于弟子，闻道有先后，术业有专攻，如是而已。”

根据上述韩愈的观点，可以得出以下哪项？

A. 有的弟子必然不如师。

B. 有的弟子可能不如师。

C. 有的师不可能贤于弟子。

D. 有的弟子可能不贤于师。

E. 有的师可能不贤于弟子。

4. 2018-45 某校图书馆新购一批文科图书。为方便读者查阅，管理人员对这批图书在文科新书阅览室中的摆放位置做出如下提示：

（1）前3排书橱均放有哲学类新书；

（2）法学类新书都放在第5排书橱，这排书橱的左侧也放有经济类新书；

（3）管理类新书放在最后一排书橱。

事实上，所有的图书都按照上述提示放置。根据提示，徐莉顺利找到了她想查阅的新书。

根据上述信息，以下哪项是不可能的？

---

①题源无“396”标识时，为管理类综合能力考试（199）真题；题源有“396”标识时，为经济类综合能力考试真题。

A. 徐莉在第 2 排书橱中找到哲学类新书。

B. 徐莉在第 3 排书橱中找到经济类新书。

C. 徐莉在第 4 排书橱中找到哲学类新书。

D. 徐莉在第 6 排书橱中找到法学类新书。

E. 徐莉在第 7 排书橱中找到管理类新书。

5. 2023-26 爱因斯坦思想深刻、思维创新。他不仅是一位伟大的科学家,还是一位思想家和人道主义者,同时也是一位充满个性的有趣人物。他一生的经历表明,只有拥有诙谐幽默、充满个性的独立人格,才能做到思想深刻、思维创新。

根据以上陈述,可以得出以下哪项?

A. 有的思想家不是人道主义者。

B. 有些伟大的科学家拥有诙谐幽默、充满个性的独立人格。

C. 科学家一旦诙谐幽默、充满个性,就能做到思想深刻、思维创新。

D. 有些人道主义者诙谐幽默、充满个性,但做不到思想深刻、思维创新。

E. 有的思想家做不到诙谐幽默、充满个性,但能做到思想深刻、思维创新。

6. 2023-34 某单位采购了一批图书,包括科学和人文两大类。具体情况如下:

(1)哲学类图书都是英文版的;

(2)部分文学类图书不是英文版的;

(3)历史类图书都是中文版的;

(4)没有一本书是中英双语版的;

(5)科学类图书既有中文版的,也有英文版的;

(6)人文类图书既有哲学类的,也有文学类的,还有历史类的。

根据以上信息,关于该单位采购的这批图书,可以得出以下哪项?

A. 有些文学类图书是中文版的。

B. 有些历史类图书不属于哲学类。

C. 英文版图书比中文版图书数量多。

D. 有些图书既属于哲学类也属于科学类。

E. 有些图书既属于文学类也属于历史类。

7. 2025-42 某小区院子里栽种了许多树,既有常绿树,也有落叶树。其中,针叶树都是常绿树,阔叶树都不是常绿树;针叶树大都属于观赏树种;果树大部分不是常绿树,少部分是常绿树。

根据以上信息,关于小区院子里栽种的树,可以得出以下哪项?

A. 针叶树有些是果树。

B. 阔叶树有些不是果树。

C. 有些针叶树不是果树。　　D. 有些果树不是阔叶树。

E. 有些阔叶树是观赏树种。

8. 2025-396-48 碧村是皖南的一个古村落。村里不仅有明清时期的古民居、祠堂、古塔等历史遗存，还有书店、咖啡馆等现代新业态。一天，一群游客在导游的带领下来到了碧村。游览结束后，导游统计发现：

(1)所有去过书店的游客都参观了祠堂；

(2)没有参观古塔的游客都没有参观祠堂；

(3)有些参观了古民居的游客没有去咖啡馆。

根据上述情况，导游作出判断：有些参观了古塔的游客没有去咖啡馆。

以下哪项是导游作出上述判断所需要的前提？

A. 有些参观了古民居的游客也去过书店。

B. 所有参观了古民居的游客都去过书店。

C. 所有参观了古塔的游客都去过书店。

D. 所有参观了祠堂的游客都去过咖啡馆。

E. 所有参观了祠堂的游客都参观过古民居。

第二节 复合判断简单推理

一、要点回顾

(一)推理规则

1. 联言判断推理规则：①a 假→a∧b 假(部分假则整体假)；②a∧b 真→a 真∧b 真(整体真则部分真)。

2. 相容选言判断推理规则：①否定 a→肯定 b(如果否定，那么肯定)；②肯定 a→b 不确定(如果肯定，那么不确定)；③a 真→a∨b 真(部分真则整体真)。

3. 不相容选言判断推理规则：①肯定 a→否定 b(如果肯定，那么否定)；②否定 a→肯定 b(如果否定，那么肯定)。

4. 假言判断推理规则：①肯前必肯后；②否后必否前；③其余不确定。

5. 充要条件假言判断推理规则：①肯前必肯后，肯后必肯前；②否前必否后，否后必否前。

(二)等价关系

1. 假言判断与假言判断：①标志词的等价(充分条件假言判断的标志词=必要条件假言判断的标志词)；②逆否推理的等价(a→b=¬ b→¬ a)；③条件关系的等价(充分条件可以等价替换，即“如果”作为充分条件的标志词，其后面可以是 a，也可以替换为¬ b；必要条件可以等价替换，即“只有”作为必要条件的标志词，其后面可以是b，也可以替换为¬ a）。

2. 假言判断与选言判断：$a \rightarrow b = \neg a \vee b$。

（三）矛盾关系

原判断	矛盾判断（负判断）
$a \wedge b$	$\neg a \vee \neg b$；$a \rightarrow \neg b$，$\neg b \rightarrow a$
$a \vee b$	$\neg a \wedge \neg b$
$a \forall b$	$(a \wedge b) \vee (\neg a \wedge \neg b)$
$a \rightarrow b$	$a \wedge \neg b$
$a \Leftrightarrow b$	$(a \wedge \neg b) \vee (\neg a \wedge b)$

（四）二难推理模型

1. 二难推理一般模型

一般模型1：①$a \rightarrow b$；②$c \rightarrow d$；③$a \vee c$。根据“肯前必肯后”得出“$b \vee d$”。

一般模型2：①$a \rightarrow b$；②$c \rightarrow d$；③$\neg b \vee \neg d$。根据“否后必否前”得出“$\neg a \vee \neg c$”。

2. 二难推理最优模型

最优模型1：①$a \rightarrow b$；②$\neg a \rightarrow b$。矛盾双方在前位，得出“b”一定为真。

最优模型2：①$a \rightarrow \neg b$；②$a \rightarrow b$。矛盾双方在后位，得出“¬ a”一定为真。

二、真题专训

1. 2015-37 10月6日晚上，张强要么去电影院看了电影，要么拜访了他的朋友秦玲。如果那天晚上张强开车回家，他就没去电影院看电影。只有张强事先与秦玲约定，张强才能去拜访她。事实上，张强不可能事先与秦玲约定。

根据以上陈述，可以得出以下哪项？

A. 那天晚上张强没有开车回家。

B. 那天晚上张强拜访了他的朋友秦玲。

C. 那天晚上张强没有去电影院看电影。

D. 那天晚上张强与秦玲一道去电影院看电影。

E. 那天晚上张强开车去电影院看电影。

2. 2015-45 张教授指出，明清时期科举考试分为四级，即院试、乡试、会试、殿试。院试在县府举行，考中者称“生员”；乡试每三年在各省省城举行一次，生员才有资格参加，考中者为“举人”，举人第一名称“解元”；会试于乡试后第二年在京城举行，举人才有资格参加，考中者称为“贡士”，贡士第一名称“会元”；殿试在会试当年举行，由皇帝主持，贡士才有资格参加，录取分三甲，一甲三名，二甲、三甲各若干名，统称“进士”，一甲第一名称“状元”。

根据张教授的陈述，以下哪项是不可能的？

A. 中举者，不曾中进士。

B. 中状元者曾为生员和举人。

C. 中会元者，不曾中举。

D. 有连中三元（解元、会元、状元）者。

E. 未中解元者，不曾中会元。

3. 2015-47 如果把一杯酒倒进一桶污水中，你得到的是一桶污水；如果把一杯污水倒进一桶酒中，你得到的仍然是一桶污水。在任何组织中，都可能存在几个难缠人物，他们存在的目的似乎就是把事情搞糟。如果一个组织不加强内部管理，一个正直能干的人进入某低效的部门就会被吞没，而一个无德无才者很快就能将一个高效的部门变成一盘散沙。

根据以上信息，可以得出以下哪项？

A. 如果不将一杯污水倒进一桶酒中，你就不会得到一桶污水。

B. 如果一个正直能干的人进入组织，就会使组织变得更为高效。

C. 如果组织中存在几个难缠人物，很快就会把组织变成一盘散沙。

D. 如果一个正直能干的人在低效部门没有被吞没，则该部门加强了内部管理。

E. 如果一个无德无才的人把组织变成一盘散沙，则该组织没有加强内部管理。

4. 2015-50 有关数据显示，2011 年全球新增 870 万结核病患者，同时有 140 万患者死亡。因为结核病对抗生素有耐药性，所以对结核病的治疗一直都进展缓慢。如果不能在近几年消除结核病，那么还会有数百万人死于结核病。如果要控制这种流行病，就要有安全、廉价的疫苗。目前有 12 种新疫苗正在测试之中。

根据以上信息，可以得出以下哪项？

A. 2011 年结核病患者死亡率已达 16.1%。

B. 有了安全、廉价的疫苗，我们就能控制结核病。

C. 如果解决了抗生素的耐药性问题，结核病治疗将会获得突破性进展。

D. 只有在近几年消除结核病，才能避免数百万人死于这种疾病。

E. 新疫苗一旦应用于临床，将有效控制结核病的传播。

5. 2015-51 一个人如果没有崇高的信仰，就不可能守住道德的底线；而一个人只有不断加强理论学习，才能始终保持崇高的信仰。

根据以上信息，可以得出以下哪项？

A. 一个人只有不断加强理论学习，才能守住道德的底线。

B. 一个人如果不能守住道德的底线，就不可能保持崇高的信仰。

C. 一个人只要有崇高的信仰，就能守住道德的底线。

D. 一个人只要不断加强理论学习，就能守住道德的底线。

E. 一个人没能守住道德的底线，是因为他首先丧失了崇高的信仰。

6. 2016-26 企业要建设科技创新中心，就要推进与高校、科研院所的合作，这样才能激发自主创新的活力。一个企业只有搭建服务科技创新发展战略的平台、科技创新与经济发展对接的平台以及聚集创新人才的平台，才能催生重大科技成果。

根据上述信息，可以得出以下哪项？

A. 如果企业推进与高校、科研院所的合作，就能激发其自主创新的活力。

B. 如果企业搭建了服务科技创新发展战略的平台，就能催生重大科技成果。

C. 能否推进与高校、科研院所的合作决定企业是否具有自主创新的活力。

D. 如果企业搭建科技创新与经济发展对接的平台，就能激发其自主创新的活力。

E. 如果企业没有搭建聚集创新人才的平台，就无法催生重大科技成果。

7. 2016-27 生态文明建设事关社会发展方式和人民福祉。只有实行最严格的制度、最严密的法治，才能为生态文明建设提供可靠保障；如果要实行最严格的制度、最严密的法治，就要建立责任追究制度，对那些不顾生态环境盲目决策并造成严重后果者，追究其相应责任。

根据上述信息，可以得出以下哪项？

A. 只有筑牢生态环境的制度防护墙，才能造福于民。

B. 如果对那些不顾生态环境盲目决策并造成严重后果者追究相应责任，就能为生态文明建设提供可靠保障。

C. 如果要建立责任追究制度，就要实行最严格的制度、最严密的法治。

D. 如果不建立责任追究制度，就不能为生态文明建设提供可靠保障。

E. 实行最严格的制度和最严密的法治是生态文明建设的重要目标。

8. 2016-31 在某届洲际杯足球大赛中，第一阶段某小组单循环赛共有 4 支队伍参加，每支队伍需要在这一阶段比赛三场。甲国足球队在该小组的前两轮比赛中一平一负。在第三轮比赛之前，甲国队主教练在新闻发布会上表示："只有我们在下一场比赛中取得胜利并且本组的另一场比赛打成平局，我们才有可能从这个小组出线。"

如果甲国队主教练的陈述为真，则以下哪项是不可能的？

A. 甲国队第三场比赛取得了胜利，但他们未能从小组出线。

B. 第三轮比赛该小组另外一场比赛打成平局，甲国队从小组出线。

C. 第三轮比赛该小组两场比赛都分出了胜负，甲国队从小组出线。

D. 第三轮比赛甲国队取得了胜利，该小组另一场比赛打成平局，甲国队未能从小组出线。

E. 第三轮比赛该小组两场比赛都打成了平局，甲国队未能从小组出线。

9. 2016-35 某县县委关于下周一几位领导的工作安排如下：

(1) 如果李副书记在县城值班，那么他就要参加宣传工作例会；

(2) 如果张副书记在县城值班，那么他就要做信访接待工作；

(3)如果王书记下乡调研,那么张副书记或李副书记就需在县城值班;

(4)只有参加宣传工作例会或做信访接待工作,王书记才不下乡调研;

(5)宣传工作例会只需分管宣传的副书记参加,信访接待工作也只需一名副书记参加。

根据上述工作安排,可以得出以下哪项?

A. 王书记下乡调研。

B. 张副书记做信访接待工作。

C. 李副书记做信访接待工作。

D. 张副书记参加宣传工作例会。

E. 李副书记参加宣传工作例会。

10. **2017-26** 倪教授认为,我国工程技术领域可以考虑与国外先进技术合作,但任何涉及核心技术的项目决不能受制于人;我国许多网络安全建设项目涉及信息核心技术,如果全盘引进国外先进技术而不努力自主创新,我国的网络安全将会受到严重威胁。

根据倪教授的陈述,可以得出以下哪项?

A. 我国工程技术领域的所有项目都不能受制于人。

B. 如果能做到自主创新,我国的网络安全就不会受到严重威胁。

C. 只要不是全盘引进国外先进技术,我国的网络安全就不会受到严重威胁。

D. 我国有些网络安全建设项目不能受制于人。

E. 我国许多网络安全建设项目不能与国外先进技术合作。

11. **2017-31** 张立是一位单身白领,工作 5 年积累了一笔存款。由于该笔存款金额尚不足以购房,他考虑将其暂时分散投资到股票、黄金、基金、国债和外汇 5 个方面。该笔存款的投资需要满足如下条件:

(1)如果黄金投资比例高于 1/2,则剩余部分投入国债和股票;

(2)如果股票投资比例低于 1/3,则剩余部分不能投入外汇或国债;

(3)如果外汇投资比例低于 1/4,则剩余部分投入基金或黄金;

(4)国债投资比例不能低于 1/6。

根据上述信息,可以得出以下哪项?

A. 国债投资比例高于 1/2。

B. 外汇投资比例不低于 1/3。

C. 股票投资比例不低于 1/4。

D. 黄金投资比例不低于 1/5。

E. 基金投资比例低于 1/6。

12. **2017-41** 颜子、曾寅、孟申、荀辰申请一个中国传统文化建设项目。根据规定,该项目的主持人只能有一名,且在上述 4 位申请者中产生;包括主持人在内,项目组成员不能超过两位。另外,各位申请者在申请答辩时做出如下陈述:

(1)颜子:如果我成为主持人,将邀请曾寅或荀辰作为项目组成员。

(2)曾寅:如果我成为主持人,将邀请颜子或孟申作为项目组成员。

(3)荀辰:只有颜子成为项目组成员,我才能成为主持人。

(4)孟申:只有荀辰或颜子成为项目组成员,我才能成为主持人。

假定 4 人陈述都为真,关于项目组成员的组合,以下哪项是不可能的?

A. 颜子、荀辰。　　B. 颜子、孟申。　　C. 曾寅、荀辰。

D. 荀辰、孟申。　　E. 孟申、曾寅。

13. 2017-53 某民乐小组拟购买几种乐器,购买要求如下:

(1)二胡、箫至多购买一种;

(2)笛子、二胡和古筝至少购买一种;

(3)箫、古筝、唢呐至少购买两种;

(4)如果购买箫,则不购买笛子。

根据上述要求,可以得出以下哪项?

A. 古筝、二胡至少购买一种。　　B. 箫、笛子至少购买一种。

C. 至多可以购买三种乐器。　　D. 至少要购买三种乐器。

E. 一定要购买唢呐。

14. 2018-26 人民既是历史的创造者,也是历史的见证者;既是历史的"剧中人",也是历史的"剧作者"。离开人民,文艺就会变成无根的浮萍、无病的呻吟、无魂的躯壳。观照人民的生活、命运、情感,表达人民的心愿、心情、心声,我们的作品才会在人民中传之久远。

根据以上陈述,可以得出以下哪项?

A. 历史的创造者都是历史的见证者。

B. 历史的创造者都不是历史的"剧中人"。

C. 历史的"剧中人"都是历史的"剧作者"。

D. 只有不离开人民,文艺才不会变成无根的浮萍、无病的呻吟、无魂的躯壳。

E. 我们的作品中要表达人民的心愿、心情、心声,就会在人民中传之久远。

15~16 题基于以下题干:

某工厂有一员工宿舍住了甲、乙、丙、丁、戊、己、庚 7 人,每人每周需轮流值日一天,且每天仅安排一人值日。他们值日的安排还需满足以下条件:

(1)乙周二或周六值日;

(2)如果甲周一值日,那么丙周三值日且戊周五值日;

(3)如果甲周一不值日,那么己周四值日且庚周五值日;

(4)如果乙周二值日,那么己周六值日。

15. 2018-30 根据以上条件,如果丙周日值日,则可以得出以下哪项?

A. 甲周一值日。　　B. 乙周六值日。　　C. 丁周二值日。

D. 戊周三值日。　　E. 己周五值日。

16. 2018-31 如果庚周四值日，那么以下哪项一定为假？

A. 甲周一值日。　B. 乙周六值日。　C. 丙周三值日。
D. 戊周日值日。　E. 己周二值日。

17. 2018-33 “二十四节气”是我国农耕社会生产生活的时间指南，反映了从春到冬一年四季的气温、降水、物候的周期性变化规律。已知各节气的名称具有如下特点：

(1)凡含“春”“夏”“秋”“冬”字的节气各属春、夏、秋、冬季；
(2)凡含“雨”“露”“雪”字的节气各属春、秋、冬季；
(3)如果“清明”不在春季，则“霜降”不在秋季；
(4)如果“雨水”在春季，则“霜降”在秋季。

根据以上信息，如果从春至冬每季仅列两个节气，则以下哪项是不可能的？

A. 立春、清明、立夏、夏至、立秋、寒露、小雪、大寒。
B. 惊蛰、春分、立夏、小满、白露、寒露、立冬、小雪。
C. 雨水、惊蛰、夏至、小暑、白露、霜降、大雪、冬至。
D. 清明、谷雨、芒种、夏至、秋分、寒露、小雪、大寒。
E. 立春、谷雨、清明、夏至、处暑、白露、立冬、小雪。

18. 2018-35 某市已开通运营一、二、三、四号地铁线路，各条地铁线每一站运行加停靠所需时间均彼此相同。小张、小王、小李三人是同一单位的职工，单位附近有北口地铁站。某天早晨，3人同时都在常青站乘一号线上班，但3人关于乘车路线的想法不尽相同。已知：

(1)如果一号线拥挤，小张就坐2站后转三号线，再坐3站到北口站；如果一号线不拥挤，小张就坐3站后转二号线，再坐4站到北口站。
(2)只有一号线拥挤，小王才坐2站后转三号线，再坐3站到北口站。
(3)如果一号线不拥挤，小李就坐4站后转四号线，坐3站之后再转三号线，坐1站到达北口站。
(4)该天早晨地铁一号线不拥挤。

假定三人换乘及步行总时间相同，则以下哪项最可能与上述信息不一致？

A. 小张比小王先到达单位。　B. 小王比小李先到达单位。
C. 小李比小张先到达单位。　D. 小张和小王同时到达单位。
E. 小王和小李同时到达单位。

19. 2018-37 张教授：利益并非只是物质利益，应该把信用、声誉、情感甚至某种喜好等都归入利益的范畴。根据这种对“利益”的广义理解，如果每一个体在不损害他人利益的前提下，尽可能满足其自身的利益需求，那么由这些个体组成的社会就是一个良善的社会。

根据张教授的观点，可以得出以下哪项？

A. 只有尽可能满足每一个体的利益需求,社会才可能是良善的。

B. 尽可能满足每一个体的利益需求,就会损害社会的整体利益。

C. 如果某些个体的利益需求没有尽可能得到满足,那么社会就不是良善的。

D. 如果有些个体通过损害他人利益来满足自身的利益需求,那么社会就不是良善的。

E. 如果一个社会不是良善的,那么其中肯定存在个体损害他人利益或自身利益需求没有尽可能得到满足的情况。

20. 2018-43 若要人不知,除非己莫为;若要人不闻,除非己莫言。为之而欲人不知,言之而欲人不闻,此犹捕雀而掩目,盗钟而掩耳者。

根据以上陈述,可以得出以下哪项?

A. 若己不为,则人不知。

B. 若己不言,则人不闻。

C. 若己为,则人会知;若己言,则人会闻。

D. 若能做到捕雀而掩目,则可为之而人不知。

E. 若能做到盗钟而掩耳,则可言之而人不闻。

21. 2018-46 某次学术会议的主办方发出会议通知:只有论文通过审核才能收到会议主办方发出的邀请函,本次学术会议只欢迎持有主办方邀请函的科研院所的学者参加。

根据以上通知,可以得出以下哪项?

A. 论文通过审核的学者都可以参加本次学术会议。

B. 论文通过审核的学者有些不能参加本次学术会议。

C. 本次学术会议不欢迎论文没有通过审核的学者参加。

D. 论文通过审核并持有主办方邀请函的学者,本次学术会议都欢迎其参加。

E. 有些论文通过审核但未持有主办方邀请函的学者,本次学术会议欢迎其参加。

22. 2018-50 最终审定的项目或者意义重大或者关注度高,凡意义重大的项目均涉及民生问题,但是有些最终审定的项目并不涉及民生问题。

根据以上陈述,可以得出以下哪项?

A. 意义重大的项目比较容易引起关注。

B. 有些项目意义重大但是关注度不高。

C. 涉及民生问题的项目有些没有引起关注。

D. 有些项目尽管关注度高但并非意义重大。

E. 有些不涉及民生问题的项目意义也非常重大。

23. 2018-52 所有值得拥有专利的产品或设计方案都是创新,但并不是每一项创新都值得拥有专利;所有的模仿都不是创新,但并非每一个模仿者都应该受到惩罚。

根据以上陈述,以下哪项是不可能的?

A. 有些值得拥有专利的创新产品并没有申请专利。

B. 有些创新者可能受到惩罚。

C. 有些值得拥有专利的产品是模仿。

D. 没有模仿值得拥有专利。

E. 所有的模仿者都受到了惩罚。

24. 2019-26 新常态下,消费需求发生深刻变化,消费拉开档次,个性化、多样化消费渐成主流。在相当一部分消费者那里,对产品质量的追求压倒了对价格的考虑。供给侧结构性改革,说到底是满足需求。低质量的产能必然会过剩,而顺应市场需求不断更新换代的产能不会过剩。

根据以上陈述,可以得出以下哪项?

A. 只有质优价高的产品才能满足需求。

B. 顺应市场需求不断更新换代的产能不是低质量的产能。

C. 低质量的产能不能满足个性化需求。

D. 只有不断更新换代的产品才能满足个性化、多样化消费的需求。

E. 新常态下,必须进行供给侧结构性改革。

25. 2019-40 下面 6 张卡片,一面印的是汉字(动物或者花卉),一面印的是数字(奇数或者偶数)。

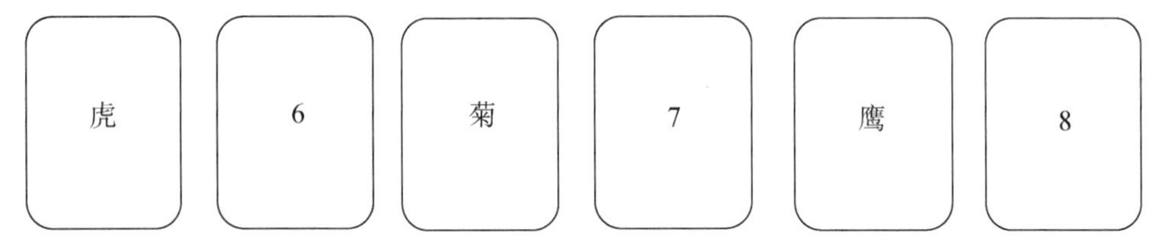

对于上述 6 张卡片,如果要验证“每张至少有一面印的是偶数或者花卉”,至少需要翻看几张卡片?

A. 2。　　B. 3。　　C. 4。　　D. 5。　　E. 6。

26. 2019-48 如果一个人只为自己劳动,他也许能成为著名学者、大哲人、卓越诗人,然而他永远不能成为完美无瑕的伟大人物。如果我们选择了最能为人类福利而劳动的职业,那么,重担就不能把我们压倒,因为这是为大家而献身;那时我们所感到的就不是可怜的、有限的、自私的乐趣,我们的幸福将属于千百万人,我们的事业将默默地、但是永恒发挥作用地存在下去,而面对我们的骨灰,高尚的人们将洒下热泪。

根据以上陈述,可以得出以下哪项?

A. 如果一个人只为自己劳动,不是为大家而献身,那么重担就能将他压倒。

B. 如果我们为大家而献身，我们的幸福将属于千百万人，面对我们的骨灰，高尚的人们将洒下热泪。

C. 如果我们没有选择最能为人类福利而劳动的职业，我们所感到的就是可怜的、有限的、自私的乐趣。

D. 如果选择了最能为人类福利而劳动的职业，我们就不但能够成为著名学者、大哲人、卓越诗人，而且能够成为完美无瑕的伟大人物。

E. 如果我们只为自己劳动，我们的事业就不会默默地、但是永恒发挥作用地存在下去。

27. 2020-26 领导干部对于各种批评意见应采取有则改之、无则加勉的态度，营造言者无罪、闻者足戒的氛围。只有这样，人们才能知无不言、言无不尽。领导干部只有从谏如流并为说真话者撑腰，才能做到“兼听则明”或做出科学决策；只有乐于和善于听取各种不同意见，才能营造风清气正的政治生态。

根据以上信息，可以得出以下哪项？

A. 领导干部必须善待批评、从谏如流，为说真话者撑腰。

B. 大多数领导干部对于批评意见能够采取有则改之、无则加勉的态度。

C. 领导干部如果不能从谏如流，就不能做出科学决策。

D. 只有营造言者无罪、闻者足戒的氛围，才能形成风清气正的政治生态。

E. 领导干部只有乐于和善于听取各种不同意见，人们才能知无不言、言无不尽。

28. 2021-27 M 大学社会学学院的老师都曾经对甲县某些乡镇进行家庭收支情况调研，N 大学历史学院的老师都曾经到甲县的所有乡镇进行历史考察。赵若兮曾经对甲县所有乡镇家庭收支情况进行调研，但未曾到项郢镇进行历史考察；陈北鱼曾经到梅河乡进行历史考察，但从未对甲县家庭收支情况进行调研。

根据以上信息，可以得出以下哪项？

A. 赵若兮是 M 大学的老师。

B. 陈北鱼是 N 大学的老师。

C. 对甲县的家庭收支情况调研，也会涉及相关的历史考察。

D. 若赵若兮是 N 大学历史学院的老师，则项郢镇不是甲县的。

E. 陈北鱼是 M 大学社会学学院的老师，且梅河乡是甲县的。

29. 2021-33 某电影节设有“最佳故事片”“最佳男主角”“最佳女主角”“最佳编剧”“最佳导演”等多个奖项。颁奖前，有专业人士预测如下：

(1)若甲或乙获得“最佳导演”，则“最佳女主角”和“最佳编剧”将在丙和丁中产生；

(2)只有影片 P 或影片 Q 获得“最佳故事片”，其片中的主角才能获得“最佳男主角”或“最佳女主角”；

(3)“最佳导演”和“最佳故事片”不会来自同一部影片。

以下哪项颁奖结果与上述预测不一致？

A. 甲获得“最佳导演”,“最佳编剧”来自影片Q。

B. 乙没有获得“最佳导演”,“最佳男主角”来自影片Q。

C. 丙获得“最佳女主角”,“最佳编剧”来自影片P。

D. 丁获得“最佳编剧”,“最佳女主角”来自影片P。

E. “最佳女主角”“最佳导演”都来自影片P。

30. 2021-34 黄瑞爱好书画收藏,他收藏的书画作品只有“真品”“精品”“名品”“稀品”“特品”“完品”,它们之间存在如下关系：

(1)若是“完品”或“真品”,则是“稀品”；

(2)若是“稀品”或“名品”,则是“特品”。

现知道黄瑞收藏的一幅画不是“特品”,则可以得出以下哪项？

A. 该画是“真品”。 B. 该画是“稀品”。 C. 该画是“精品”。

D. 该画是“完品”。 E. 该画是“名品”。

31. 2021-43 为进一步弘扬传统文化,有专家提议将每年的2月1日、3月1日、4月1日、9月1日、11月1日、12月1日6天中的3天确定为“传统文化宣传日”。根据实际需要,确定日期必须考虑以下条件：

(1)若选择2月1日,则选择9月1日但不选12月1日；

(2)若3月1日、4月1日至少选择其一,则不选11月1日。

以下哪项选定的日期与上述条件一致？

A. 2月1日、3月1日、4月1日。 B. 2月1日、4月1日、11月1日。

C. 3月1日、9月1日、11月1日。 D. 4月1日、9月1日、11月1日。

E. 9月1日、11月1日、12月1日。

32. 2021-396-36 “理念是实践的先导”,理念科学,发展才能蹄疾步稳；“思想是行动的指南”,思想破冰,行动才能突破重围；“战略是发展的规划”,战略得当,未来才能行稳致远。执政环境不会一成不变,治国理政需要与时俱进。

根据以上陈述,可以得出以下哪项？

A. 只有以正确思想为指导,才能进行科学的战略规划。

B. 只要思想破冰,行动就可以突破重围。

C. 治国理政只有与时俱进,才能不断改善执政环境。

D. 若战略不得当,未来就不能行稳致远。

E. 要正确处理好理念、思想、战略和发展的辩证关系。

33. 2021-396-37 某会议海报在黑体、宋体、楷体、隶书、篆书和幼圆 6 种字体中选择 3 种进行编排设计。已知：

(1)若黑体、楷体至少选择一种,则选择篆书而不选择幼圆；

(2)若宋体、隶书至少选择一种,则选择黑体而不选择篆书。

根据上述信息,该会议海报选择的字体是：

A. 宋体、楷体、黑体。

B. 隶书、篆书、幼圆。

C. 黑体、楷体、篆书。

D. 黑体、宋体、隶书。

E. 楷体、隶书、幼圆。

34. 2021-396-42 政府只有不超发货币并控制物价,才能控制通货膨胀。若控制物价,则政府税收减少;若政府不超发货币并且税收减少,则政府预算将减少。

如果政府预算未减少,则可以得出以下哪项？

A. 政府控制了物价。

B. 政府未能控制通货膨胀。

C. 政府超发了货币。

D. 政府既未超发货币,也未控制物价。

E. 政府既超发了货币,又控制了物价。

35. 2022-26 百年党史充分揭示了中国共产党为什么能、马克思主义为什么行、中国特色社会主义为什么好的历史逻辑、理论逻辑、实践逻辑。面对百年未有之大变局,如果信念不坚定,就会陷入停滞彷徨的思想迷雾,就无法面对前进道路上的各种挑战风险。只有坚持中国特色社会主义道路自信、理论自信、制度自信、文化自信,才能把中国的事情办好,把中国特色社会主义事业发展好。

根据以上陈述,可以得出以下哪项？

A. 如果坚持“四个自信”就能把中国的事情办好。

B. 只要信念坚定,就不会陷入停滞彷徨的思想迷雾。

C. 只有信念坚定,才能应对前进道路上的各种挑战风险。

D. 只有充分理解百年党史揭示的理论逻辑,才能将中国特色社会主义事业发展好。

E. 如果不能理解百年党史揭示的理论逻辑,就无法遵循百年党史揭示的实践逻辑。

36. 2022-30 某小区 2 号楼 1 单元的住户都打了甲公司的疫苗,小李家不是该小区 2 号楼 1 单元的住户,小赵家都打了甲公司的疫苗,而小陈家都没有打甲公司的疫苗。

根据以上陈述,可以得出以下哪项？

A. 小李家都没有打甲公司的疫苗。

B. 小赵家是该小区 2 号楼 1 单元的住户。

C. 小陈家是该小区的住户,但不是 2 号楼 1 单元的。

D. 小赵家是该小区 2 号楼的住户,但未必是 1 单元的。

E. 小陈家若是该小区 2 号楼的住户,则不是 1 单元的。

37. 2022-35 某单位有甲、乙、丙、丁、戊、己、庚、辛、壬、癸 10 名新进员工，他们所学专业是哲学、数学、化学、金融和会计 5 个专业之一，每人只学其中一个专业。已知：

(1)若甲、丙、壬、癸中至多有 3 人是数学专业，则丁、庚、辛 3 人都是化学专业；

(2)若乙、戊、己中至多有 2 人是哲学专业，则甲、丙、庚、辛 4 人专业各不相同。

根据上述信息，所学专业相同的新员工是：

A. 乙、戊、己。　　B. 甲、壬、癸。　　C. 丙、丁、癸。

D. 丙、戊、己。　　E. 丁、庚、辛。

38. 2022-36 H 市医保局发出如下公告：自即日起，本市将新增医保电子凭证就医结算，社保卡将不再作为就医结算的唯一凭证。本市所有定点医疗机构均已实现医保电子凭证的实时结算；本市参保人员可凭医保电子凭证就医结算，但只有将医保电子凭证激活后才能扫码使用。

以下哪项最符合上述 H 市医保局的公告内容？

A. H 市非定点医疗机构没有实现医保电子凭证的实时结算。

B. 可使用医保电子凭证结算的医院不一定都是 H 市的定点医疗机构。

C. 凡持有社保卡的外地参保人员，均可在 H 市定点医疗机构就医结算。

D. 凡已激活医保电子凭证的外地参保人员，均可在 H 市定点医疗机构使用医保电子凭证扫码就医。

E. 凡未激活医保电子凭证的本地参保人员，均不能在 H 市定点医疗机构使用医保电子凭证扫码结算。

39. 2022-40 幸福是一种主观愉悦的心理体验，也是一种认知和创造美好生活的能力。在日常生活中，每个人如果既能发现当下的不足，也能确立前进的目标，并通过实际行动改进不足和实现目标，就能始终保持对生活的乐观精神。而有了对生活的乐观精神，就会拥有幸福感。生活中大多数人都拥有幸福感；遗憾的是，也有一些人能发现当下的不足，并通过实际行动去改进，但他们却没有幸福感。

根据以上陈述，可以得出以下哪项？

A. 生活中大多数人都有对生活的乐观精神。

B. 个体的生理体验也是个体的一种行为能力。

C. 如果能发现当下的不足并努力改进，就能拥有幸福感。

D. 那些没有幸福感的人即使发现当下的不足，也不愿通过行为去改变。

E. 确立前进的目标并通过实际行动实现目标，生活中有些人没能做到这一点。

40. 2022-43 习俗因传承而深入人心，文化因赓续而繁荣兴盛。传统节日带给人们的不只是快乐和喜庆，还塑造着影响至深的文化自信。不忘历史才能开辟未来，善于继承才能善于创新。传统节日只有不断融入现代生活,其中的文化才能得以赓续而繁荣兴盛,才能为人们提供更多心灵滋养与精神力量。

根据以上信息,可以得出以下哪项?

A. 只有为人们提供更多心灵滋养与精神力量,传统文化才能得以赓续而繁荣兴盛。

B. 若传统节日更好地融入现代生活,就能为人们提供更多心灵滋养与精神力量。

C. 有些带给人们欢乐和喜庆的节日塑造着人们的文化自信。

D. 带有厚重历史文化的传统将引领人们开辟未来。

E. 深入人心的习俗将在不断创新中被传承。

41. 2022-52 李佳、贾元、夏辛、丁东、吴悠 5 位大学生暑假结伴去皖南旅游。对于 5 人将要游览的地点,他们却有不同想法:

李佳:若去龙川,则也去呈坎。

贾元:龙川和徽州古城两个地方至少去一个。

夏辛:若去呈坎,则也去新安江山水画廊。

丁东:若去徽州古城,则也去新安江山水画廊。

吴悠:若去新安江山水画廊,则也去江村。

事后得知,5 人的想法都得到了实现。

根据以上信息,上述 5 人游览的地点肯定有:

A. 龙川和呈坎。

B. 江村和新安江山水画廊。

C. 龙川和徽州古城。

D. 呈坎和新安江山水画廊。

E. 呈坎和徽州古城。

42. 2022-396-40 一般认为,近现代社会发展的最初阶段主要靠效率引擎驱动。只有效率够高,才能更快地推动工业化和城市化,才能长期保持 GDP 高速增长。而当社会发展到一定阶段时就需要效率与公平双轮驱动,甚至以公平驱动为主。因为只有公平驱动才能提高消费能力,才能释放生产能力。

根据上述信息,可以得出以下哪项?

A. 如果没有效率驱动,就没有公平驱动。

B. 如果实现社会公平,就能释放生产能力。

C. 只有提高消费能力,才能实现效率与公平双轮驱动。

D. 如果效率不够高,就不能更快地推动工业化和城市化。

E. 只有长期保持 GDP 高速增长,才能更快地推动工业化和城市化。

43. 2022-396-43 甲、乙、丙、丁 4 位企业家准备对我国西部某山区进行教育捐赠,4 位企业家表示他们要共同捐赠以发挥最大效益。关于捐赠的对象,4 人的意愿如下:

甲：如果捐赠中高村，则捐赠北塔村。

乙：如果捐赠北塔村，则捐赠西井村。

丙：如果捐赠东山村或南塘村，则捐赠西井村。

丁：如果捐赠南塘村，则捐赠北塔村或中高村。

事实上，除丙以外，其余人的意愿均得到了实现。

根据以上信息，4 位共同捐赠的山村是：

A. 北塔村。　　B. 中高村。　　C. 东山村。

D. 西井村。　　E. 南塘村。

44. 2022-396-48 “十一”长假小李、小王、小张 3 人相约周边游，他们拟在竹山、花海、翠湖、南山古镇、植物园、海底世界 6 个景点中选择若干进行游览。关于这次游览的方案，3 人的意见如下：

小李：我既想逛南山古镇，又想爬竹山。

小王：如果游览翠湖，则花海和南山古镇均不游览。

小张：如果不游览翠湖，就游览海底世界但不游览植物园。

根据他们 3 人的意见，他们 3 人游览的景点一定有：

A. 花海、翠湖、植物园。　　B. 花海、竹山、翠湖。

C. 竹山、南山古镇、植物园。　　D. 竹山、南山古镇、海底世界。

E. 南山古镇、植物园、海底世界。

45. 2023-41 张先生欲花 5 万元购置橱柜、卫浴或供暖设备。已知：

(1) 如果买橱柜，就不买卫浴，也不买供暖设备；

(2) 如果不买橱柜，就买卫浴；

(3) 如果卫浴、橱柜至少有一种不买，则买供暖设备。

根据以上陈述，关于张先生的购买打算，可以得出以下哪项？

A. 买橱柜和卫浴。　　B. 买橱柜和供暖设备。

C. 买橱柜，但不买卫浴。　　D. 买卫浴和供暖设备。

E. 买卫浴，但不买供暖设备。

46. 2023-51 通过第三方招聘进入甲公司从事销售工作的职员均具有会计学专业背景。孔某的高中同学均没有会计学专业背景，甲公司销售部经理孟某是孔某的高中同学，而孔某是通过第三方招聘进入甲公司的。

根据以上信息，可以得出以下哪项？

A. 孔某具有会计学专业背景。

B. 孟某不是通过第三方招聘进入甲公司的。

C. 孟某曾经自学了会计学专业知识。

D. 孔某在甲公司做销售工作。

E. 孔某和孟某在大学阶段不是同学。

47. 2023-396-38 不喜欢故事的人都不爱读小说，凡喜欢吟咏的人都爱读诗歌，不喜欢对白的人都不爱看戏剧，喜欢闲逸的人均爱看散文。小张酷爱文学，他爱读小说和诗歌，但不爱看戏剧。

根据以上陈述，可以得出以下哪项？

A. 小张喜欢故事。　B. 小张喜欢吟咏。　C. 小张不喜欢对白。

D. 小张喜欢闲逸。　E. 小张不喜欢闲逸。

48. 2024-26 健康连着千家万户的幸福，关系国家民族的未来。对于个人来说，健康是幸福之源。拥有健康，不一定拥有幸福；但失去健康，必然失去幸福。对于国家来说，人民健康是强盛之基。只有拥有健康的人民，才能拥有高质量发展能力。必须把保障人民健康放在优先发展的战略位置，大力推进健康中国建设。

根据以上陈述，可以得出以下哪项？

A. 有的人拥有幸福，但不一定拥有健康。

B. 只要人民健康，就能推动国家高质量发展。

C. 世界上只有少数国家实现了人民健康、国力强盛。

D. 若没有健康的人民，一个国家就不会拥有高质量发展能力。

E. 如果把保障人民健康放在优先发展的战略位置，就能实现国家强盛。

49. 2024-42 某烟花专卖店销售多种烟花。已知：

(1)若不是危险性大的烟花，则它们可降解或没有漂浮物；

(2)若是新型组合烟花或危险性大的烟花，则它们不是环保类烟花。

若该店所销售的某类产品是环保类烟花，则可以推出该类烟花：

A. 可降解。　B. 若不可降解，则没有漂浮物。

C. 不可降解。　D. 若可降解，则有漂浮物。

E. 没有漂浮物。

50. 2024-49 某省举办运动会。该省 H 市参加的跳水、射箭、体操、篮球和短跑等项目所获金牌情况如下：

(1)跳水、射箭至少有一项获得金牌；

(2)若射箭、短跑至少有一项获得金牌，则体操也获得金牌；

(3)若短跑、篮球至少有一项未获金牌，则跳水也未获金牌。

根据上述信息，可以得出以下哪项？

A. 跳水获得金牌。　　B. 篮球未获金牌。　　C. 射箭未获金牌。
D. 体操获得金牌。　　E. 短跑未获金牌。

51. 2024-396-36 数字技术正以新理念、新业态、新模式全面融入人类经济、政治、文化、社会、生态文明建设各领域和全过程,给人类生产生活带来广泛而深刻的影响。只有营造良好数字生态,才能促进产业链、供应链、价值链的优化升级、融合融通;才能激发数字技术的创新活力,引领和驱动经济结构调整;才能推动数字惠民,满足人民美好数字生活需要。根据上述信息,可以得出以下哪项?

A. 只有激发数字技术的创新活力,推动数字惠民,才能满足人民美好数字生活需要。
B. 如果推动数字惠民但没有营造良好数字生态,就不能满足人民美好数字生活需要。
C. 如果激发数字技术的创新活力但没有推动数字惠民,就不能引领和驱动经济结构调整。
D. 只有营造良好数字生态,才能让数字技术全面融入人类经济、政治、文化、社会、生态文明建设各领域和全过程。
E. 如果要促进产业链、供应链、价值链的优化升级、融合融通,就要营造良好数字生态,推动数字惠民。

52. 2025-33 为加强考勤管理,某公司制定了相关条例,其中两条为:

(1)对连续3天以上未按时打卡且年终绩效排名在倒数10%之内的员工,扣发年终奖;
(2)对出现多次未按时打卡但年终绩效排名在前10%之内的员工,不扣发年终奖。

若该公司根据条例决定不扣发员工王某的年终奖,则以下哪项最能解释该公司决定的合理性?

A. 王某年终绩效排名在前10%之内。
B. 王某没有连续3天以上未按时打卡。
C. 王某虽多次未按时打卡但年终绩效排名在倒数10%之外。
D. 王某若年终绩效排名不在前10%之内,则他不曾多次未按时打卡。
E. 王某没有连续3天以上未按时打卡或者其年终绩效排名不在倒数10%之内。

53. 2025-45 近期,某老年大学开设书法、手工、台球、古筝、声乐、绘画6门课程,陆、赵、王、李4位老人均报名参加了其中2门课程的学习。已知:

(1) 上述每门课程均至少有其中的1人报名;
(2) 李所报课程仅与其他3人中的1人所报课程完全不同;
(3) 若李、王2人至多有1人报书法课程,则李和陆均报了声乐和绘画课程。

根据以上信息,可以得出以下哪项?

A. 赵报古筝。　　B. 李报声乐。　　C. 陆报绘画。
D. 王报台球。　　E. 李报书法。

54. 2025-396-36 粮安天下，种为粮先。只有振兴中国种业，才能实现粮食安全。沃野出良种，土地是根本。只有推动制种用地规模化、集约化、标准化，才能实现优质种子规模化、标准化产出。要做到这一点，科技创新是关键。只有实现科技创新，才能推动中国种业向科技密集型产业转变，而只有推动这种转变，才能振兴中国种业。不依赖人才支撑，就不能振兴中国种业。只有切实提高人才待遇，才能激发人才创新活力，与时俱进育新种、制良种；而只有与时俱进育新种、制良种，才能振兴中国种业。

根据以上信息，可以得出以下哪项？

A. 如果实现科技创新，就能实现粮食安全。

B. 只有切实提高人才待遇，才能实现中国种业的科技创新。

C. 只要与时俱进育新种、制良种，就能实现中国粮食安全。

D. 若要振兴中国种业，则既要实现科技创新又要依赖人才支撑。

E. 如果不实现科技创新，就不能推动制种用地规模化、集约化、标准化。

55. 2025-396-46 《四库全书》共有4个真本，分别是“文渊阁本”“文溯阁本”“文津阁本”“文澜阁本”。这4个真本中有1个已大量散佚，其余3个分别在台湾、甘肃和广东三地存放，且每个真本只在其中一地存放。已知：

(1)“文澜阁本”和“文渊阁本”两个真本中的一个已大量散佚；

(2)若“文津阁本”和“文溯阁本”两个真本中的一个存放于台湾或甘肃，则“文渊阁本”存放于广东。

根据以上信息，可以得出以下哪项？

A. “文渊阁本”在台湾。

B. “文渊阁本”已大量散佚。

C. “文溯阁本”在广东。

D. “文澜阁本”已大量散佚。

E. “文津阁本”在甘肃。

56. 2025-396-47 某省需从甲、乙、丙、丁、戊、己、庚7名参赛选手中选拔若干人参加全国职工职业技能大赛。根据职业分类和比赛情况，该省选拔人员形成如下共识：

(1)如果甲和乙中至少选拔一人，则选拔丙和丁；

(2)如果丙和戊中至少选拔一人，则选拔己和庚；

(3)如果乙和丁中至多选拔一人，则选拔戊和己；

(4)如果甲和丙中至少选拔一人，则选拔乙但不选拔庚。

根据以上信息，该省拟选拔的选手一定有：

A. 甲、乙、丙。

B. 丁、戊、己。

C. 戊、己、庚。

D. 甲、丙、戊。

E. 乙、丁、己。

第三节 复合判断综合推理

一、要点回顾

(一)题型特点

1. 题干与选项均以假言判断为主。

2. 题干有假言判断和事实条件,选项为确定条件或假言判断。

3. 题干以假言或选言等不确定条件为主,选项为事实条件。

4. 题干有假言判断和数量关系,选项为确定条件或假言判断。

5. 题干有假言判断和对应关系,选项为确定条件或假言判断。

(二)应对方法

1. 题干选项均假言,判断题干相关性,题干有关先搭桥,题干无关验选项。

2. 事实条件加假言,从事实条件出发,相同相关做搭桥,连锁推理守规则。

3. 题干选言或假言,选项却为确定项,相关串联找矛盾,一肯一否构二难。

4. 题干假言与数量,选项却为确定项,数字范围找矛盾,假设选取需技巧。

5. 题干假言与对应,选项却为事实项,对应关系找矛盾,假设选取需技巧。

二、真题专训

1. 2017-29 某剧组招募群众演员。为配合剧情,需要招4类角色:外国游客1到2名,购物者2到3名,商贩2名,路人若干。仅有甲、乙、丙、丁、戊、己6人可供选择,且每个人在同一场景中只能出演一个角色。已知:

(1)只有甲、乙才能出演外国游客;

(2)上述4类角色在每个场景中至少有3类同时出现;

(3)每一场景中,若乙或丁出演商贩,则甲和丙出演购物者;

(4)购物者和路人的数量之和在每个场景中不超过2。

根据上述信息,可以得出以下哪项?

A. 在同一场景中,若戊和己出演路人,则甲只可能出演外国游客。

B. 甲、乙、丙、丁不会在同一场景中同时出现。

C. 至少有2人需要在不同的场景中出演不同的角色。

D. 在同一场景中,若丁和戊出演购物者,则乙只可能出演外国游客。

E. 在同一场景中,若乙出演外国游客,则甲只可能出演商贩。

2~3题基于以下题干:

六一节快到了。幼儿园老师为班上的小明、小雷、小刚、小芳、小花5位小朋友准备了红、橙、黄、绿、青、蓝、紫 7 份礼物。已知所有礼物都送了出去,每份礼物只能由一人获得,每人最多获得两份礼物。另外,礼物派送还需满足如下要求:

(1)如果小明收到橙色礼物,则小芳会收到蓝色礼物;

(2)如果小雷没有收到红色礼物,则小芳不会收到蓝色礼物;

(3)如果小刚没有收到黄色礼物,则小花不会收到紫色礼物;

(4)没有人既能收到黄色礼物,又能收到绿色礼物;

(5)小明只收到橙色礼物,而小花只收到紫色礼物。

2. **2017-51** 根据上述信息,以下哪项可能为真?

A. 小明和小雷都收到两份礼物。

B. 小雷和小刚都收到两份礼物。

C. 小刚和小花都收到两份礼物。

D. 小明和小芳都收到两份礼物。

E. 小芳和小花都收到两份礼物。

3. **2017-52** 根据上述信息,如果小刚收到两份礼物,则可以得出以下哪项?

A. 小雷收到红色和绿色两份礼物。

B. 小刚收到黄色和青色两份礼物。

C. 小芳收到绿色和蓝色两份礼物。

D. 小刚收到黄色和蓝色两份礼物。

E. 小芳收到青色和蓝色两份礼物。

4. **2018-38** 某学期学校新开设 4 门课程:"《诗经》鉴赏""老子研究""唐诗鉴赏""宋词选读"。李晓明、陈文静、赵珊珊和庄志达 4 人各选修了其中一门课程。已知:

(1)他们 4 人选修的课程各不相同;

(2)喜爱诗词的赵珊珊选修的是诗词类课程;

(3)李晓明选修的不是"《诗经》鉴赏"就是"唐诗鉴赏"。

以下哪项如果为真,就能确定赵珊珊选修的是"宋词选读"?

A. 庄志达选修的是"老子研究"。

B. 庄志达选修的不是"老子研究"。

C. 庄志达选修的是"《诗经》鉴赏"。

D. 庄志达选修的不是"《诗经》鉴赏"。

E. 庄志达选修的不是"宋词选读"。

5~6 题基于以下题干:

某海军部队有甲、乙、丙、丁、戊、己、庚 7 艘舰艇,拟组成两个编队出航,第一编队编列 3 艘舰艇,第二编队编列 4 艘舰艇。编列需满足以下条件:

(1)航母己必须编列在第二编队;

(2)戊和丙至多有一艘编列在第一编队;

(3)甲和丙不在同一编队;

(4)如果乙编列在第一编队,则丁也必须编列在第一编队。

5. 2018-40 如果甲在第二编队，则下列哪项中的舰艇一定也在第二编队？

A. 乙。 B. 丙。 C. 丁。 D. 戊。 E. 庚。

6. 2018-41 如果丁和庚在同一编队，则可以得出以下哪项？

A. 甲在第一编队。 B. 乙在第一编队。 C. 丙在第一编队。

D. 戊在第二编队。 E. 庚在第二编队。

7～8 题基于以下题干：

一江南园林拟建松、竹、梅、兰、菊 5 个园子。该园林拟设东、南、北 3 个门，分别位于其中的 3 个园子。这 5 个园子的布局满足如下条件：

(1) 如果东门位于松园或菊园，那么南门不位于竹园；

(2) 如果南门不位于竹园，那么北门不位于兰园；

(3) 如果菊园在园林的中心，那么它与兰园不相邻；

(4) 兰园与菊园相邻，中间连着一座美丽的廊桥。

7. 2018-47 根据以上信息，可以得出以下哪项？

A. 梅园不在园林的中心。 B. 菊园在园林的中心。

C. 菊园不在园林的中心。 D. 兰园在园林的中心。

E. 兰园不在园林的中心。

8. 2018-48 如果北门位于兰园，则可以得出以下哪项？

A. 东门位于竹园。 B. 南门位于梅园。 C. 东门位于松园。

D. 东门位于梅园。 E. 南门位于菊园。

9. 2019-28 李诗、王悦、杜舒、刘默是唐诗宋词的爱好者，在唐朝诗人李白、杜甫、王维、刘禹锡中 4 人各喜爱其中一位，且每人喜爱的唐诗作者不与自己同姓。关于他们 4 人，已知：

(1) 如果爱好王维的诗，那么也爱好辛弃疾的词；

(2) 如果爱好刘禹锡的诗，那么也爱好岳飞的词；

(3) 如果爱好杜甫的诗，那么也爱好苏轼的词。

如果李诗不爱好苏轼和辛弃疾的词，则可以得出以下哪项？

A. 杜舒爱好辛弃疾的词。 B. 王悦爱好苏轼的词。

C. 刘默爱好苏轼的词。 D. 李诗爱好岳飞的词。

E. 杜舒爱好岳飞的词。

10～11 题基于以下题干：

某单位拟派遣 3 名德才兼备的干部到西部山区进行精准扶贫。报名者踊跃，经过考察，最终确定了陈甲、傅乙、赵丙、邓丁、刘戊、张己 6 名候选人。根据工作需要，派遣还需要满足以下条件：

(1)若派遣陈甲，则派遣邓丁但不派遣张己；

(2)若傅乙、赵丙至少派遣1人，则不派遣刘戊。

10. 2019-30 以下哪项的派遣人选和上述条件不矛盾？

A. 赵丙、邓丁、刘戊。

B. 陈甲、傅乙、赵丙。

C. 傅乙、邓丁、刘戊。

D. 邓丁、刘戊、张己。

E. 陈甲、赵丙、刘戊。

11. 2019-31 如果陈甲、刘戊至少派遣1人，则可以得出以下哪项？

A. 派遣刘戊。

B. 派遣赵丙。

C. 派遣陈甲。

D. 派遣傅乙。

E. 派遣邓丁。

12. 2019-37 某市音乐节设立了流行、民谣、摇滚、民族、电音、说唱、爵士这7大类的奖项评选。在入围提名中，已知：

(1)至少有6类入围；

(2)流行、民谣、摇滚中至多有2类入围；

(3)如果摇滚和民族类都入围，则电音和说唱中至少有一类没有入围。

根据上述信息，可以得出以下哪项？

A. 流行类没有入围。

B. 民谣类没有入围。

C. 摇滚类没有入围。

D. 爵士类没有入围。

E. 电音类没有入围。

13. 2019-41 某地人才市场招聘保洁、物业、网管、销售4种岗位的从业者，有甲、乙、丙、丁4位年轻人前来应聘。事后得知，每人只能选择一种岗位应聘，且每种岗位都有其中一人应聘。另外，还知道：

(1)如果丁应聘网管，那么甲应聘物业；

(2)如果乙不应聘保洁，那么甲应聘保洁且丙应聘销售；

(3)如果乙应聘保洁，那么丙应聘销售，丁也应聘保洁。

根据以上陈述，可以得出以下哪项？

A. 甲应聘网管岗位。

B. 丙应聘保洁岗位。

C. 甲应聘物业岗位。

D. 乙应聘网管岗位。

E. 丁应聘销售岗位。

14. 2019-47 某大学读书会开展"一月一书"活动。读书会成员甲、乙、丙、丁、戊5人在《论语》《史记》《唐诗三百首》《奥德赛》《资本论》中各选一种阅读，互不重复。已知：

(1)甲爱读历史，会在《史记》和《奥德赛》中选一本；

(2)乙和丁只爱读中国古代经典,但现在都没有读诗的心情;

(3)如果乙选《论语》,则戊选《史记》。

事实上,每个人都选了自己喜爱的书目。

根据上述信息,可以得出以下哪项?

A. 甲选《史记》。

B. 乙选《奥德赛》。

C. 丙选《唐诗三百首》。

D. 丁选《论语》。

E. 戊选《资本论》。

15~16 题基于以下题干:

"立春""春分""立夏""夏至""立秋""秋分""立冬""冬至"是我国二十四节气中的八个节气,"凉风""广莫风""明庶风""条风""清明风""景风""阊阖风""不周风"是八种节风。上述八个节气与八种节风之间一一对应。已知:

(1)"立秋"对应"凉风";

(2)"冬至"对应"不周风""广莫风"之一;

(3)若"立夏"对应"清明风",则"夏至"对应"条风"或者"立冬"对应"不周风";

(4)若"立夏"不对应"清明风"或者"立春"不对应"条风",则"冬至"对应"明庶风"。

15. 2020-31 根据上述信息,可以得出以下哪项?

A. "秋分"不对应"明庶风"。

B. "立冬"不对应"广莫风"。

C. "夏至"不对应"景风"。

D. "立夏"不对应"清明风"。

E. "春分"不对应"阊阖风"。

16. 2020-32 若"春分"和"秋分"两节气对应的节风在"明庶风"和"阊阖风"之中,则可以得出以下哪项?

A. "春分"对应"阊阖风"。

B. "秋分"对应"明庶风"。

C. "立春"对应"清明风"。

D. "冬至"对应"不周风"。

E. "夏至"对应"景风"。

17. 2020-39 因业务需要,某公司欲将甲、乙、丙、丁、戊、己、庚 7 个部门合并到丑、寅、卯 3 个子公司。已知:

(1)一个部门只能合并到一个子公司;

(2)若丁和丙中至少有一个未合并到丑公司,则戊和甲均合并到丑公司;

(3)若甲、己、庚中至少有一个未合并到卯公司,则戊合并到寅公司且丙合并到卯公司。

根据上述信息,可以得出以下哪项?

A. 甲、丁均合并到丑公司。

B. 乙、戊均合并到寅公司。

C. 乙、丙均合并到寅公司。

D. 丁、丙均合并到丑公司。

E. 庚、戊均合并到卯公司。

18. 2020-42 某单位拟在椿树、枣树、楝树、雪松、银杏、桃树中选择4种栽种在庭院中。已知:

(1)椿树、枣树至少种植一种;

(2)如果种植椿树,则种植楝树但不种植雪松;

(3)如果种植枣树,则种植雪松但不种植银杏。

如果庭院中种植银杏,则以下哪项是不可能的?

A. 种植椿树。　　B. 种植楝树。　　C. 不种植枣树。

D. 不种植雪松。　　E. 不种植桃树。

19. 2020-51 某街道的综合部、建设部、平安部和民生部4个部门,需要负责街道的秩序、安全、环境、协调4项工作,每个部门只负责其中的一项工作,且各部门负责的工作各不相同。已知:

(1)如果建设部负责环境或秩序,则综合部负责协调或秩序;

(2)如果平安部负责环境或协调,则民生部负责协调或秩序。

根据以上信息,以下哪项工作安排是可能的?

A. 建设部负责环境,平安部负责协调。

B. 建设部负责秩序,民生部负责协调。

C. 综合部负责安全,民生部负责协调。

D. 民生部负责安全,综合部负责秩序。

E. 平安部负责安全,建设部负责秩序。

20. 2021-36 “冈萨雷斯”“埃尔南德斯”“施米特”“墨菲”这4个姓氏是且仅是卢森堡、阿根廷、墨西哥、爱尔兰四国中其中一国的常见姓氏。已知:

(1)“施米特”是阿根廷或卢森堡常见姓氏;

(2)若“施米特”是阿根廷常见姓氏,则“冈萨雷斯”是爱尔兰常见姓氏;

(3)若“埃尔南德斯”或“墨菲”是卢森堡常见姓氏,则“冈萨雷斯”是墨西哥常见姓氏。

根据以上信息,可以得出以下哪项?

A. “施米特”是卢森堡常见姓氏。

B. “埃尔南德斯”是卢森堡常见姓氏。

C. “冈萨雷斯”是爱尔兰常见姓氏。

D. “墨菲”是卢森堡常见姓氏。

E. “墨菲”是阿根廷常见姓氏。

21. 2021-37 甲、乙、丙、丁、戊5人是某校美学专业2019级研究生,第一学期结束后,他们在张、陆、陈3位教授中选择导师,每人只选择1人作为导师,每位导师都有1~2人选择,并且得知：

(1)选择陆老师的研究生比选择张老师的多；

(2)若丙、丁中至少有1人选择张老师，则乙选择陈老师；

(3)若甲、丙、丁中至少有1人选择陆老师，则只有戊选择陈老师。

根据以上信息，可以得出以下哪项？

A. 乙、丙选择陈老师。　　B. 丙、丁选择陈老师。

C. 甲选择陆老师。　　D. 丁、戊选择陆老师。

E. 乙选择张老师。

22~23题基于以下题干：

冬奥组委会官网开通全球招募系统，正式招募冬奥会志愿者，张明、刘伟、庄敏、孙兰、李梅5人在一起讨论报名事宜。他们商量的结果如下：

(1)如果张明报名，则刘伟也报名；

(2)如果庄敏报名，则孙兰也报名；

(3)只要刘伟和孙兰两人中至少有1人报名，则李梅也报名。

后来得知，他们5人中恰有3人报名了。

22. 2021-40 根据以上信息，可以得出以下哪项？

A. 张明报名了。　　B. 刘伟报名了。　　C. 庄敏报名了。

D. 孙兰报名了。　　E. 李梅报名了。

23. 2021-41 如果增加条件“若刘伟报名，则庄敏也报名”，那么可以得出以下哪项？

A. 张明和刘伟都报名了。　　B. 刘伟和庄敏都报名了。

C. 庄敏和孙兰都报名了。　　D. 张明和孙兰都报名了。

E. 刘伟和李梅都报名了。

24~25题基于以下题干：

某剧团拟将历史故事“鸿门宴”搬上舞台。该剧有项王、沛公、项伯、张良、项庄、樊哙、范增7个主要角色，甲、乙、丙、丁、戊、己、庚7名演员每人只能扮演其中一个，且每个角色只能由其中一人扮演。根据各演员的特点，角色安排如下：

(1)如果甲不扮演沛公，则乙扮演项王；

(2)如果丙或己扮演张良，则丁扮演范增；

(3)如果乙不扮演项王，则丙扮演张良；

(4)如果丁不扮演樊哙，则庚或戊扮演沛公。

24. 2021-47 根据上述信息，可以得出以下哪项？

A. 甲扮演沛公。　　B. 乙扮演项王。　　C. 丙扮演张良。

D. 丁扮演范增。　　E. 戊扮演樊哙。

25. 2021-48 若甲扮演沛公而庚扮演项庄,则可以得出以下哪项?

A. 丙扮演项伯。 B. 丙扮演范增。 C. 丁扮演项伯。

D. 戊扮演张良。 E. 戊扮演樊哙。

26. 2022-28 退休在家的老王今晚在《焦点访谈》《国家记忆》《自然传奇》《人物故事》《纵横中国》这 5 个节目中选择了 3 个节目观看。老王对观看的节目有如下要求:

(1)如果观看《焦点访谈》,就不观看《人物故事》;

(2)如果观看《国家记忆》,就不观看《自然传奇》。

根据上述信息,老王一定观看了如下哪个节目?

A.《纵横中国》。 B.《国家记忆》。 C.《自然传奇》。

D.《人物故事》。 E.《焦点访谈》。

27. 2022-32 关于张、李、宋、孔 4 人参加植树活动的情况如下:

(1)张、李、孔至少有 2 人参加;

(2)李、宋、孔至多有 2 人参加;

(3)如果李参加,那么张、宋两人要么都参加,要么都不参加。

根据以上陈述,以下哪项是不可能的?

A. 宋、孔都参加。 B. 宋、孔都不参加。 C. 李、宋都参加。

D. 李、宋都不参加。 E. 李参加,宋不参加。

28. 2022-39 节日将至,某单位拟为职工发放福利品,每人可在甲到庚 7 种商品中选择其中的 4 种进行组合,且每种组合还需满足如下要求:

(1)若选甲,则丁、戊、庚 3 种中至多选其一;

(2)若丙、己 2 种至少选 1 种,则必选乙但不能选戊。

以下哪项组合符合上述要求?

A. 甲、丁、戊、己。 B. 乙、丙、丁、戊。 C. 甲、乙、戊、庚。

D. 乙、丁、戊、庚。 E. 甲、丙、丁、己。

29~30 题基于以下题干:

某电影院制定未来一周的排片计划。他们决定,周二至周日(周一休息)每天放映动作片、悬疑片、科幻片、纪录片、战争片、历史片 6 种类型中的一种,各不重复。已知排片还有如下要求:

(1)如果周二或周五放映悬疑片,则周三放映科幻片;

(2)如是周四或周六放映悬疑片,则周五放映战争片;

(3)战争片必须在周三放映。

29. 2022-45 根据以上信息，可以得出以下哪项？

A. 周六放映科幻片。　　B. 周日放映悬疑片。

C. 周五放映动作片。　　D. 周二放映纪录片。

E. 周四放映历史片。

30. 2022-46 如果历史片的放映日期，既与纪录片相邻，又与科幻片相邻，则可以得出以下哪项？

A. 周二放映纪录片。　　B. 周四放映纪录片。

C. 周二放映动作片。　　D. 周四放映科幻片。

E. 周五放映动作片。

31. 2022-396-42 老李在兰花、罗汉松、金橘、牡丹、茶花这5个盆栽中选购了3个放在家中观赏。老李对选购的盆栽有如下要求：

(1)如果选购兰花，就选购罗汉松；

(2)如果选购牡丹，就选购罗汉松和茶花。

根据上述信息，老李一定选购了如下哪个盆栽？

A. 兰花。　　B. 罗汉松。　　C. 金橘。

D. 牡丹。　　E. 茶花。

32～33题基于以下题干：

某研究所甲、乙、丙、丁、戊5人拟定去我国四大佛教名山普陀山、九华山、五台山、峨眉山考察。他们每人去了上述两座名山，且每座名山均有其中的2～3人前往，丙与丁结伴考察。已知：

(1)如果甲去五台山，则乙和丁都去五台山；

(2)如果甲去峨眉山，则丙和戊都去峨眉山；

(3)如果甲去九华山，则戊去九华山和普陀山。

32. 2023-37 根据以上信息，可以得出以下哪项？

A. 甲去五台山和普陀山。　　B. 乙去五台山和峨眉山。

C. 丙去九华山和五台山。　　D. 戊去普陀山和峨眉山。

E. 丁去峨眉山和五台山。

33. 2023-38 如果乙去普陀山和九华山，则5人去四大名山（按题干所列顺序）的人次之比是：

A. 3∶3∶2∶2。　　B. 2∶3∶3∶2。　　C. 2∶2∶3∶3。

D. 3∶2∶2∶3。　　E. 3∶2∶3∶2。

34. 2023-40 小陈与几位朋友商定利用假期到某地旅游，他们在桃花坞、第一山、古生物博物馆、新四军军部旧址、琉璃泉、望江阁 6 个景点中选择了 4 个游览。已知：

(1)如果选择桃花坞，则不选择古生物博物馆而选择望江阁；

(2)如果选择望江阁，则不选择第一山而选择新四军军部旧址。

根据以上信息，可以得出以下哪项？

A. 他们选择了桃花坞。

B. 他们没有选择望江阁。

C. 他们选择了新四军军部旧址。

D. 他们没有选择第一山。

E. 他们没有选择古生物博物馆。

35. 2023-396-45 某公司拟招聘员工若干名，该公司要求应聘者必须至少通过甲、乙、丙、丁、戊 5 项考试中的 3 项才会被录用。已知：

(1)凡是通过乙考试的必须通过甲考试；

(2)凡是通过戊考试的必须通过乙考试；

(3)若丙、戊考试中至少通过一项，则也通过丁考试。

若宋某在此次招聘中被该公司录用，则他至少通过了哪两项考试？

A. 甲、乙。　B. 丙、乙。　C. 丙、戊。　D. 甲、丁。　E. 戊、丁。

36~37 题基于以下题干：

某单位发现有 1 号至 7 号七个邮件需要先后派送。根据情况，派送顺序需满足如下条件：

(1)若 1 号邮件和 3 号邮件至少有一个在 5 号邮件之前派送，则 6 号邮件第二个派送并且 4 号邮件不能安排在最后派送；

(2)若 2 号邮件和 6 号邮件中至少有一个安排在第四个或者之前派送，则 5 号邮件第三个派送并且最后派送 1 号邮件；

(3)7 号邮件最先派送，或者最后派送。

36. 2023-396-50 若 5 号邮件安排在第二个派送，则以下哪项是可能的？

A. 最先派送 4 号邮件。

B. 最先派送 2 号邮件。

C. 最先派送 3 号邮件。

D. 最先派送 1 号邮件。

E. 最先派送 6 号邮件。

37. 2023-396-51 若 4 号邮件安排在最后派送，则可以得出以下哪项？

A. 1 号邮件第三个派送。

B. 5 号邮件第二个派送。

C. 3 号邮件第四个派送。

D. 2 号邮件第五个派送。

E. 6 号邮件第六个派送。

38. 2024-29 某部门拟在甲、乙、丙、丁、戊5个乡镇中选择3个进行调研。调研要求如下：

(1)乙、丁至多调研其一；

(2)若选择丙，则选择乙而不选择甲；

(3)若甲、戊中至少有一个不选择，则不选择丙。

根据以上信息，可以得出以下哪项？

A. 甲、戊均不选。

B. 甲、戊恰选其一。

C. 乙、丙均不选。

D. 乙、丙、丁恰选其一。

E. 乙、丙、丁恰选其二。

39. 2024-32 近日，某博物位展出中国古代书画家赵、唐、沈、苏4人的书画。其中展览的《松溪图》《涧石图》《山高图》《雪钓图》分别是这4位最具代表性的画作之一。已知：

(1)若《松溪图》不是苏所画，则《山高图》是唐所画；

(2)若《松溪图》是苏或赵所画，则《雪钓图》是沈所画；

(3)若《雪钓图》是沈所画或《山高图》是唐所画，则《涧石图》是苏所画或《雪钓图》是唐所画。

根据上述信息，可以得出以下哪项？

A.《雪钓图》是沈所画。

B.《松溪图》是赵所画。

C.《松溪图》是唐所画。

D.《涧石图》是苏所画。

E.《山高图》是沈所画。

40~41题基于以下题干：

某大学进行校园形象动物评选。对于喜鹊、松鼠、狐狸、刺猬、乌鸦和白鹭6种动物能否进入初选，有人预测如下：

(1)上述6种动物中若至少有4种入选，则刺猬和松鼠均入选；

(2)若松鼠、狐狸和乌鸦中至少有1种入选，则喜鹊入选，而刺猬不会入选。

评选结果表明，上述预测正确。

40. 2024-35 根据以上信息，关于上述6种动物的入选情况，可以得出以下哪项？

A. 至多有3种入选。

B. 至少有3种入选。

C. 乌鸦和刺猬均未入选。

D. 乌鸦和刺猬至少有1种入选。

E. 白鹭、松鼠和狐狸中至少有1种入选。

41. 2024-36 若恰好有3种动物入选，则可以得出以下哪项？

A. 刺猬入选。

B. 狐狸入选。

C. 喜鹊入选。

D. 松鼠入选。

E. 白鹭入选。

42. 2024-47 某大学从候选人甲、乙、丙、丁、戊、己、庚7人中选出3人作为本年度优秀教师。已知：

(1)甲、丙、丁、戊、己中至多有2人入选；

(2)若戊、己都没有入选，则丁、庚也都没有入选；

(3)若乙、庚中至少有1人没入选，则甲、丙都入选。

根据上述信息，可以得出以下哪项？

A. 甲入选。　　B. 乙入选。　　C. 丙入选。

D. 戊入选。　　E. 庚入选。

43. 2024-52 为了提高效益，经销商李军拟在花生、甜菜、棉花、百合、黄芪和生姜6种农产品中选择3种经营。他有如下考虑：

(1)若经营百合，则也经营黄芪但不经营甜菜；

(2)若经营花生，则也经营甜菜但不经营棉花；

(3)若生姜或者棉花至少经营一种，则同时经营花生和百合。

根据以上信息，以下哪两种农产品是李军拟经营的？

A. 花生和甜菜。　　B. 甜菜和棉花。　　C. 百合和黄芪。

D. 花生和百合。　　E. 棉花和生姜。

44. 2024-396-46 某市存有"临风楼""登高台""义云馆""正阳阁"和"望江亭"5座历史建筑，它们分别坐落于该市东、南、西、北、中的某方位上，且所处的方位各不相同。已知：

(1)若"临风楼"或"登高台"坐落于西，则"义云馆"与"望江亭"分别坐落于南、北；

(2)若"登高台"或"正阳阁"坐落于中，则"望江亭"与"临风楼"分别坐落于东、西；

(3)若"义云馆"或"望江亭"坐落于中，则"正阳阁"与"登高台"分别坐落于东、西。

根据上述信息，可以得出以下哪项？

A. "义云馆"坐落于南。　　B. "登高台"坐落于西。　　C. "望江亭"坐落于北。

D. "临风楼"坐落于中。　　E. "正阳阁"坐落于东。

45~46题基于以下题干：

在欣赏一幅古代山水画时，某人发现在一片山水屋舍之间，有主人、童子、访客和钓者4种人物共6人点缀其中。3名访客正走在门外的小桥上高声呼喊，画中的主人正要打开院门迎客，童子正在院中煮茶，1名钓者正在远离人群的一条小溪旁安静垂钓。赏画人将这6人当作甲、乙、丙、丁、戊、己，并且设想：

(1)如果甲是主人，则乙和丙均是访客；

(2)如果丙是访客，则己在院外且甲是童子；

(3)如果丙和丁至多有一人是访客，则甲是主人且戊在院内。

45. 2025-50 根据以上信息,可以得出以下哪项？

A. 甲是童子。 B. 乙是访客。 C. 丙是主人。
D. 戊是访客。 E. 己是钓者。

46. 2025-51 如果乙在院外,则可以得出以下哪项？

A. 丁是钓者。 B. 乙是钓者。 C. 乙是访客。
D. 戊是主人。 E. 己是访客。

47~48 题基于以下题干：

近日,某市“民间艺术回顾展”设立壹、贰、叁、肆 4 个展区展览剪纸、布艺、面具、石雕、草编、皮影 6 类展品。每个展区至少展出其中 1 类展品,且每类展品仅在其中一个展区展出。已知：

(1)若剪纸和石雕中至多有 1 类在叁区展出,则面具和皮影在壹区展出；

(2)若布艺和草编均在贰区展出,则剪纸和面具在同一展区展出；

(3)若布艺未在贰区展出,则草编未在贰区展出而剪纸在肆区展出。

47. 2025-396-52 根据上述信息,可以得出以下哪项？

A. 草编未在贰区展出。 B. 石雕未在叁区展出。 C. 皮影未在肆区展出。
D. 剪纸未在叁区展出。 E. 布艺未在贰区展出。

48. 2025-396-53 若布艺未在贰区展出,则以下哪项是不可能的？

A. 布艺在叁区展出。 B. 草编在肆区展出。 C. 面具在壹区展出。
D. 石雕在叁区展出。 E. 草编在壹区展出。

第二章 分析推理

第一节 真假话推理

一、要点回顾

(一)传统真假话题型

1. 题型特点:问题中告知真假个数。

2. 应对方法

(1)简化题干信息,将假言判断(a→b)转为选言判断(¬ a∨b)。

(2)运用对当关系,确定问题中“一真”“一假”等真假情况的范围。

(3)确定真假情况的范围后,可以确定剩余条件真或假的情况。

(4)若剩余条件为假,则将假话转为真话,再继续推理。

附:对当关系常见情况表。

关系类别	对象	适用类型
矛盾关系 (必有一真一假)	①“所有 a 都是 b” 和“有的 a 不是 b”; ②“必然不是 a”和“可能是 a”; ③“a∨b”和“¬ a∧¬ b”; ④“a→b”与“a∧¬ b”	①“只有一真”; ②“只有一假”; ③“多真多假”
上反对关系 (至少一假)	①“所有 a 都是 b”和“所有 a 都不是 b”; ②“a”和“¬ a∧b”; ③“a∧b”和“¬ a∧b”; ④“必然 a”和“必然不 a”	①“只有一假”; ②“多真多假”
下反对关系 (至少一真)	①“有的 a 是 b”和“有的 a 不是 b” ; ②“a”和“¬ a∨b”; ③“a∨b”和“¬ a∨b”; ④“可能 a”和“可能不 a”	①“只有一真”; ②“多真多假”
包含关系 (肯前→肯后; 否后→否前; 其余不确定)	①“所有 a 都是 b”→“这个 a 是 b”→“有的 a 是 b”; ②“a”→“a∨b”; ③“a∧b”→“a”; ④“a∧b”→“a∨b”; ⑤“a∀b”→“a∨b”; ⑥“必然 a”→“可能 a”; ⑦ “中国好青年”→“青年”; ⑧“x 大于 7”→“x 大于 5”	①“只有一真”; ②“只有一假”; ③“多真多假”

(二)新颖真假话题型

1. 题型特点:不知道真假个数。

2. 应对方法

(1)选取假设对象。

①选取重复相关的单判断做假设。

②选取题干中的特殊条件或信息多的条件做假设。

③选取假言判断“a→b”中的“肯 a”或“否 b”做假设。

(2)根据假设构建模型,得出确定的条件。

①假设模型 1:假设 a 为真,推出矛盾,则“a 为假”为确定的条件。

注意:假设 a 为真,没有推出矛盾,则 a 可能为真,不是确定的条件,需要继续假设。

②假设模型 2:假设 a 为真,可以得到 b 为真;假设 a 为假,也能得到 b 为真,则“b 为真”为确定的条件。

(三)其他真假话题型

1. 题型特点:告知真假个数但对当关系不明确。

2. 应对方法

(1)选项代入验证排除法。

(2)抓住题干的限定条件做假设或将其作为突破口,如:“只有一人作案”“只有一真”“只有一假”。

二、真题专训

1. 2019-38 某大学有位女教师默默资助一偏远山区的贫困家庭长达 15 年。记者多方打听,发现做好事者是该大学传媒学院甲、乙、丙、丁、戊 5 位教师中的一位。在接受采访时,5 位老师都很谦虚,她们是这么对记者说的:

甲:这件事是乙做的。

乙:我没有做,是丙做了这件事。

丙:我并没有做这件事。

丁:我也没有做这件事,是甲做的。

戊:如果甲没有做,则丁也不会做。

记者后来得知,上述 5 位老师中只有一人说的话符合真实情况。

根据以上信息,可以得出做这件好事的人是:

A. 甲。　　B. 乙。　　C. 丙。　　D. 丁。　　E. 戊。

2. 2021-396-39 一天中午,快递公司张经理将 12 个快递包裹安排给张平、李安、赵明、王亮 4 位快递员投递。未到傍晚,张经理就发现自己交代的任务完成了,于是问 4 人实际投递的

快递数量,4 人的回答如下:

张平:我和李安共送了 5 个。

李安:张平和赵明共送了 7 个。

赵明:我和王亮共送了 6 个。

王亮:我和张平共送了 6 个。

事实上,4 人的回答中只有 1 人说错了,而这位说错的快递员送了 4 个快递。

根据以上信息,可以得出张平、李安、赵明、王亮 4 人送的快递数依次是:

A. 4、3、2、3。 B. 4、1、5、2。 C. 3、2、4、3。 D. 3、4、2、3。 E. 2、3、4、3。

3. 2021-396-50 甲、乙、丙、丁、戊、己 6 人被同期安排至山溪乡扶贫,其中一人到该乡最僻远、最贫困的石坝村扶贫。一天,乡里召开扶贫工作会,到访记者询问参会的甲、乙、丁、戊,他们同期 6 人中谁去了石坝村扶贫,4 人的回答如下:

甲:不是丁去了,就是戊去了。

乙:我没有去,丙也没有去。

丁:甲如果没有去,己就去了。

戊:甲和丙中肯定有人去了。

事实上,因为山区的交通通信不便,他们相互了解不够,上述 4 人的回答只有一个人说的符合实际。

根据以上信息,可以得出上述 6 人中去石坝村扶贫的是:

A. 甲。 B. 乙。 C. 丙。 D. 丁。 E. 己。

第二节 简单分析

一、要点回顾

(一)题型特点

简单分析题型的特点是分析题干中的关键信息,结合问题和选项的特点找到解题的方法,以信息判断题型为主,经常采用选项代入验证排除法。

常见的题型特点如下:

1. 有的题干与选项以信息描述为主,需注意时间、数据、年份等信息。

2. 有的题干中明确了特定的条件或定义等内容,没有明显的形式逻辑词。

3. 有的选项内容比较充分,但题干条件关联弱,无法直接搭桥推理。

4. 有的问题中有明确的附加条件或有明确的指向对象。

(二)应对方法

1. 题干信息多,标序号,采用选项代入验证排除法。

2. 问题问“可能真”或“一定假”,采用选项代入验证排除法。

3. 选项充分,采用选项代入验证排除法。

4. 题干条件关联弱,采用选项代入验证排除法。

二、真题专训

1. 2016-29 古人以干支纪年。甲乙丙丁戊己庚辛壬癸为十干,也称天干。子丑寅卯辰巳午未申酉戌亥为十二支,也称地支。顺次以天干配地支,如甲子、乙丑、丙寅、……、癸酉、甲戌、乙亥、丙子等,六十年重复一次,俗称六十花甲子。根据干支纪年,公元2014年为甲午年,公元2015年为乙未年。

根据以上陈述,可以得出以下哪项?

A. 现代人已不用干支纪年。

B. 干支纪年有利于农事。

C. 21世纪会有甲丑年。

D. 根据干支纪年,公元2024年为甲寅年。

E. 根据干支纪年,公元2087年为丁未年。

2. 2017-30 离家300米的学校不能上,却被安排到2千米外的学校就读,某市一位适龄儿童在上小学时就遭遇了所在区教育局这样的安排,而这一安排是区教育局根据儿童户籍所在施教区做出的。根据该市教育局规定的“就近入学”原则,儿童家长将区教育局告上法院,要求撤销原来安排,让其孩子就近入学。法院对此作出一审判决,驳回原告请求。

下列哪项最可能是法院判决的合理依据?

A. “就近入学”不是“最近入学”,不能将入学儿童户籍地和学校的直线距离作为划分施教区的唯一根据。

B. “就近入学”仅仅是一个需要遵循的总体原则,儿童具体入学安排还要根据特定的情况加以变通。

C. 儿童入学究竟应上哪一所学校,不是让适龄儿童或其家长自主选择,而是要听从政府主管部门的行政安排。

D. 该区教育局划分施教区的行政行为符合法律规定,而原告孩子户籍所在施教区的确需要去离家2千米外的学校就读。

E. 按照特定的地理要素划分,施教区中的每所小学不一定就处于该施教区的中心位置。

3. 2017-37 很多成年人对于儿时熟悉的《唐诗三百首》中的许多名诗,常常仅记得几句名句,而不知诗作者或诗名。甲校中文系硕士生只有三个年级,每个年级人数相等。统计发现,一年级学生都能把该书中的名句与诗名及其作者对应起来;二年级2/3的学生能把该书中的名句与作者对应起来;三年级1/3的学生不能把该书中的名句与诗名对应起来。

根据上述信息，关于该校中文系硕士生，可以得出以下哪项？

A. 大部分硕士生能将该书中的名句与诗名及其作者对应起来。

B. 1/3 以上的硕士生不能将该书中的名句与诗名或作者对应起来。

C. 1/3 以上的一、二年级学生不能把该书中的名句与作者对应起来。

D. 2/3 以上的一、三年级学生能把该书中的名句与诗名对应起来。

E. 2/3 以上的一、二年级学生不能把该书中的名句与诗名对应起来。

4. 2017-48 “自我陶醉人格”，是以过分重视自己为主要特点的人格障碍。它有多种具体特征：过高估计自己的重要性，夸大自己的成就；对批评反应强烈，希望他人注意自己和羡慕自己；经常沉湎于幻想中，把自己看成是特殊的人；人际关系不稳定，嫉妒他人，损人利己。以下各项自我陈述中，除了哪项均能体现上述“自我陶醉人格”的特征？

A. 我的家庭条件不好，但不愿意被别人看不起，所以我借钱买了一部智能手机。

B. 我是这个团队的灵魂，一旦我离开了这个团队，他们将一事无成。

C. 他有什么资格批评我？大家看看，他的能力连我的一半都不到。

D. 我刚接手别人很多年没有做成的事情，我跟他们完全不在一个层次，相信很快就会将事情搞定。

E. 这么重要的活动竟然没有邀请我参加，组织者的人品肯定有问题，不值得跟这样的人交往。

5. 2018-27 盛夏时节的某一天，某市早报刊载了由该市专业气象台提供的全国部分城市当天的天气预报，择其内容列表如下：

天津	阴	上海	雷阵雨	昆明	小雨
呼和浩特	阵雨	哈尔滨	少云	乌鲁木齐	晴
西安	中雨	南昌	大雨	香港	多云
南京	雷阵雨	拉萨	阵雨	福州	阴

根据上述信息，以下哪项作出的论断最为准确？

A. 由于所列城市分处我国的东南西北中，所以上面所列的 9 类天气一定就是所有的天气类型。

B. 由于所列城市盛夏天气变化频繁，所以上面所列的 9 类天气一定就是所有的天气类型。

C. 由于所列城市并非我国的所有城市，所以上面所列的 9 类天气一定不是所有的天气类型。

D. 由于所列城市在同一天不一定展示所有的天气类型，所以上面所列的 9 类天气可能不是所有的天气类型。

E. 由于所列城市在同一天可能展示所有的天气类型，所以上面所列的 9 类天气一定是所有的天气类型。

6. 2018-44 中国是全球最大的卷烟生产国和消费国，但近年来政府通过出台禁烟令、提高卷烟消费税等一系列公共政策努力改变这一形象。一项权威调查数据显示，在 2014 年同比上升 2.4%之后，中国卷烟消费量在 2015 年同比下降了 2.4%，这是 1995 年来首次下降。尽管如此，2015 年中国卷烟消费量仍占全球的 45%，但这一下降对全球卷烟总消费量产生巨大影响，使其同比下降了 2.1%。

根据以上信息，可以得出以下哪项？

A. 2015 年中国卷烟消费量恰好等于 2013 年。

B. 2015 年中国卷烟消费量大于 2013 年。

C. 2015 年世界其他国家卷烟消费量同比下降比率高于中国。

D. 2015 年世界其他国家卷烟消费量同比下降比率低于中国。

E. 2015 年发达国家卷烟消费量同比下降比率高于发展中国家。

7. 2019-33 有一论证（相关语句用序号表示）如下：

①今天，我们仍然要提倡勤俭节约。②节约可以增加社会保障资源，③我国尚有不少地区的人民生活贫困，亟须更多社会保障资源，但也有一些人浪费严重；④节约可以减少资源消耗，⑤因为被浪费的任何粮食或者物品都是消耗一定的资源得来的。

如果用"甲→乙"表示"甲支持（或证明）乙"，则以下哪项对上述论证基本结构的表示最为准确？

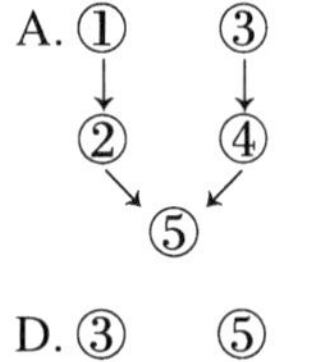

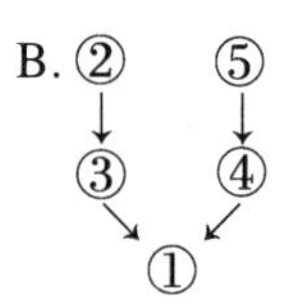

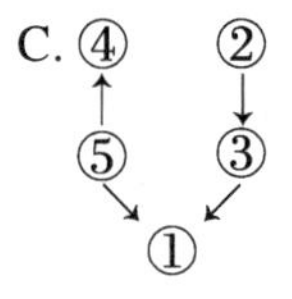

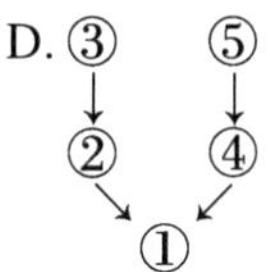

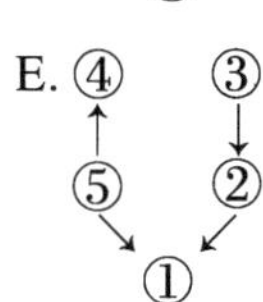

8. 2019-35 本保险柜所有密码都是 4 个阿拉伯数字和 4 个英文字母的组合。已知：

（1）若 4 个英文字母不连续排列，则密码组合中的数字之和大于 15；

（2）若 4 个英文字母连续排列，则密码组合中的数字之和等于 15；

（3）密码组合中的数字之和或者等于 18，或者小于 15。

根据上述信息，以下哪项是可能的密码组合？

A. 58bcde32。 B. 18ac42de。 C. 37ab26dc。 D. 1adbe356。 E. 2acgf716。

9. 2019-36 有一 6×6 的方阵，它所含的每个小方格中可填入一个汉字，已有部分汉字填入。现要求该方阵中的每行每列均含有礼、乐、射、御、书、数 6 个汉字，不能重复也不能遗漏。

根据上述要求,以下哪项是方阵底行5个空格中从左至右依次应填入的汉字?

	乐		御	书	
			乐		
射	御	书		礼	
	射			数	礼
御		数			射
					书

A. 数、礼、乐、射、御。　　B. 乐、数、御、射、礼。　　C. 数、礼、乐、御、射。
D. 乐、礼、射、数、御。　　E. 数、御、乐、射、礼。

10. 2019-43 甲:上周去医院,给我看病的医生竟然还在抽烟。

乙:所有抽烟的医生都不关心自己的健康,而不关心自己健康的人也不会关心他人的健康。

甲:是的,不关心他人健康的医生没有医德。我今后再也不会让没有医德的医生给我看病了。

根据上述信息,以下除了哪项,其余各项均可得出?

A. 甲认为他不会再找抽烟的医生看病。

B. 乙认为上周给甲看病的医生不会关心乙的健康。

C. 甲认为上周给他看病的医生不会关心医生自己的健康。

D. 甲认为上周给他看病的医生不会关心甲的健康。

E. 乙认为上周给甲看病的医生没有医德。

11. 2019-46 我国天山是垂直地带性的典范。已知天山的植被形态分布具有如下特点:

(1)从低到高有荒漠、森林带、冰雪带等;

(2)只有经过山地草原,荒漠才能演变成森林带;

(3)如果不经过森林带,山地草原就不会过渡到山地草甸;

(4)山地草甸的海拔不比山地草甸草原的低,也不比高寒草甸高。

根据以上信息,关于天山植被形态,按照由低到高排列,以下哪项是不可能的?

A. 荒漠、山地草原、山地草甸草原、森林带、山地草甸、高寒草甸、冰雪带。

B. 荒漠、山地草原、山地草甸草原、高寒草甸、森林带、山地草甸、冰雪带。

C. 荒漠、山地草甸草原、山地草原、森林带、山地草甸、高寒草甸、冰雪带。

D. 荒漠、山地草原、山地草甸草原、森林带、山地草甸、冰雪带、高寒草甸。

E. 荒漠、山地草原、森林带、山地草甸草原、山地草甸、高寒草甸、冰雪带。

12. 2020-36 下表显示了某城市过去一周的天气情况：

星期一	星期二	星期三	星期四	星期五	星期六	星期日
东南风 1～2 级 小雨	南风 4～5 级 晴	无风 小雪	北风 1～2 级 阵雨	无风 晴	西风 3～4 级 阴	东风 2～3 级 中雨

以下哪项对该城市这一周天气情况的概括最为准确？

A. 每日或者刮风，或者下雨。

B. 每日或者刮风，或者晴天。

C. 每日或者无风，或者无雨。

D. 若有风且风力超过 3 级，则该日是晴天。

E. 若有风且风力不超过 3 级，则该日不是晴天。

13. 2020-41 某语言学爱好者欲基于无涵义语词、有涵义语词构造合法的语句。已知：

(1)无涵义语词有 a、b、c、d、e、f，有涵义语词有 W、Z、X；

(2)如果两个无涵义语词通过一个有涵义语词连接，则它们构成一个有涵义语词；

(3)如果两个有涵义语词直接连接，则它们构成一个有涵义语词；

(4)如果两个有涵义语词通过一个无涵义语词连接，则它们构成一个合法的语句。

根据上述信息，以下哪项是合法的语句？

A. aWbcdXeZ。 B. aWbcdaZe。 C. fXaZbZWb。 D. aZdacdfX。 E. XWbaZdWc。

14. 2020-52 人非生而知之者，孰能无惑？惑而不从师，其为惑也，终不解矣。生乎吾前，其闻道也固先乎吾，吾从而师之；生乎吾后，其闻道也亦先乎吾，吾从而师之。吾师道也，夫庸知其年之先后生于吾乎？是故无贵无贱，无长无少，道之所存，师之所存也。

根据以上信息，可以得出以下哪项？

A. 与吾生乎同时，其闻道也必先乎吾。

B. 师之所存，道之所存也。

C. 无贵无贱，无长无少，皆为吾师。

D. 与吾生乎同时，其闻道不必先乎吾。

E. 若解惑，必从师。

15. 2021-35 王、陆、田 3 人拟到甲、乙、丙、丁、戊、己 6 个景点结伴游览。关于游览的顺序，3 人意见如下：

(1)王：1 甲、2 丁、3 己、4 乙、5 戊、6 丙。

(2)陆：1 丁、2 己、3 戊、4 甲、5 乙、6 丙。

(3)田：1 己、2 乙、3 丙、4 甲、5 戊、6 丁。

实际游览时，各人意见中都恰有一半的景点序号是正确的。

根据以上信息，他们实际游览的前 3 个景点分别是：

A. 己、丁、丙。 B. 丁、乙、己。 C. 甲、乙、己。 D. 乙、己、丙。 E. 丙、丁、己。

16. 2021-45 下面有一 5×5 的方阵，它所含的每个小方格中可填入一个词（已有部分词填入）。现要求该方阵中的每行、每列及每个粗线条围住的五个小方格组成的区域中均含有“道路”“制度”“理论”“文化”“自信”5 个词，不能重复也不能遗漏。

①	②	③	④	
	自信	道路		制度
理论				道路
制度		自信		
				文化

根据上述要求，以下哪项是方阵顶行①②③④空格中从左至右依次应填入的词？

A. 道路、理论、制度、文化。

B. 道路、文化、制度、理论。

C. 文化、理论、制度、自信。

D. 理论、自信、文化、道路。

E. 制度、理论、道路、文化。

17. 2021-52 除冰剂是冬季北方城市用于去除道路冰雪的常见产品。下表显示了五种除冰剂的各项特征：

除冰剂类型	融冰速度	破坏道路设施的可能风险	污染土壤的可能风险	污染水体的可能风险
Ⅰ	快	高	高	高
Ⅱ	中等	中	低	中
Ⅲ	较慢	低	低	中
Ⅳ	快	中	中	低
Ⅴ	较慢	低	低	低

以下哪项对上述五种除冰剂的特征概括最为准确？

A. 融冰速度较慢的除冰剂在污染土壤和污染水体方面的风险都低。

B. 没有一种融冰速度快的除冰剂三个方面的风险都高。

C. 若某种除冰剂至少在两个方面风险低，则其融冰速度一定较慢。

D. 若某种除冰剂三方面风险都不高，则其融冰速度一定也不快。

E. 若某种除冰剂在破坏道路设施和污染土壤方面的风险都不高，则其融冰速度一定较慢。

18. 2021-396-38 文物复制件是依照文物体量、形制、质地、纹饰、文字、图案等历史信息，基本采取原技艺方法和工艺流程，制作与文物相同的制品。为了避免珍贵文物在陈列展示中受到损害，一些博物馆会用文物复制件替代文物原件进行展出。

根据上述信息，以下哪项与文物复制件的描述最为吻合？

A. 王师傅不断学习和临摹古人作品，他复制临摹的古人笔迹类作品已达到形神兼备的境界。

B. 为了修补乾隆年间的一幅罗汉拓片画作上的裂纹，修复师李师傅特地找厂家定制了一种纸，以保证与原画作在色泽和质地上一致。

C. 金属器物修复研究所对一件待修复的青铜器文物进行激光三维扫描，建立了与原青铜器文物一模一样的实物模型。

D. 黄师傅采用制作秦兵马俑所用的质料、彩色颜料以及技艺方法和工艺流程制成一批秦兵马俑仿制品，几可乱真。

E. 按照工作流程，修复师林师傅对某件青铜器文物进行了信息采集、取样、清洗、焊接、调色和补配等操作。

19. **2021-396-41** 某市发改委召开该市高速公路收费标准调整价格听证会，旨在征求消费者、经营者和专家的意见。实际参加听证会的共有 15 人，其中消费者 9 人、经营者 5 人、专家 3 人，此外无其他人员列席。

根据上述信息，可以得出以下哪项？

A. 有专家是消费者。

B. 有专家是经营者。

C. 有专家不是经营者。

D. 有专家是消费者但不是经营者。

E. 有专家是经营者但不是消费者。

20. **2022-396-37** 某城市公园中央有甲、乙、丙、丁 4 个大花坛，每个花坛均分为左、中、右 3 格，每格种植同一种花卉。具体种植情况如下：

	左	中	右
甲	牡丹	郁金香	茉莉
乙	郁金香	菊花	牡丹
丙	玫瑰	百合	菊花
丁	菊花	牡丹	百合

关于上述 4 个花坛的具体种植情况，以下哪项陈述是正确的？

A. 每个花坛均种有牡丹或者茉莉。

B. 每个花坛菊花或者郁金香至多种了一种。

C. 若中间格种的不是郁金香，则该花坛种有菊花。

D. 若中间格种的不是牡丹，则该花坛其他格种有牡丹。

E. 若左边格种的不是郁金香或玫瑰，则该花坛种有百合。

21～22 题基于以下题干：

有金、银、铜 3 种奖牌放在甲、乙、丙三个箱子中，每个箱子放有两枚奖牌。已知：

（1）甲箱中至少有一枚奖牌是铜牌；

（2）至少有一个箱子，其两枚奖牌的类别不同；

（3）乙箱中至少有一枚奖牌是金牌，但没有银牌。

21. 2022-396-38 根据以上条件，以下哪项可以是三个箱子中奖牌的正确组合？

A. 甲，银牌和铜牌；乙，金牌和银牌；丙，铜牌和铜牌。

B. 甲，金牌和银牌；乙，金牌和铜牌；丙，银牌和银牌。

C. 甲，铜牌和铜牌；乙，银牌和银牌；丙，金牌和铜牌。

D. 甲，金牌和铜牌；乙，金牌和铜牌；丙，银牌和铜牌。

E. 甲，铜牌和铜牌；乙，金牌和金牌；丙，铜牌和铜牌。

22. 2022-396-39 以下哪项作为丙箱中的奖牌组合总是可以满足上述条件？

A. 银牌和银牌。　　B. 金牌和银牌。　　C. 金牌和金牌。

D. 金牌和铜牌。　　E. 铜牌和铜牌。

23. 2022-396-46《春秋》原是先秦时代各国史书的通称，后仅指鲁国的春秋。《春秋》最突出的特点就是寓褒贬于记事的“春秋笔法”。因此，《春秋》是“微言大义”的经典，是定名分、制法度的范本。史学家从中领悟到修史应该有严格而明确的倾向性，文学家则体会到遣词造句力求简洁而意蕴深刻。

根据以上信息，可以得出哪项？

A. 鲁国的《春秋》之所以传世是由于其寓褒贬于记事的“春秋笔法”。

B. 凡具有“微言大义”的经典都是定名分、制法度的范本。

C. 有些定名分、制法度的文本也是“微言大义”的经典。

D. 如果寓褒贬于记事，则修史就能具有明确的倾向性。

E. 只有遣词造句力求简洁，修史才能做到意蕴深刻。

24. 2022-396-47 有一论证（相关语句用序号表示）如下：

①天行有常，不为尧存，不为桀亡。②应之以治则吉，应之以乱则凶。③强本而节用，则天不能贫；养备而动时，则天不能病；循道而不贰，则天不能祸。④故水旱不能使之饥，寒暑不能使之疾，袄怪不能使之凶。⑤本荒而用侈，则天不能使之富；养略而动罕，则天不能使之全；倍道而妄行，则天不能使之吉。⑥故水旱未至而饥，寒暑未薄而疾，袄怪未至而凶。

如果用“甲→乙”表示“甲支持（或证明）乙”，则以下哪项对上述论证基本结构的表示最为准确？

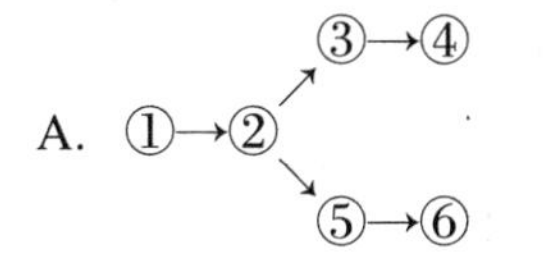

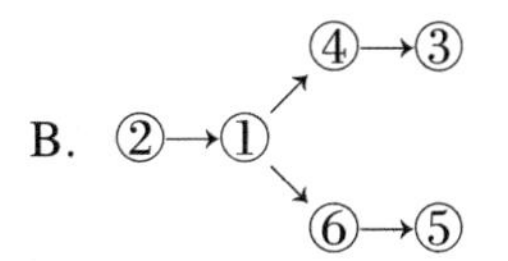

C. ①→②→③→④→⑤→⑥　　D. ①→②→④→③→⑥→⑤

E. 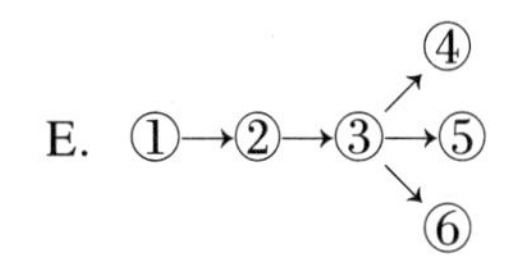

25. 2023-29 某部门抽检了肉制品、白酒、乳制品、干果、蔬菜、水产品、饮料7类商品共521种样品，发现其中合格样品515种，不合格样品6种。已知：

(1)蔬菜、白酒中有2种不合格样品；

(2)肉制品、白酒、蔬菜、水产品中有5种不合格样品；

(3)蔬菜、乳制品、干果中有3种不合格样品。

根据上述信息，可以得出以下哪项？

A. 乳制品中没有不合格样品。

B. 肉制品中没有不合格样品。

C. 蔬菜中没有不合格样品。

D. 白酒中没有不合格样品。

E. 水产品中没有不合格样品。

26. 2023-42 某台电脑的登录密码由0~9中的6个数字组成，每个数字最多出现一次。关于该6位密码，已知：

(1)741605中，共有4个数字正确，其中3个位置正确，1个位置不正确；

(2)320968中，恰有3个数字正确且位置正确；

(3)417280中，共有4个数字不正确。

根据上述信息，可以得出该登录密码的前两位是：

A. 71。 B. 42。 C. 72。 D. 31。 E. 34。

27. 2023-396-39 现有4张卡片如下图所示，每张卡片的正反面上下对应。每张卡片的正面印的是季节或者节气，反面印的是诗句或者成语。

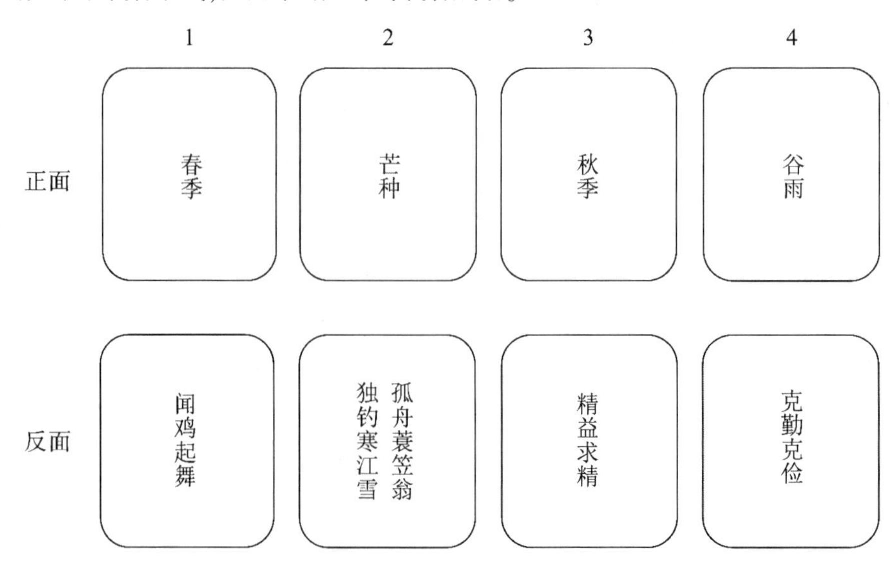

对上述 4 张卡片情况的概括,以下哪项是正确的?

A. 若正面印的是节气,则反面印的是成语。

B. 若正面印的是节气,则反面印的是诗句。

C. 若正面印的是季节,则反面印的是成语。

D. 若反面印的是诗句,则正面印的是季节。

E. 若反面印的是成语,则正面印的是节气。

28. 2023-396-46 有一个 5×5 的方阵,其中每个小方格均可填入一个由两个汉字组成的词,已有部分词填入,现要求方阵中的每行每列均含有富强、民主、文明、和谐、美丽五个词,不能重复也不能遗漏。

根据上述要求,以下哪项是方阵最后一行 5 个空格从左至右依次填入的词?

	民主	文明	和谐	
		富强	民主	
				富强
美丽	富强			和谐

A. 民主、和谐、美丽、富强、文明。

B. 文明、和谐、美丽、富强、民主。

C. 富强、文明、和谐、民主、美丽。

D. 和谐、文明、富强、美丽、民主。

E. 民主、文明、和谐、美丽、富强。

29. 2023-396-48 有一论证(相关语句用序号表示)如下:

①然臣谓小人无朋,惟君子则有之。其故何哉?

②小人所好者禄利也,所贪者财货也。

③当其同利之时,暂相党引以为朋者,伪也;及其见利而争先,或利尽而交疏,则反相贼害,虽其兄弟亲戚,不能自保。

④故臣谓小人无朋,其暂为朋者,伪也。

⑤君子则不然。所守者道义,所行者忠信,所惜者名节。

⑥以之修身,则同道而相益;以之事国,则同心而共济;终始如一,此君子之朋也。

⑦故为人君者,但当退小人之伪朋,用君子之真朋,则天下治矣。

如果利用"甲→乙"表示"甲支持(或证明)乙",下列哪项对上述论证基本结构的表示最为准确?

A. 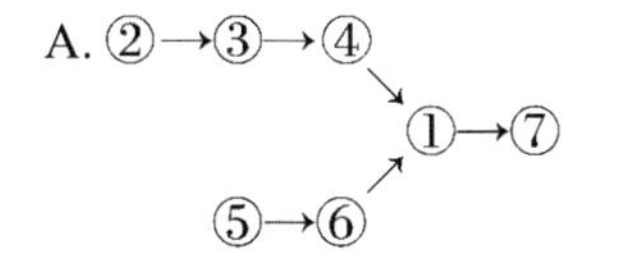

B. 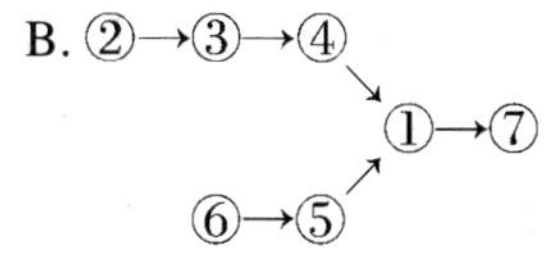

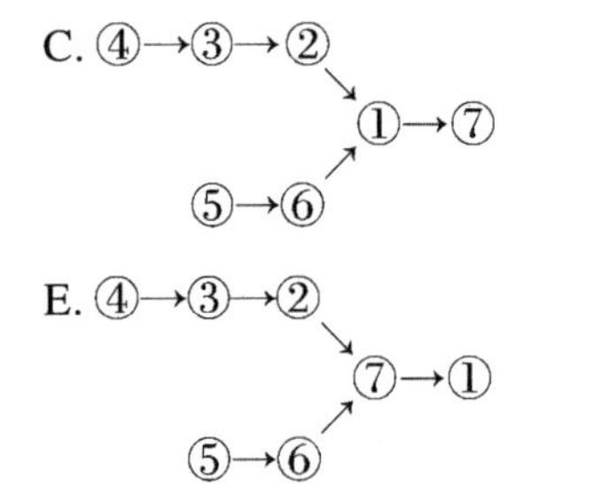

D. ②→③→④↘⑦→①；⑤→⑥↗⑦

30. 2023-396-49 近期，某大学召开了一次国际学术会议，有60位专家学者参加会议，其中国外学者20余人。会议共收到投稿论文70余篇，共计有46篇通过了审核。论文通过审核的作者均参加了会议，共有24人做了大会报告，其他参会人员均做了分组报告。

根据以上信息，可以得到以下哪项？

A. 做大会报告的国外学者比国内学者多。

B. 有部分国内学者做了分组报告。

C. 做大会报告的国内学者比国外学者多。

D. 国外学者的论文都通过了审核。

E. 有些论文未通过审核的作者也参加了会议。

31. 2024-43 曼特洛编码是只能按照如下3条规则生成的符号串：

(1)曼特洛图形只有三个：▲、▽、☆。

(2)一对圆括号中若只含有0个、1个或者2个不同的曼特洛图形，则为曼特洛编码。

(3)一对圆括号中若只含有1个或2个曼特洛编码且不含其他符号，则也为曼特洛编码。

根据上述规定，以下哪项符号串是曼特洛编码？

A. (()(▲☆)(☆▽))。

B. ((▲☆)(☆(▽)))。

C. ((▲)(☆())(☆▽))。

D. ((▲)(((☆▽)())))。

E. ((▲)(☆)(▽())☆)。

32. 2024-45 下面有一5×5的方阵，它所含的每个小方格中均可填入“稻”“黍”“稷”“麦”“豆”五谷名称之一，有部分方格已经填入。要求该方阵每行、每列的五个小方格中均含有五谷名称，不能重复也不能遗漏。

根据上述要求，以下哪项是方阵①空格中应填入的五谷名称？

稷	麦			黍
麦	豆			
			①	
		黍		麦
	稷			稻

A. 麦。　B. 豆。　C. 稻。　D. 稷。　E. 黍。

33. 2024-51 在航空公司眼中,旅客大体分为两类:“时间敏感而价格不敏感”且多在工作日出行的群体,“时间不敏感而价格敏感”且多在周末出行的群体。去年,为改善低客流状况,S 航空公司推出了“周末随心飞”特惠产品:用户只需花 3 000 元即可在本年度的任意周六和周日,不限次数乘坐该航空公司除飞往港澳台以外的任意国内航班。据统计,在 S 航的大本营 H 市,各个航班的“周末随心飞”旅客占比超过 90%,且这些旅客大多是从 H 市飞往成都、深圳、三亚、昆明等热点城市的。

根据上述信息,可以得出以下哪项?

A. 有些“周末随心飞”旅客以往并不曾飞往成都。

B. 去年 S 航推出的“周末随心飞”产品可以跨年兑换使用。

C. 没有“时间不敏感而价格敏感”的旅客会选择工作日出行。

D. 有些“时间敏感而价格不敏感”的旅客会乘坐 S 航的周末航班。

E. 去年乘坐 S 航航班飞往香港的旅客,使用的不是“周末随心飞”特惠产品。

34. 2024-396-37 饮茶越来越成为中国年轻人的新“食”尚。去年中国茶叶消费者年龄分布的统计数据显示, 19~25 岁的消费者占比为 18%,26~40 岁的消费者占比超过六成,40 岁以上的消费者占比为 12%;另外,通过线上平台选购茶叶的消费者接近六成,通过茶叶专卖店选购的有 57%,通过茶农选购的有 28%。

根据上述信息,可以得出以下哪项?

A. 26~40 岁的消费者大都习惯在茶叶专卖店选购茶叶。

B. 当前饮茶的年轻化趋势越来越凸显,中老年茶客已比往年大幅减少。

C. 今年众多茶农纷纷开始线上营销,茶叶的线上销售额已经赶超线下。

D. 随着直播营销的深入发展,网购已成为年轻消费者选购茶叶的主要方式。

E. 40 岁及以下的部分消费者既未通过茶农选购茶叶,也未通过茶叶专卖店选购茶叶。

35. 2024-396-44 某研究团队有宋、方、刘、王、孙、罗 6 人,其中有 3 名女性、3 名博士、4 名工程师。已知:

(1)工程师中只有方、孙 2 人是男性;

(2)若刘、王中至少有 1 人是博士,则宋、罗均是女工程师。

根据以上信息,以下哪项是不可能的?

A. 至少有 1 人是男博士。

B. 王、孙中至少有 1 人是博士。

C. 刘、方中至少有 1 人是博士。

D. 罗、王均不是博士,王是工程师。

E. 宋、孙均不是博士,刘是工程师。

36~37 题基于以下题干：

全球气候正在变暖。权威科学报告显示，最近 50 年的全球气候变暖主要是人类燃烧化石燃料导致的。全球气候变暖已经给人类的生存和发展带来巨大危害。当前，人类的生产生活排放正在逼近多个气候临界点，一旦突破这些临界点，人类的未来将面临巨大风险。如何应对这样的气候风险？以下几位专家相继提出不同看法：

甲：各国应当尽快停止依赖化石燃料，转向开发风能、水能、太阳能等清洁能源。

乙：有些发展中国家由于经济、技术等条件的限制，目前还无法很快实现能源转型。

丙：当前气候风险巨大，不能尽快实现能源转型的国家就是在破坏人类的共同家园。

丁：全球气候变暖主要是发达国家 200 多年的工业排放导致的，他们更应对此负责。

戊：若要求发展中国家尽快实现能源转型，发达国家就必须向他们提供资金和技术。

己：所谓气候风险目前还存在不确定性，在此情况下花费巨大代价去应对并不明智。

36. **2025-39** 根据以上信息，可以得出以下哪项？

A. 乙反驳了甲。　　B. 丙反驳了甲。　　C. 丁反驳了甲。

D. 己反驳了甲。　　E. 戊反驳了甲。

37. **2025-40** 对于上述专家的观点，可以得出以下哪项？

A. 乙和丁支持甲。　　B. 丙和戊支持甲。　　C. 乙和丁支持戊。

D. 乙和丙支持己。　　E. 戊和己支持乙。

38. **2025-41** 已知“▦▨▩▤▣”“▩☷▤▣▥”和“☷▤▣▦▥”是三组图形符号，其中有两组分别表示“春花开满园”和“满山梅花开”。

根据以上信息，可知“▤▩☷▨▥”中两个相邻图形符号表示的汉字有：

A. 春山。　　B. 梅园。　　C. 梅山。

D. 花园。　　E. 山花。

39. **2025-49** 下图有一 5×5 的方阵，它所含的每个小方格中均可填入“酸”“甜”“苦”“辣”“咸”五味名称之一，有部分方格已经填入，要求该方阵每行、每列以及两条对角线的 5 个小方格中均含有五味名称，不能重复也不能遗漏。

根据上述要求，以下哪项是空格①②中依次应填入的五味名称？

①				辣
				②
		苦		
				甜
酸				

A. 甜、酸。　　B. 甜、咸。　　C. 咸、酸。

D. 甜、苦。　　E. 咸、苦。

40~41 题基于以下题干：

今年暑期，国人参观博物馆的热情空前高涨，许多博物馆一票难求。特别是像故宫博物院、敦煌莫高窟等一些热门博物馆，情况更为突出。如今我国博物馆总数已有六千多家，但比起发达国家，我国博物馆的人均数仍有较大差距。如何缓解当前博物馆“一票难求”的状况？有几位专家分别建议如下：

甲：目前藏品资源过度集中在一些大型国有博物馆，导致这些大馆“一票难求”，要让大馆主动向小馆分流一些藏品。只有分流藏品，才能分流观众。

乙：要珍惜人们参观博物馆的热情。博物馆要积极争取相关部门的支持，在原有基础上扩建展馆，提高观展人数上限，最大限度满足人们的参观需求。

丙：大型博物馆可征用和修缮一些老旧建筑作布展之用，既能扩大展览面积、增添展览氛围，又可分流大馆观众。国外一些著名博物馆就建在老旧建筑里。

丁：我国不同种类的博物馆太少。要新建一批不同种类的博物馆，一方面可以满足不同观众的不同需求，另一方面也能为热门博物馆分流观众。

戊：博物馆要充分利用网络、学校等平台，多向观众介绍馆藏特色、服务安排等内容，适当延长开放时间，引导部分观众避开客流高峰，顺利观展。

40. 2025-396-40 根据上述信息，专家们的建议可分为以下哪两类？

A. 内畅与外联。　　B. 扩容与分流。　　C. 新建与挖潜。

D. 积聚与分散。　　E. 限流与分流。

41. 2025-396-41 若要缓解当前博物馆“一票难求”的状况，则以下哪项建议最为合理？

A. 增加投入，扩大规模，合理布局，在全国各地建设更多不同类别的博物馆，以满足人民群众参观博物馆的文化需要。

B. 在调查研究的基础上，借鉴西方发达国家博物馆的先进管理经验，广泛协商，科学谋划，制订博物馆中长期发展规划。

C. 抓大放小，重点提升一批大型国有博物馆的馆藏实力和展陈能力，用精品文物或藏品向世界讲述中国故事，传递中国声音。

D. 全面提升博物馆业务水平，既要做好文物保护和修复工作，又要进一步做好公共服务和学术研究，推动博物馆事业高质量发展。

E. 要大力加强博物馆管理人才的选拔工作，始终坚持讲政治、精学术、会管理的人才选拔标准，不断提升博物馆服务社会的能力。

42. 2025-396-49 “生、旦、净、末、丑”是中国京剧中的5类角色。下面有一 5×5 的方阵，它所含的每个小方格中均可填入“生”“旦”“净”“末”“丑”5个汉字之一，有部分方格已经填入。要求该方阵每行、每列以及两条对角线的5个小方格中均含有前述五个汉字，不能重复也不能遗漏。

根据上述要求，以下哪项是空格①中应填入的汉字？

		净		末
	生		丑	
				生
①				

A. 生。　　B. 末。　　C. 净。
D. 丑。　　E. 旦。

43. 2025-396-50 老朱夫妇养了7只母鸡，最近他们发现母鸡的产蛋量减少了。经过一段时间的观察，他们发现仅有3只鸡生蛋。若给这7只鸡按①～⑦进行编号，则这7只鸡目前的产蛋情况如下：

(1)①②③④中至少有2只鸡生蛋；

(2)④⑤⑥⑦中至多有1只鸡生蛋；

(3)③④⑤⑥中至多有1只鸡生蛋。

若①②中至少有一只鸡不生蛋，则可以得出以下哪项？

A. ①④生蛋。　　B. ②⑥生蛋。　　C. ①⑤生蛋。
D. ②⑤生蛋。　　E. ③⑦生蛋。

第三节 综合分析

一、要点回顾

（一）题型特点

综合分析题型的特点是题干中一般有一定的背景信息，需要考生结合题型的特点确定解题的方法，同时需要考生分析题干中好用的条件（确定条件做出发，限定条件可推理，条件多的可搭桥）来找到解题的突破口，加以简单的推理得出答案。

常见的题型特点如下：

1. 一般题干背景信息中相关性特征明确，例如对应题型、排序题型或分组题型。

2. 有的题干条件多，但有共同话题，可以借用画表的方法搭桥或推理。

3. 有的题干情境设置是从几人中选几人，即为分两组的情况。

4. 题干中有明确的题型特点或限定条件，以分析题型特点或题干条件为主，以简单推理为辅。

（二）应对方法

1. 对应题型突破口：打×条件做出发，重复相关做搭桥，信息太多要画表，剩余思路推结果。

2. 排序题型突破口：跨度条件最好用，特殊位置要识别，重复相关做搭桥，简单画图更清晰。

3. 多组题型突破口：确定每组的数量，特殊组数要注意，限定条件可推理，重复相关做搭桥。

4. 分组题型突破口：确定每组的数量，数量越少越好用。

5. 其他题型突破口：确定条件做出发，相同相关做搭桥，推理同时看选项，题干难推验选项。

二、真题专训

1~2 题基于以下题干：

某皇家园林依中轴线布局，从前到后依次排列着七个庭院。这七个庭院分别以汉字“日”“月”“金”“木”“水”“火”“土”来命名。已知：

（1）“日”字庭院不是最前面的那个庭院；

（2）“火”字庭院和“土”字庭院相邻；

（3）“金”“月”两庭院间隔的庭院数与“木”“水”两庭院间隔的庭院数相同。

1. 2016-43 根据上述信息，下列哪个庭院可能是“日”字庭院？

A. 第六个庭院。　B. 第五个庭院。　C. 第四个庭院。

D. 第二个庭院。　E. 第一个庭院。

2. 2016-44 如果第二个庭院是“土”字庭院，可以得出以下哪项？

A. 第一个庭院是“火”字庭院。　B. 第三个庭院是“月”字庭院。

C. 第四个庭院是“金”字庭院。　D. 第五个庭院是“木”字庭院。

E. 第七个庭院是“水”字庭院。

3. 2016-48 在编号壹、贰、叁、肆的 4 个盒子中装有绿茶、红茶、花茶和白茶 4 种茶，每只盒子只装一种茶，每种茶只装在一个盒子中。已知：

（1）装绿茶和红茶的盒子在壹、贰、叁号范围之内；

（2）装红茶和花茶的盒子在贰、叁、肆号范围之内；

（3）装白茶的盒子在壹、叁号范围之内。

根据上述陈述,可以得出以下哪项?

A. 绿茶在壹号盒子中。
B. 红茶在贰号盒子中。
C. 白茶在叁号盒子中。
D. 花茶在肆号盒子中。
E. 绿茶在叁号盒子中。

4~5 题基于以下题干:

丰收公司邢经理需要在下个月赴湖北、湖南、安徽、江西、江苏、浙江、福建 7 省进行市场需求调研,各省均调研一次。他的行程需满足如下条件:

(1)第一个或最后一个调研江西省;

(2)调研安徽省的时间早于浙江省,在这两省的调研之间调研除了福建省的另外两省;

(3)调研福建省的时间安排在调研浙江省之前或刚好调研完浙江省之后;

(4)第三个调研江苏省。

4. 2017-33 如果邢经理首先赴安徽省调研,则关于他的行程,可以确定以下哪项?

A. 第二个调研湖北省。
B. 第五个调研湖北省。
C. 第五个调研浙江省。
D. 第五个调研福建省。
E. 第二个调研湖南省。

5. 2017-34 如果安徽省是邢经理第二个调研省份,则关于他的行程,可以确定以下哪项?

A. 第一个调研江西省。
B. 第四个调研湖北省。
C. 第五个调研浙江省。
D. 第五个调研湖南省。
E. 第六个调研福建省。

6. 2017-47 某著名风景区有“妙笔生花”“猴子观海”“仙人晒靴”“美人梳妆”“阳关三叠”“禅心向天”6 个景点。为方便游人,景区提示如下:

(1)只有先游“猴子观海”,才能游“妙笔生花”;

(2)只有先游“阳关三叠”,才能游“仙人晒靴”;

(3)如果游“美人梳妆”,就要先游“妙笔生花”;

(4)“禅心向天”应第 4 个游览,之后才可游览“仙人晒靴”。

张先生按照上述提示,顺利游览了上述 6 个景点。

根据上述信息,关于张先生的游览顺序,以下哪项不可能为真?

A. 第一个游览“猴子观海”。
B. 第二个游览“阳关三叠”。
C. 第三个游览“美人梳妆”。
D. 第五个游览“妙笔生花”。
E. 第六个游览“仙人晒靴”。

7~8 题基于以下题干:

某影城将在“十一”黄金周 7 天(周一至周日)放映 14 部电影,其中,有 5 部科幻片、3 部

警匪片、3 部武侠片、2 部战争片及 1 部爱情片。限于条件,影城每天放映两部电影。已知:

(1)除两部科幻片安排在周四外,其余 6 天每天放映的两部电影都属于不同类别;

(2)爱情片安排在周日;

(3)科幻片与武侠片没有安排在同一天;

(4)警匪片和战争片没有安排在同一天。

7. 2017-54 根据上述信息,以下哪项中的两部电影不可能安排在同一天放映?

A. 科幻片和警匪片。
B. 武侠片和警匪片。
C. 警匪片和爱情片。
D. 科幻片和战争片。
E. 武侠片和战争片。

8. 2017-55 根据上述信息,如果同类影片放映日期连续,则周六可能放映的电影是以下哪项?

A. 科幻片和警匪片。
B. 科幻片和武侠片。
C. 警匪片和战争片。
D. 科幻片和战争片。
E. 武侠片和警匪片。

9~10 题基于以下题干:

某校四位女生施琳、张芳、王玉、杨虹与四位男生范勇、吕伟、赵虎、李龙进行中国象棋比赛。他们被安排到四张桌上,每桌一男一女对弈,四张桌从左到右分别记为 1、2、3、4 号,每对选手需要进行四局比赛。比赛规定:选手每胜一局得 2 分,和一局得 1 分,负一局得 0 分。前三局结束时,按分差大小排列,四对选手的总积分分别是 6∶0、5∶1、4∶2、3∶3。已知:

(1)张芳跟吕伟对弈,杨虹在 4 号桌比赛,王玉的比赛桌在李龙比赛桌的右边;

(2)1 号桌的比赛至少有一局是和局,4 号桌双方的总积分不是 4∶2;

(3)赵虎前三局总积分并不领先他的对手,他们也没有下成过和局;

(4)李龙已连输三局,范勇在前三局总积分上领先他的对手。

9. 2018-54 根据上述信息,前三局比赛结束时谁的总积分最高?

A. 施琳。
B. 张芳。
C. 范勇。
D. 王玉。
E. 杨虹。

10. 2018-55 如果下列有位选手前三局均与对手下成和局,那么他(她)是谁?

A. 施琳。
B. 张芳。
C. 范勇。
D. 王玉。
E. 杨虹。

11~12 题基于以下题干:

某食堂采购 4 类(各蔬菜名称的后一个字相同,即为一类)共 12 种蔬菜:芹菜、菠菜、韭菜、青椒、红椒、黄椒、黄瓜、冬瓜、丝瓜、扁豆、毛豆、豇豆。并根据若干条件将其分成 3 组,准备在早、中、晚三餐中分别使用。已知条件如下：

(1)同一类别的蔬菜不在一组；

(2)芹菜不能在黄椒那一组，冬瓜不能在扁豆那一组；

(3)毛豆必须与红椒或韭菜同一组；

(4)黄椒必须与豇豆同一组。

11. 2019-49 根据以上信息，可以得出以下哪项？

A. 芹菜与豇豆不在同一组。

B. 芹菜与毛豆不在同一组。

C. 菠菜与扁豆不在同一组。

D. 冬瓜与青椒不在同一组。

E. 丝瓜与韭菜不在同一组。

12. 2019-50 如果韭菜、青椒与黄瓜在同一组，则可得出以下哪项？

A. 芹菜、红椒与扁豆在同一组。

B. 菠菜、黄椒与豇豆在同一组。

C. 韭菜、黄瓜与毛豆在同一组。

D. 菠菜、冬瓜与豇豆在同一组。

E. 芹菜、红椒与丝瓜在同一组。

13～14 题基于以下题干：

某园艺公司打算在如下形状的花圃中栽种玫瑰、兰花、菊花三个品种的花卉。该花圃的形状如下所示：

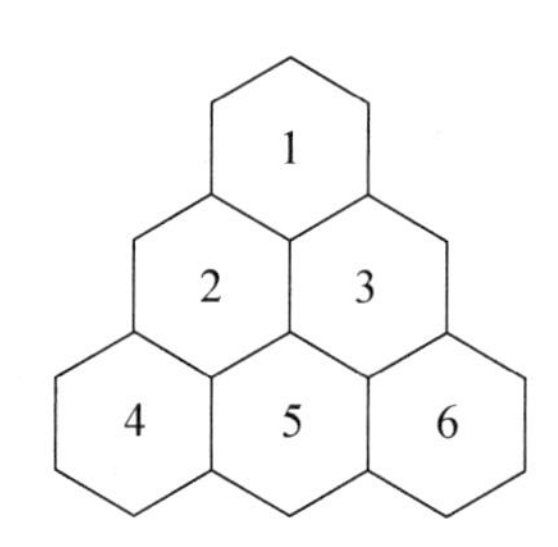

拟栽种的玫瑰有紫、红、白 3 种颜色，兰花有红、白、黄 3 种颜色，菊花有白、黄、蓝 3 种颜色。栽种需满足如下要求：

(1)每个六边形格子中仅栽种一个品种、一种颜色的花；

(2)每个品种只栽种两种颜色的花；

(3)相邻格子中的花，其品种与颜色均不相同。

13. 2019-54 若格子 5 中是红色的花，则以下哪项是不可能的？

A. 格子 1 中是白色的兰花。

B. 格子 4 中是白色的兰花。

C. 格子 6 中是蓝色的菊花。

D. 格子 2 中是紫色的玫瑰。

E. 格子 1 中是白色的菊花。

14. 2019-55 若格子 5 中是红色的玫瑰，且格子 3 中是黄色的花，则可以得出以下哪项？

A. 格子 4 中是白色的菊花。

B. 格子 2 中是白色的菊花。

C. 格子 6 中是蓝色的菊花。

D. 格子 4 中是白色的兰花。

E. 格子 1 中是紫色的玫瑰。

15. **2020-29** 某公司为员工免费提供菊花、绿茶、红茶、咖啡和大麦茶 5 种饮品。现有甲、乙、丙、丁、戊 5 位员工,他们每人都只喜欢其中的 2 种饮品,且每种饮品都只有 2 人喜欢。已知:

(1)甲和乙喜欢菊花,且分别喜欢绿茶和红茶中的一种;

(2)丙和戊分别喜欢咖啡和大麦茶中的一种。

根据上述信息,可以得出以下哪项?

A. 甲喜欢菊花和绿茶。

B. 乙喜欢菊花和红茶。

C. 丙喜欢红茶和咖啡。

D. 丁喜欢咖啡和大麦茶。

E. 戊喜欢绿茶和大麦茶。

16. **2020-34** 某市 2018 年的人口发展报告显示,该市常住人口 1 170 万,其中常住外来人口 440 万,户籍人口 730 万。从区级人口分布情况来看,该市 G 区常住人口 240 万,居各区之首;H 区常住人口 200 万,位居第二;同时,这两个区也是吸纳外来人口较多的区域,两个区常住外来人口 200 万,占全市常住外来人口的 45%以上。

根据以上陈述,可以得出以下哪项?

A. 该市 G 区的户籍人口比 H 区的常住外来人口多。

B. 该市 H 区的户籍人口比 G 区的常住外来人口多。

C. 该市 H 区的户籍人口比 H 区的常住外来人口多。

D. 该市 G 区的户籍人口比 G 区的常住外来人口多。

E. 该市其他各区的常住外来人口都没有 G 区或 H 区的多。

17~18 题基于以下题干:

放假 3 天,小李夫妇除安排一天休息之外,其他两天准备做 6 件事:①购物(这件事编号为①,其他依次类推);②看望双方父母;③郊游;④带孩子去游乐场;⑤去市内公园;⑥去影院看电影。他们商定:

(1)每件事均做一次,且在 1 天内做完,每天至少做两件事;

(2)④和⑤安排在同一天完成;

(3)②在③之前 1 天完成。

17. **2020-37** 如果③和④安排在假期的第 2 天,则以下哪项是可能的?

A. ①安排在第 2 天。

B. ②安排在第 2 天。

C. 休息安排在第 1 天。

D. ⑥安排在最后 1 天。

E. ⑤安排在第 1 天。

18. 2020-38 如果假期第2天只做⑥等3件事，则可以得出以下哪项？

A. ②安排在①的前1天。
B. ①安排在休息一天之后。
C. ①和⑥安排在同一天。
D. ②和④安排在同一天。
E. ③和④安排在同一天。

19～20题基于以下题干：

某项测试共有4道题，每道题给出A、B、C、D四个选项，其中只有一项是正确答案。现有张、王、赵、李4人参加了测试，他们的答题情况和测试结果如下：

答题者	第一题	第二题	第三题	第四题	测试结果
张	A	B	A	B	均不正确
王	B	D	B	C	只答对1题
赵	D	A	A	B	均不正确
李	C	C	B	D	只答对1题

19. 2020-54 根据以上信息，可以得出以下哪项？

A. 第二题的正确答案是C。
B. 第二题的正确答案是D。
C. 第三题的正确答案是D。
D. 第四题的正确答案是A。
E. 第四题的正确答案是D。

20. 2020-55 如果每道题的正确答案各不相同，则可以得出以下哪项？

A. 第一题的正确答案是B。
B. 第一题的正确答案是C。
C. 第二题的正确答案是D。
D. 第二题的正确答案是A。
E. 第三题的正确答案是C。

21. 2021-31 某俱乐部共有甲、乙、丙、丁、戊、己、庚、辛、壬、癸10名职业运动员，他们来自5个不同的国家（不存在双重国籍的情况）。已知：

（1）该俱乐部的外援刚好占一半，他们是乙、戊、丁、庚、辛；

（2）乙、丁、辛3人来自两个国家。

根据以上信息，可以得出以下哪项？

A. 甲、丙来自不同国家。
B. 乙、辛来自不同国家。
C. 乙、庚来自不同国家。
D. 丁、辛来自相同国家。
E. 戊、庚来自相同国家。

22～23题基于以下题干：

某单位汤、宋、李、陈、罗、刘、方7人乘坐高铁出差，他们的座位如图所示。已知：

4F	4D			
5F	5D	5C	5B	5A

(1)罗与方的座位左右紧挨着;

(2)汤和宋隔着一个座位;

(3)陈与方的座位均为F位或者均为D位。

22. 2021-396-46 如果李与刘的座位左右紧挨着,则可以得出以下哪项?

A. 汤坐在5F。 B. 宋坐在5C。 C. 李坐在5A。

D. 陈坐在5D。 E. 刘坐在5B。

23. 2021-396-47 如果李与汤隔着两个座位,则以下哪项是不可能的?

A. 方坐在4D。 B. 刘坐在5B。 C. 罗坐在4F。

D. 宋坐在5C。 E. 李坐在5F。

24~25题基于以下题干:

本科生小刘拟在4个学年中选修甲、乙、丙、丁、戊、己、庚、辛8门课程,每个学年选修其中的1~3门课程,每门课程均在其中的一个学年修完。同时还满足:

(1)后3个学年选修的课程数量均不同;

(2)丙、己和辛课程安排在一个学年,丁课程安排在紧接其后的一个学年;

(3)若第4学年至少选修甲、丙、丁中的1门课程,则第1学年仅选修戊、辛2门课程。

24. 2022-41 如果乙在丁之前的学年选修,则可以得出哪项?

A. 乙在第1学年选修。 B. 乙在第2学年选修。

C. 丁在第2学年选修。 D. 丁在第4学年选修。

E. 戊在第1学年选修。

25. 2022-42 如果甲、庚均在乙之后的学年选修,则可以得出哪项?

A. 戊在第1学年选修。 B. 戊在第3学年选修。

C. 庚在甲之前的学年选修。 D. 甲在戊之前的学年选修。

E. 庚在戊之前的学年选修。

26~27题基于以下题干:

某校文学社王、李、周、丁4个人每人只爱好诗歌、散文、戏剧、小说4种文学形式中的一种,且各不相同;他们每人只创作了上述4种形式中的一种作品,且形式各不相同;他们创作的作品形式与各自的文学爱好均不相同。已知:

(1)若王没有创作诗歌,则李爱好小说;

(2)若王没有创作诗歌,则李创作小说;

(3)若王创作诗歌,则李爱好小说且周爱好散文。

26. 2022-49 根据上述信息,可以得出以下哪项?

A. 王爱好散文。　B. 李爱好戏剧。　C. 周爱好小说。
D. 丁爱好诗歌。　E. 周爱好戏剧。

27. 2022-50 如果丁创作散文,则可以得出以下哪项?

A. 周创作小说。　B. 李创作诗歌。　C. 李创作小说。
D. 周创作戏剧。　E. 王创作小说。

28. 2022-396-50 某单位从各部门抽调人员组成“人事调动组”“后勤保障组”“安全保卫组”“网络应急组”负责该单位新冠肺炎疫情防控工作。4个组每组3~5人;共有男性16人,女性3人;有研究生学历的13人。除“人事调动组”外,其他小组成员均是男性;除“网络应急组”外,其他小组均有成员未拥有研究生学历;“安全保卫组”所有成员均没有研究生学历。

根据以上信息,可以得出以下哪项?

A.“安全保卫组”共有4名男性成员。
B.“人事调动组”的女性成员都有研究生学历。
C.“人事调动组”有女性成员没有研究生学历。
D.“后勤保障组”至多有3名成员拥有研究生学历。
E.“后勤保障组”至少有2名成员没有研究生学历。

29. 2023-396-47 M、N、G、H、W、K 6人参加某国际商品展销会,他们分别来自英、美、荷、法、德5个国家之一。每个国家至少有上述6人中的1人。已知:

(1)N、G来自荷、法、德;
(2)M、N来自英、美、荷;
(3)H、W、G来自德、英、美。

根据以上陈述,可以得出以下哪项?

A. N荷,K法。　B. N荷,K德。　C. G荷,K法。
D. G德,K英。　E. N法,G德。

30. 2024-27 某大学管理学院安排甲、乙、丙、丁、戊、己6位院务会成员暑期值班6周,每人值班一周。已知:

(1)乙第四周值班;
(2)丁和戊的值班时间都早于己;
(3)甲值班的时间早于乙,但晚于丙。

根据以上信息,第三周可以安排的值班人员有哪些?

A. 仅甲、丁。　B. 仅甲、戊。　C. 仅丁、戊。
D. 仅甲、丁、戊。　E. 仅丁、戊、己。

31. 2024-39 老孟、小王、大李 3 人为某小区保安。已知：一周 7 天每天总有他们 3 人中的至少 1 人值班，没有人连续 3 天值班，任意 2 人在同一天休假的情况均不超过 1 次。另外，还知道：

(1)老孟周二、周四和周日休假；

(2)小王周四、周六休假，周五值班；

(3)大李周六、周日休假，周五值班。

根据以上信息，可以得出以下哪项？

A. 老孟周一值班。　B. 小王周一值班。　C. 老孟周五值班。

D. 小王周三休假。　E. 大李周四休假。

32. 2024-40 某单位举办两轮羽毛球单打表演赛，共有甲、乙、丙、丁、戊、己 6 位选手参加。每轮表演赛都按以下组合进行了 5 场比赛：甲对乙、甲对丁、丙对戊、丙对丁、戊对己。已知：

(1)每场比赛均决出胜负；

(2)每轮比赛中，各参赛选手均至多输一场；

(3)每轮比赛决出的冠军在该轮比赛中未有败绩，甲在第一轮比赛中获冠军；

(4)只有一组选手在第二轮比赛中的胜负结果与第一轮相同，其余任一组选手的两轮比赛结果均不同。

根据上述信息，可以得出第二轮表演赛的冠军是：

A. 乙。　B. 丙。　C. 丁。　D. 戊。　E. 己。

33. 2024-396-39 某小区甲、乙、丙、丁、戊 5 人均是健身爱好者。已知：在周一至周五的 5 天中，他们每人每天均进行骑行、跑步、游泳、跳操、乒乓球 5 项运动之一，每人每天的运动项目各不相同，5 人在 5 天中任一天的运动项目也均不相同。另外，还知道：

(1)周一甲骑行，乙游泳，丁跳操；

(2)周二乙打乒乓球，戊骑行；

(3)周四甲跳操，丙游泳，戊跑步。

根据以上信息，可以得出以下哪项？

A. 甲周二跑步。　B. 乙周三骑行。　C. 丙周二跳操。

D. 丁周三打乒乓球。　E. 戊周三游泳。

34～35 题基于以下题干：

某次国际会议期间，陈、王、李、赵、孔、宋、刘 7 人坐在同一列前后连续的 7 个座位上。已知：

(1)赵和宋中间隔 2 人；

(2)陈和孔中间隔 3 人；

(3)李在孔的前面，在王的后面。

34. 2024-396-41 若刘坐在7人中从前到后的第三排，则可以得出以下哪项？

A. 王坐在第二排。　B. 李坐在第五排。　C. 赵坐在第四排。
D. 赵坐在第七排。　E. 宋坐在第四排。

35. 2024-396-42 若李在赵的前面，且在7人中坐在第四排，则可以得出以下哪项？

A. 赵、刘前后相邻。　B. 陈、王前后相邻。　C. 陈、赵中间隔2人。
D. 赵、李中间隔1人。　E. 宋、陈中间隔1人。

36～37题基于以下题干：

某围棋兴趣班举行比赛，其中陈、李、丁、王4位同学组成第1小组，宋、孔、辛、周4位同学组成第2小组。教练事先要求：上述两组同学每人都要找另一小组同学对弈，组内同学互不对弈；如果自己要找的同学也恰是找自己对弈的同学，则双方就达成对弈意愿。结果，每组同学均在另一组各自找到一位拟对弈的同学，且所找的对手各不相同；但遗憾的是，上述8人均未达成对弈意愿。另外，还知道：

(1)陈找宋对弈；

(2)李找周对弈；

(3)孔找王对弈。

36. 2024-396-50 根据以上信息，可以得出以下哪项？

A. 丁找孔对弈。　B. 王找孔对弈。　C. 宋找李对弈。
D. 周找陈对弈。　E. 辛找李对弈。

37. 2024-396-51 如果周找丁对弈，则可以得出以下哪项？

A. 丁找辛对弈。　B. 丁找宋对弈。　C. 宋找李对弈。
D. 辛找李对弈。　E. 辛找王对弈。

38. 2024-396-52 石窟寺是我国极具代表性的重要文化遗存。为掌握本地石窟寺的存毁状况，某地文物局从东、中、西3条线开展专项调查工作。本次专项调查共发现石窟寺38处，具体情况如下：

(1)3条线发现的石窟寺数量均不同；

(2)东线发现的石窟寺数量比西线多1处；

(3)若东线、西线之一发现的石窟寺超15处，则其他两线发现的石窟寺均超10处。

根据以上信息，可以得出以下哪项？

A. 中线发现的石窟寺数量超8处。

B. 东线发现的石窟寺数量超15处。

C. 东线发现的石窟寺数量不足14处。

D. 西线发现的石窟寺数量超15处。

E. 西线发现的石窟寺数量不足14处。

39. 2025-43 某地群山连绵，森林覆盖率高达75%，具有临海、高山草甸、天坑、峡谷4种类型的自然景观，吸引着世界各地游客。一位细心的游客发现，该地4种自然景观共计16处，每种类型的自然景观数量各不相同。另外，他还发现：

(1)临海和峡谷的总数是6；

(2)临海和天坑的总数是7；

(3)4种类型的自然景观中有1种类型的数量是3。

根据以上信息，可以得出以下哪项？

A. 该地有2处临海。　B. 该地有3处天坑。　C. 该地有4处峡谷。

D. 该地有5处高山草甸。　E. 该地有8处高山草甸。

40. 2025-44 某大学新校区建成后，甲、乙、丙、丁4位校领导对新校区建设①②③④⑤5项工作进行了检查。已知他们每个人至少检查了其中1项工作，每项工作均被检查过一遍，且不会被重复检查。关于他们4人与其检查工作的对应情况有如下描述：

	①	②	③	④	⑤	对应情况描述正确的数量
描述一	乙	甲	丁	丁	丙	2
描述二	丙	甲	乙	甲	丁	2
描述三	甲	丙	丁	乙	甲	3

根据上述信息，可以得出哪项一定为真？

A. 甲检查了工作④。　B. 甲检查了工作⑤　C. 乙检查了工作③。

D. 丙检查了工作②。　E. 丁检查了工作④。

41. 2025-46 某单位今年招聘了甲、乙、丙、丁、戊、己6名应届毕业生，其中博士1人，硕士2人，学士3人；2名男性，4名女性。已知：

(1)乙、丁2人性别相同，丙、己2人性别不同；

(2)甲、己2人学位相同，乙、丙、戊3人学位各不相同。

根据以上信息，可以得出以下哪项？

A. 乙、丁中至少有1人是女硕士

B. 乙、丙中至少有1人是女硕士。

C. 丁、戊中至少有1人是男硕士。

D. 丙、戊中有1人是男博士。

E. 丙、戊中有1人是女博士。

42. 2025-47 某部甲、乙、丙、丁、戊、己、庚、辛8名官兵以一路纵方队进行(先后顺序未必如此)。已知：甲之后有3名士兵；丙是士兵，其后有2名士兵；丁之前有2名军官，其后有

2名士兵;己之后无士兵。

根据以上信息,可以得出以下哪项?

A. 乙是军官。 B. 丁是军官。 C. 戊是士兵。

D. 己是军官。 E. 8人中有5名军官、3名士兵。

43. 2025-48 某大学开设6门中国古代经典选读课程,分别讲授《论语》《周易》《中庸》《墨经》《诗经》《尚书》之一,由周、吴、王3位老师各讲授其中2门且所讲完全不同。已知:

(1)吴老师、讲授《诗经》的和讲授《论语》的3人均是文学院的;

(2)周老师、讲授《墨经》的和讲授《周易》的3人均住在教师公寓。

根据以上信息,以下哪项是不可能的?

A. 讲授《论语》《周易》的是同一位老师。

B. 讲授《中庸》《尚书》的是同一位老师。

C. 讲授《墨经》《诗经》的是同一位老师。

D. 讲授《中庸》《墨经》的是同一位老师。

E. 讲授《诗经》《尚书》的是同一位老师。

44~45题基于以下题干:

某次考试有10道选择题,小李、小王、小文每人均答对其中6道题。已知:

(1)没有人连续答对3道题;

(2)小李第2、4、9题答错了,小王第1、5、8题答错了,小文第3、6、9题答错了。

44. 2025-52 根据以上信息,以下哪项是可能的?

A. 小李第6题答错了。 B. 小李第10题答错了。 C. 小王第9题答错了。

D. 小王第10题答错了。 E. 小王第6题答错了。

45. 2025-53 若有一题3人均答对了,有一题3人均答错了,则以下哪项一定是错误的?

A. 小李第3题答对了。 B. 小王第2题答对了。 C. 小王第3题答错了。

D. 小文第2题答错了。 E. 小文第4题答对了。

46. 2025-396-51 小陈、大李、老姜、小洪、小龙5人,分别在同一个单位的财务处、办公室、人事处、科研处和宣传部5个部门工作(顺序未必一一对应)。关于这5个人,已知:

(1)宣传部的人从不喝咖啡;

(2)小洪和小龙都不是宣传部的;

(3)若小陈是办公室的,则小洪是科研处的;

(4)财务处、人事处的2人和小陈、老姜经常一起喝咖啡。

根据以上信息,可以得出以下哪项?

A. 小陈是宣传部的。 B. 老姜是办公室的。 C. 小洪是财务处的。

D. 小龙是科研处的。 E. 大李是人事处的。

第四节 综合分析推理

一、要点回顾

(一)题型特点

综合分析推理题型的特点是既要分析题干背景信息中的数据关系或题型特点,又要结合多个条件的形式推理规则,建立题干条件关系或选取假设对象构建矛盾进行综合推理。

常见的题型特点如下:

1. 题干背景信息中有一定的数据关系或限定条件。

2. 题干条件多,但以形式逻辑为主。

(二)应对方法

1. 通过背景信息确定题型或数据关系,标记有效信息。

2. 分析题干和问题中的好用条件,进行搭桥推理。

①如果问题中有确定条件,由确定条件出发找相同或相关的条件搭桥推理。

②如果题干中没有确定条件,选项却是确定条件,建立搭桥关系的同时构建矛盾关系。

3. 题干条件关联弱,选项充分,代入验证排除更简单。

4. 综合分析推理题更需要结合题干本身的特点判断好用的条件,注意背景中的数据信息或限定条件,既可以构建矛盾也可以搭桥推理。

二、真题专训

1~2 题基于以下题干:

某高校有数学、物理、化学、管理、文秘、法学 6 个专业的毕业生需要就业,现有风云、怡和、宏宇三家公司前来学校招聘。已知,每家公司只招聘该校上述 2 至 3 个专业的若干毕业生,且需要满足以下条件:

(1)招聘化学专业的公司也招聘数学专业;

(2)怡和公司招聘的专业,风云公司也招聘;

(3)只有一家公司招聘文秘专业,且该公司没有招聘物理专业;

(4)如果怡和公司招聘管理专业,那么也招聘文秘专业;

(5)如果宏宇公司没有招聘文秘专业,那么怡和公司招聘文秘专业。

1. 2015-54 如果只有一家公司招聘物理专业,那么可以得出以下哪项?

A. 风云公司招聘化学专业。

B. 怡和公司招聘物理专业。

C. 宏宇公司招聘数学专业。

D. 风云公司招聘物理专业。

E. 怡和公司招聘管理专业。

2. 2015-55 如果三家公司都招聘 3 个专业的若干毕业生,那么可以得出以下哪项?

A. 风云公司招聘化学专业。

B. 怡和公司招聘法学专业。

C. 宏宇公司招聘化学专业。

D. 风云公司招聘数学专业。

E. 怡和公司招聘物理专业。

3~4 题基于以下题干:

江海大学的校园美食节开幕了,某女生宿舍有 5 人积极报名参加此次活动,她们的姓名分别为金粲、木心、水仙、火珊、土润。举办方要求,每位报名者只做一道菜品参加评比,但需自备食材。限于条件,该宿舍所备食材仅有 5 种:金针菇、木耳、水蜜桃、火腿和土豆,要求每种食材只能有 2 人选用,每人又只能选用 2 种食材,并且每人所选食材名称的第一个字与自己的姓氏均不相同。已知:

(1)如果金粲选水蜜桃,则水仙不选金针菇;

(2)如果木心选金针菇或土豆,则她也须选木耳;

(3)如果火珊选水蜜桃,则她也须选木耳和土豆;

(4)如果木心选火腿,则火珊不选金针菇。

3. 2016-54 根据上述信息,可以得出以下哪项?

A. 金粲选用木耳、土豆。

B. 木心选用水蜜桃、土豆。

C. 水仙选用金针菇、火腿。

D. 火珊选用木耳、水蜜桃。

E. 土润选用金针菇、水蜜桃。

4. 2016-55 如果水仙选用土豆,则可以得出以下哪项?

A. 金粲选用木耳、火腿。

B. 木心选用金针菇、水蜜桃。

C. 水仙选用木耳、土豆。

D. 火珊选用金针菇、土豆。

E. 土润选用水蜜桃、火腿。

5. 2018-53 某国拟在甲、乙、丙、丁、戊、己 6 种农作物中进口几种,用于该国庞大的动物饲料产业。考虑到一些农作物可能含有违禁成分,以及它们之间存在的互补或可替代等因素,该国对进口这些农作物有如下要求:

(1)它们当中不含违禁成分的都进口;

(2)如果甲或乙含有违禁成分,就进口戊和己;

(3)如果丙含有违禁成分,那么丁就不进口了;

(4)如果进口戊,就进口乙和丁;

(5)如果不进口丁,就进口丙;如果进口丙,就不进口丁。

根据上述要求,以下哪项所列的农作物是该国可以进口的?

A. 甲、丁、己。 B. 乙、丙、丁。 C. 甲、乙、丙。

D. 丙、戊、己。 E. 甲、戊、己。

6~7 题基于以下题干：

某公司甲、乙、丙、丁、戊 5 人爱好出国旅游。去年，在日本、韩国、英国和法国 4 国中，他们每人都去了其中的两个国家旅游，且每个国家总有他们中的 2~3 人去旅游。已知：

(1) 如果甲去韩国，则丁不去英国；

(2) 丙与戊去年总是结伴出国旅游；

(3) 丁和乙只去欧洲国家旅游。

6. 2020-46 根据以上信息，可以得出以下哪项？

A. 甲去了韩国和日本。 B. 乙去了英国和日本。

C. 丙去了韩国和英国。 D. 丁去了日本和法国。

E. 戊去了韩国和日本。

7. 2020-47 如果 5 人去欧洲国家旅游的总人次与去亚洲国家的一样多，则可以得出以下哪项？

A. 甲去了日本。 B. 甲去了英国。 C. 甲去了法国。

D. 戊去了英国。 E. 戊去了法国。

8. 2021-29 某企业董事会就建立健全企业管理制度与提高企业经济效益进行研讨。在研讨中，与会者发言如下：

甲：要提高企业经济效益，就必须建立健全企业管理制度。

乙：既要建立健全企业管理制度，又要提高企业经济效益，二者缺一不可。

丙：经济效益是基础和保障，只有提高企业经济效益，才能建立健全企业管理制度。

丁：如果不建立健全企业管理制度，就不能提高企业经济效益。

戊：不提高企业经济效益，就不能建立健全企业管理制度。

根据上述讨论，董事会最终做出了合理的决定，以下哪项是可能的？

A. 甲、乙的意见符合决定，丙的意见不符合决定。

B. 上述 5 人中只有 1 人的意见符合决定。

C. 上述 5 人中只有 2 人的意见符合决定。

D. 上述 5 人中只有 3 人的意见符合决定。

E. 上述 5 人的意见均不符合决定。

9. 2021-51 每篇优秀的论文都必须逻辑清晰且论据翔实，每篇经典的论文都必须主题鲜明且语言准确。实际上，如果论文论据翔实但主题不鲜明，或者论文语言准确而逻辑不清晰，则它们都不是优秀的论文。

根据以上信息，可以得出以下哪项？

A. 语言准确的优秀论文是经典的论文。

B. 逻辑不清晰的论文不是经典的论文。

C. 主题不鲜明的论文不是优秀的论文。

D. 论据不翔实的论文主题不鲜明。

E. 语言准确的经典论文逻辑清晰。

10~11 题基于以下题干：

某高铁线路设有“东沟”“西山”“南镇”“北阳”“中丘”5 座高铁站。该线路现有甲、乙、丙、丁、戊 5 趟车运行。这 5 座高铁站中，每站均恰好有 3 趟车停靠，且甲车和乙车停靠的站均不相同。已知：

(1)若乙车或丙车至少有一车在“北阳”停靠，则它们均在“东沟”停靠；

(2)若丁车在“北阳”停靠，则丙、丁和戊车均在“中丘”停靠；

(3)若甲、乙和丙车中至少有 2 趟车在“东沟”停靠，则这 3 趟车均在“西山”停靠。

10. 2021-54 根据上述信息，可以得出以下哪项？

A. 甲车不在“中丘”停靠。

B. 乙车不在“西山”停靠。

C. 丙车不在“东沟”停靠。

D. 丁车不在“北阳”停靠。

E. 戊车不在“南镇”停靠。

11. 2021-55 若没有车在每站都停靠，则可以得出以下哪项？

A. 甲车在“南镇”停靠。

B. 乙车在“东沟”停靠。

C. 丙车在“西山”停靠。

D. 丁车在“南镇”停靠。

E. 戊车在“西山”停靠。

12. 2021-396-52 某医院针灸科专家林医生提供给甲、乙、丙 3 人下周一至五的门诊预约信息如下：

	星期一	星期二	星期三	星期四	星期五
上午	约满	余 1 个	余 1 个	约满	余 2 个
下午	休息	余 2 个	休息	余 2 个	余 1 个

据此，她们 3 人每人预约了 3 次针灸，且一人一天只安排 1 次。还已知：

(1)甲和乙没有预约同一天下午的门诊；

(2)如果乙预约了星期二上午的门诊，则乙还预约了星期五下午的门诊；

(3)如果丙预约了星期五上午的门诊，则丙还预约了星期三上午的门诊。

根据上述信息，可以得出以下哪项？

A. 甲预约了星期三上午的门诊。

B. 乙预约了星期二上午的门诊。

C. 丙预约了星期五上午的门诊。 D. 甲预约了星期四下午的门诊。

E. 乙预约了星期二下午的门诊。

13~14 题基于以下题干：

美佳、新月、海奇三家商店在美食一条街毗邻而立。已知，三家店中两家销售茶叶，两家销售水果，两家销售糕点，两家销售调味品；每家都销售上述 4 类商品中的 2~3 种。另外，还知道：

(1) 如果美佳销售水果，则海奇也销售水果；

(2) 如果海奇销售水果，则它也销售糕点；

(3) 如果美佳销售糕点，则新月也销售糕点。

13. 2021-396-54 根据以上信息，可以得出以下哪项？

A. 美佳销售茶叶。 B. 新月销售水果。 C. 海奇销售调味品。

D. 美佳不销售糕点。 E. 新月不销售糕点。

14. 2021-396-55 如果美佳不销售调味品，则可以得出以下哪项？

A. 海奇销售茶叶。 B. 新月销售水果。 C. 美佳不销售水果。

D. 海奇不销售水果。 E. 新月销售茶叶。

15. 2022-37 宋、李、王、吴 4 人均订阅了《人民日报》《光明日报》《参考消息》《文汇报》中的两种报纸，每种报纸均有两人订阅，且各人订阅的均不完全相同。另外，还知道：

(1) 如果吴至少订阅了《光明日报》《参考消息》中的一种，则李订阅了《人民日报》而王未订阅《光明日报》；

(2) 如果李、王两人中至多有一人订阅了《文汇报》，则宋、吴均订阅了《人民日报》。

如果李订阅了《人民日报》，则可以得出以下哪项？

A. 宋订阅了《文汇报》。 B. 宋订阅了《人民日报》。

C. 王订阅了《参考消息》。 D. 吴订阅了《参考消息》。

E. 吴订阅了《人民日报》。

16~17 题基于以下题干：

某特色建筑项目评选活动设有纪念建筑、观演建筑、会堂建筑、商业建筑、工业建筑 5 个门类的奖项。甲、乙、丙、丁、戊、己 6 位建筑师均有 2 个项目入选上述不同门类的奖项，且每个门类有上述 6 人的 2~3 个项目入选。已知：

(1)若甲或乙至少有一个项目入选观演建筑或工业建筑，则乙、丙入选的项目均是观演建筑和工业建筑；

(2)若乙或丁至少有一个项目入选观演建筑或会堂建筑，则乙、丁、戊入选的项目均是纪念建筑和工业建筑；

(3)若丁至少有一个项目入选纪念建筑或商业建筑，则甲、己入选的项目均在纪念建筑、观演建筑和商业建筑之中。

16. 2022-54 根据上述信息，可以得出以下哪项？

A. 甲有项目入选观演建筑。
B. 丙有项目入选工业建筑。
C. 丁有项目入选商业建筑。
D. 戊有项目入选会堂建筑。
E. 己有项目入选纪念建筑。

17. 2022-55 若己有项目入选商业建筑，则可以得出以下哪项？

A. 己有项目入选观演建筑。
B. 戊有项目入选工业建筑。
C. 丁有项目入选商业建筑。
D. 丙有项目入选观演建筑。
E. 乙有项目入选工业建筑。

18. 2022-396-52 近年来，流失海外百余年的圆明园 7 尊兽首铜像“鼠首、牛首、虎首、兔首、马首、猴首和猪首”通过“华商捐赠”“国企竞拍”“外国友人返还”这 3 种方式陆续回归中国。每种方式均获得 2~3 尊兽首铜像，且每种方式获得的兽首铜像各不相同。

已知：

(1)如果牛首、虎首和猴首中至少有一尊是通过“华商捐赠”或者“外国友人返还”回归的，则通过“国企竞拍”获得的是鼠首和马首；

(2)如果马首、猪首中至少有一尊是通过“国企竞拍”或者“外国友人返还”回归的，则通过“华商捐赠”获得的是鼠首和虎首。

根据以上信息，以下哪项是通过“外国友人返还”获得的兽首铜像？

A. 鼠首、兔首。
B. 马首、猴首。
C. 兔首、猪首。
D. 鼠首、马首。
E. 马首、兔首。

19~20 题基于以下题干：

某大学为进一步加强本科教学工作，从甲、乙、丙、丁、戊、己和庚 7 个学院中挑选了 8 名教师加入教学督导委员会。已知：

(1)每个学院至多有 3 名教师入选该委员会；

(2)甲、丙、丁学院合计只有 1 名教师入选该委员会；

(3)若甲、乙中至少有一个学院的教师入选，则戊、己、庚中至多有一个学院的教师入选。

19. 2022-396-54 根据以上信息，可以得出以下哪项？

A. 丁和庚学院都有教师入选。
B. 戊和己学院都有教师入选。
C. 丙和乙学院都有教师入选。
D. 甲和戊学院都有教师入选。
E. 戊和丁学院都有教师入选。

20. 2022-396-55 若乙和戊两学院合计仅有 1 名教师入选,则可以得出以下哪项?

A. 甲和丙学院共有 1 名教师入选。
B. 戊和丁学院共有 2 名教师入选。
C. 乙和己学院共有 3 名教师入选。
D. 丁和己学院共有 4 名教师入选。
E. 丙和庚学院共有 3 名教师入选。

21~22 题基于以下题干:

某中学举行田径运动会,高二(3)班的甲、乙、丙、丁、戊、己 6 人报名参赛。在跳远、跳高和铅球 3 项比赛中,他们每人都报名 1~2 项,其中 2 人报名跳远,3 人报名跳高,3 人报名铅球。另外,还知道:

(1)如果甲、乙至少有 1 人报名铅球,则丙也报名铅球;

(2)如果己报名跳高,则乙和己均报名跳远;

(3)如果丙、戊至少有 1 人报名铅球,则己报名跳高。

21. 2023-31 根据以上信息,可以得出以下哪项?

A. 甲报名铅球,乙报名跳远。
B. 乙报名跳远,丙报名铅球。
C. 丙报名跳高,丁报名铅球。
D. 丁报名跳远,戊报名跳高。
E. 戊报名跳远,己报名跳高。

22. 2023-32 如果甲、乙均报名跳高,则可以得出以下哪项?

A. 丁、戊均报名铅球。
B. 乙、丁均报名铅球。
C. 甲、戊均报名铅球。
D. 乙、戊均报名铅球。
E. 甲、丁均报名铅球。

23~24 题基于以下题干:

某单位购买了《尚书》《周易》《诗经》《论语》《老子》《孟子》各 1 本,分发给甲、乙、丙、丁、戊 5 个部门,每个部门至少 1 本。已知:

(1)若《周易》《老子》《孟子》至少有 1 本分发给甲部门或乙部门,则《尚书》分发给丁部门且《论语》分发给戊部门;

(2)若《诗经》《论语》至少有 1 本分发给甲部门或乙部门,则《周易》分发给丙部门且《老子》分发给戊部门。

23. 2023-46 若《尚书》分发给丙部门,则可以得出以下哪项?

A.《诗经》分发给甲部门。
B.《论语》分发给乙部门。
C.《老子》分发给丙部门。
D.《孟子》分发给丁部门。
E.《周易》分发给戊部门。

24. 2023-47 若《老子》分发给丁部门,则以下哪项是不可能的?

A.《周易》分发给甲部门。
B.《周易》分发给乙部门。

C.《诗经》分发给丙部门。

D.《尚书》分发给丁部门。

E.《诗经》分发给戊部门。

25. 2023-52 入冬以来，天气渐渐寒冷。11 月 30 日，某地气象台对未来 5 天的天气预报显示：未来 5 天每天的最高气温从 4℃ 开始逐日下降至-1℃；每天的最低气温不低于-6℃；最低气温-6℃只出现在其中一天。预报还包含如下信息：

(1)未来 5 天中的最高气温和最低气温不会出现在同一天，每天的最高气温和最低气温均为整数；

(2)若 5 号的最低气温是未来 5 天中最低的，则 2 号的最低气温比 4 号的高 4℃；

(3)2 号和 4 号每天的最高气温与最低气温之差均为 5℃。

根据以上预报信息，可以得出以下哪项？

A. 1 号的最低气温比 2 号的高 2℃。

B. 3 号的最高气温比 4 号的高 1℃。

C. 4 号的最高气温比 5 号的高 1℃。

D. 3 号的最低气温为-6℃。

E. 2 号的最低气温为-3℃。

26~27 题基于以下题干：

某机关甲、乙、丙、丁 4 人参加本年度综合考评。在德、能、勤、绩、廉 5 个方面的单项考评中，他们之中都恰有 3 人被评为“优秀”，但没有人 5 个单项均被评为“优秀”。已知：

(1)若甲和乙在德方面均被评为“优秀”，则他们在廉方面也均被评为“优秀”；

(2)若乙和丙在德方面均被评为“优秀”，则他们在绩方面也均被评为“优秀”；

(3)若甲在廉方面被评为“优秀”，则甲和丁在绩方面均被评为“优秀”。

26. 2023-54 根据上述信息，可以得出以下哪项？

A. 甲在廉方面被评为“优秀”。

B. 丙在绩方面被评为“优秀”。

C. 丙在能方面被评为“优秀”。

D. 丁在勤方面被评为“优秀”。

E. 丁在德方面被评为“优秀”。

27. 2023-55 若甲在绩方面未被评为“优秀”且丁在能方面未被评为“优秀”，则可以得出以下哪项？

A. 甲在勤方面未被评为“优秀”。

B. 甲在能方面未被评为“优秀”。

C. 乙在德方面未被评为“优秀”。

D. 丙在廉方面未被评为“优秀”。

E. 丁在廉方面未被评为“优秀”。

28~29 题基于以下题干：

某人拟在其承包的甲、乙、丙、丁、戊 5 个地块中选种苹果、枇杷、柑橘、樱桃、山楂和石榴 6 种果树中的 5 种。已知，每个地块只种植一种果树，各地块种植的果树互不相同，且满足如下条件：

(1)若丙地块种植的不是樱桃，则戊地块种植的是柑橘；

(2)甲、乙两地块种植的是苹果、枇杷、柑橘3种中的2种；

(3)若丙或丁有一地块种植山楂，则柑橘、石榴均不种植在戊地块。

28. 2023-396-40 以下哪项安排不符合上述种植要求？

A. 甲地块种植苹果。
B. 乙地块不种植枇杷。
C. 丙地块种植山楂。
D. 丁地块种植石榴。
E. 戊地块不种植柑橘。

29. 2023-396-41 如果丁地块种植的是樱桃，则可以得出以下哪项？

A. 甲地块种植的是苹果。
B. 甲地块种植的是山楂。
C. 乙地块种植的是柑橘。
D. 丙地块种植的是枇杷。
E. 丙地块种植的是石榴。

30~31 题基于以下题干：

甲、乙、丙、丁、戊、己、庚7名大学生相约暑假去某地农村支教，根据该地情况，有张村、王村、李村和赵村4个村可供他们选择，他们每人选择两个村支教，而每个村至少有其中3名学生选择。已知：

(1)甲和乙一起先去张村，然后再去赵村；

(2)如果丙去王村，则戊和己都去了张村；

(3)如果丙不去王村，则丁和庚也不去王村；

(4)如果戊不去李村，则丙和己也不去李村。

30. 2023-396-54 如果丙和己都去李村，则可以得出以下哪项？

A. 丙去张村。
B. 丁去李村。
C. 戊去王村。
D. 己去赵村。
E. 庚去王村。

31. 2023-396-55 如果丁不去王村，则可以得出以下哪项？

A. 己不去李村。
B. 丁不去李村。
C. 戊不去张村。
D. 丙不去王村。
E. 庚不去赵村。

32. 2024-50 甲、乙、丙、丁、戊5人参加某单位招聘，他们分别应聘市场部、人事部和外联部3个岗位。已知每人都选择了2个岗位应聘，其中1个岗位5人都选择应聘。另外，还知道：

(1)选择市场部的人数比选择外联部的多1人；

(2)若甲、丙、丁中至少有1人选择了市场部，则只有甲和戊选择了外联部。

根据以上信息，可以得出以下哪项？

A. 甲选择了市场部和外联部。
B. 乙选择了市场部和人事部。
C. 丙选择了人事部和外联部。
D. 丁选择了市场部和外联部。
E. 戊选择了市场部和人事部。

33～34 题基于以下题干：

甲、乙、丙、丁 4 位记者对张、陈、王、李 4 位市民就民生问题进行了访谈。每次访谈均是 1 对 1 进行，每个人均进行或接受了至少 1 次访谈，访谈共进行了 6 次。已知：

（1）若甲、丙至少有 1 人访谈了陈，则乙分别访谈了王、李各 2 次；

（2）若乙、丁至少有 1 人访谈了陈，则王只分别接受了丙、丁各 1 次访谈。

33. 2024-54 根据以上信息，可以得出以下哪项？

A. 甲至少访谈了张、李中的 1 人。

B. 乙至少访谈了陈、李中的 1 人。

C. 乙至少访谈了张、王中的 1 人。

D. 丁至少访谈了陈、张中的 1 人。

E. 丁至少访谈了李、张中的 1 人。

34. 2024-55 若丙访谈了张和李，则可以得出以下哪项？

A. 张只接受了 1 次访谈。

B. 丙只进行了 2 次访谈。

C. 陈只接受了 1 次访谈。

D. 丁只进行了 2 次访谈。

E. 李只接受了 1 次访谈。

35. 2024-396-48 王先生和他的女儿住在阳光小区；另一家李女士和她的儿子住在另一小区。一天，两家 4 人一起参加社区组织的乒乓球比赛。按规定，他们 4 人中需有一人担任教练员，一人担任裁判员，其余两人为运动员。关于他们 4 人，已知：

（1）如果教练员和裁判员的性别相同，则教练员是中学教师；

（2）如果教练员和裁判员的性别不同，则教练员住在阳光小区；

（3）如果教练员和裁判员是一家人，则教练员不是中学教师；

（4）如果教练员和裁判员不是一家人，则教练员不住在阳光小区。

相据以上信息，可以得出以下哪项？

A. 王先生和李女士两人中有一人是教练员。

B. 王先生和李女士两人中有一人是裁判员。

C. 王先生和李女士儿子两人中有一人是教练员。

D. 王先生女儿和李女士两人中有一人是裁判员。

E. 王先生女儿和李女士儿子两人中有一人是运动员。

36～37 题基于以下题干：

2022 年北京冬奥会的志愿者甲、乙、丙、丁、戊 5 人分别参加了“信息咨询”“人员引导”“文明宣传”“应急救助”“环境保障”“文化传播”等 6 项志愿服务中的 1～3 项，这 6 项志愿服务中的每项均有上述 5 人中的 2 人参加。已知：

（1）甲、乙、丙 3 人参加的志愿服务项目完全不相同；

（2）乙、丙、丁、戊中至少有 3 人各参加 3 项志愿服务；

（3）若甲参加“文明宣传”或“环境保障”服务，则他也参加“应急救助”服务；

(4)若丙、丁中至多有 1 人参加“应急救助”和“文化传播”服务,则乙、丁、戊 3 人参加的志愿服务项目完全不相同。

36. 2024-396-54 若丙只参加其中 2 项志愿服务,则可以得出以下哪项?

A. 甲参加“人员引导”服务。

B. 乙参加“文明宣传”服务。

C. 丙参加“环境保障”服务。

D. 丁参加“信息咨询”服务。

E. 戊参加“应急救助”服务。

37. 2024-396-55 若乙、丁均参加“信息咨询”服务,则以下哪项是不可能的?

A. 戊未参加“人员引导”服务。

B. 丁未参加“人员引导”服务。

C. 丙未参加“环境保障”服务。

D. 乙未参加“文明宣传”服务。

E. 甲未参加“信息咨询”服务。

38~39 题基于以下题干:

某学院尚余 9 个考场的监考任务,有甲、乙、丙、丁、戊 5 位老师选择。已知,每场考试 2 小时,每位老师均需监考 2~3 个考场;有 2 个考场要求其中 2 人共同监考;其余 7 个考场要求单独监考,各需 1 名监考人员。这 9 个考场的时间安排如下:

	星期一	星期二	星期三	星期四	星期五
上午 9:00—11:00	已安排	1 个考场	1 个考场	已安排	1 个考场
下午 14:00—16:00	已安排	无监考	例会	2 个考场	已安排
晚上 18:30—20:30	1 个考场 (2 人监考)	1 个考场	1 个考场	1 个考场 (2 人监考)	已安排

对于监考安排,丙、丁没有任何要求,但其他 3 位老师有如下要求:

甲:我的监考需安排在晚上,但不要连续两个晚上都安排监考。

乙:若我的监考没有都安排在前三天,则有一场需安排我和丙在同一天同一时间监考。

戊:我想监考三场,但都不要安排在上午。

事后得知,这 3 位老师的要求均得到了满足。

38. 2025-54 若星期五安排乙监考,则可以得出以下哪项?

A. 甲都是单独监考。

B. 乙有一场共同监考。

C. 丙都是共同监考。

D. 丁有一场共同监考。

E. 戊至少有一场共同监考。

39. 2025-55 若丁的监考都安排在晚上，则可以得出以下哪项？

A. 星期一晚上甲有监考。　B. 星期五上午乙有监考。　C. 星期四下午丙有监考。

D. 星期三晚上丁有监考。　E. 星期二晚上戊有监考。

40~41 题基于以下题干：

小梅、小兰、小雅、小芬、小凤和小嫣 6 名运动员是上赛季国际排名前 6 的选手（无并列，排名顺序未必如此）。本赛季开始前，她们 6 人均对本赛季的排名进行了预测，其中 4 人的预测如下：

小雅：小芬的排名将在小嫣之前。

小兰：小凤的排名将在小芬和小嫣之前。

小凤：我的排名将下降，小雅的排名将在小梅之前。

小梅：我的排名将下降，小雅、小嫣中至少有 1 人的排名将上升。

本赛季结束后，前 6 名仍是上述 6 人，且无并列，6 人中至少有 2 人预测完全正确并且预测完全正确的选手排名都上升了，而预测存在错误的选手，排名都下降了。

40. 2025-396-54 根据以上信息，可以得出上述 6 人中预测完全正确的选手是：

A. 小兰和小芬。　B. 小梅和小芬。　C. 小雅和小凤。

D. 小梅和小兰。　E. 小凤和小嫣。

41. 2025-396-55 如果相比于上赛季，本赛季小梅和小芬的排名恰好互换，则关于上赛季的排名，下列哪项是错误的？

A. 小凤排在第一。　B. 小嫣排在第二。　C. 小梅排在第四。

D. 小雅排在第五。　E. 小兰排在第六。

第五节　结构比较

一、要点回顾

（一）题型特点

一般题干给出推理过程或论证过程，要求选出与题干论证、推理过程一致或不一致的选项。

(二)应对方法

还原题干的论证过程或论证谬误,简化题干的推理形式,再与选项做比较。

二、真题专训

1. 2016-28 注重对孩子的自然教育,让孩子亲身感受大自然的神奇与美妙,可促进孩子释放天性,激发自身潜能;而缺乏这方面教育的孩子容易变得孤独,道德、情感与认知能力的发展都会受到一定的影响。

以下哪项与以上陈述方式最为类似?

A. 脱离环境保护搞经济发展是“竭泽而渔”,离开经济发展抓环境保护是“缘木求鱼”。

B. 老百姓过去“盼温饱”,现在“盼环保”;过去“求生存”,现在“求生态”。

C. 如果孩子完全依赖电子设备来进行学习和生活,将会对环境越来越漠视。

D. 注重调查研究,可以让我们掌握第一手资料;闭门造车,只能让我们脱离实际。

E. 只说一种语言的人,首次被诊断出患阿尔茨海默病的平均年龄约为 71 岁;说双语的人,首次被诊断出患阿尔茨海默病的平均年龄约为 76 岁;说三种语言的人,首次被诊断出患阿尔茨海默病的平均年龄约为 78 岁。

2. 2017-40 甲:己所不欲,勿施于人。

乙:我反对。己所欲,则施于人。

以下哪项与上述对话方式最为相似?

A. 甲:不入虎穴,焉得虎子?

乙:我反对。如得虎子,必入虎穴。

B. 甲:不在其位,不谋其政。

乙:我反对。在其位,则行其政。

C. 甲:人无远虑,必有近忧。

乙:我反对。人有远虑,亦有近忧。

D. 甲:人非草木,孰能无情?

乙:我反对。草木无情,但人有情。

E. 甲:人不犯我,我不犯人。

乙:我反对。人若犯我,我就犯人。

3. 2017-43 赵默是一位优秀的企业家。因为如果一个人既拥有在国内外知名学府和研究机构工作的经历,又有担任项目负责人的管理经验,那么他就能成为一位优秀的企业家。

以下哪项与上述论证最为相似?

A. 李然是信息技术领域的杰出人才。因为如果一个人不具有前瞻性目光、国际化视野和创新思维,就不能成为信息技术领域的杰出人才。

B. 风云企业具有凝聚力。因为如果一个企业能引导和帮助员工树立目标、提升能力，就能使企业具有凝聚力。

C. 人力资源是企业的核心资源。因为如果不开展各类文化活动，就不能提升员工岗位技能，也不能增强团队的凝聚力和战斗力。

D. 青年是企业发展的未来。因此，企业只有激发青年的青春力量，才能促其早日成才。

E. 袁清是一位好作家。因为好作家都具有较强的观察能力、想象能力及表达能力。

4. **2017-46** 甲：只有加强知识产权保护，才能推动科技创新。

乙：我不同意。过分强化知识产权保护，肯定不能推动科技创新。

以下哪项与上述反驳方式最为类似？

A. 顾客：这件商品只有价格再便宜一些，才会有人来买。

商人：不可能。这件商品如果价格再便宜一些，我就要去喝西北风了。

B. 妻子：孩子只有刻苦学习，才能取得好成绩。

丈夫：也不尽然。学习光知道刻苦而不能思考，也不一定会取得好成绩。

C. 母亲：只有从小事做起，将来才有可能做成大事。

孩子：老妈你错了。如果我每天只是做小事，将来肯定做不成大事。

D. 老师：只有读书，才能改变命运。

学生：我觉得不是这样。不读书，命运会有更大的改变。

E. 老板：只有给公司带来回报，公司才能给他带来回报。

员工：不对呀。我上月帮公司谈成一笔大业务，可是只得到1%的奖励。

5. **2018-34** 刀不磨要生锈，人不学要落后。所以，如果你不想落后，就应该多磨刀。

以下哪项与上述论证方式最为相似？

A. 金无足赤，人无完人。所以，如果你想做完人，就应该有真金。

B. 有志不在年高，无志空活百岁。所以，如果你不想空活百岁，就应该立志。

C. 妆未梳成不见客，不到火候不揭锅。所以，如果揭了锅，就应该是到了火候。

D. 马无夜草不肥，人无横财不富。所以，如果你想富，就应该让马多吃夜草。

E. 兵在精而不在多，将在谋而不在勇。所以，如果想获胜，就应该兵精将勇。

6. **2018-42** 甲：读书最重要的目的是增长知识、开拓视野。

乙：你只见其一，不见其二。读书最重要的是陶冶性情、提升境界。没有陶冶性情、提升境界，就不能达到读书的真正目的。

以下哪项与上述反驳方式最为相似？

A. 甲：文学创作最重要的是阅读优秀文学作品。

乙：你只见现象，不见本质。文学创作最重要的是观察生活、体验生活。任何优秀的文学作品都来源于火热的社会生活。

B. 甲：做人最重要的是要讲信用。

乙：你说得不全面。做人最重要的是要遵纪守法。如果不遵纪守法，就没法讲信用。

C. 甲：作为一部优秀的电视剧，最重要的是能得到广大观众的喜爱。

乙：你只见其表，不见其里。作为一部优秀的电视剧最重要的是具有深刻寓意与艺术魅力。没有深刻寓意与艺术魅力，就不能成为优秀的电视剧。

D. 甲：科学研究最重要的是研究内容的创新。

乙：你只见内容，不见方法。科学研究最重要的是研究方法的创新。只有实现研究方法的创新，才能真正实现研究内容的创新。

E. 甲：一年中最重要的季节是收获的秋天。

乙：你只看结果，不问原因。一年中最重要的季节是播种的春天，没有春天的播种，哪来秋天的收获？

7. 2018-51 甲：知难行易，知然后行。

乙：不对。知易行难，行然后知。

以下哪项与上述对话方式最为相似？

A. 甲：知人者智，自知者明。

乙：不对。知人不易，知己更难。

B. 甲：不破不立，先破后立。

乙：不对。不立不破，先立后破。

C. 甲：想想容易做起来难，做比想更重要。

乙：不对。想到就能做到，想比做更重要。

D. 甲：批评他人易，批评自己难；先批评他人后批评自己。

乙：不对。批评自己易，批评他人难；先批评自己后批评他人。

E. 甲：做人难做事易，先做人再做事。

乙：不对。做人易做事难，先做事再做人。

8. 2019-39 作为一名环保爱好者，赵博士提倡低碳生活，积极宣传节能减排。但我不赞同他的做法，因为作为一名大学老师，他这样做，占用了大量的科研时间，到现在连副教授都没有评上，他的观点怎么能令人信服呢？

以下哪项论证中的错误和上述最为相似？

A. 张某提出要同工同酬，主张在质量相同的情况下，不分年龄、级别一律按件计酬，她这样说不就是因为她年轻、级别低吗？其实她是在为自己谋利益。

B. 公司的绩效奖励制度是为了充分调动广大员工的积极性，它对所有员工都是公平的。如果有人对此有不同意见，则说明他反对公平。

C. 最近听说你对单位的管理制度提了不少意见，这真令人难以置信！单位领导对你差吗？你这样做，分明是和单位领导过不去。

D. 单位任命李某担任信息科科长，听说你对此有意见，大家都没有提意见，只有你一个人有意见，看来你的意见是有问题的。

E. 有一种观点认为，只有直接看到的事物才能确信其存在，但是没有人可以看到质子、电子，而这些都被科学证明是客观存在的，所以该观点是错误的。

9. 2020-30 考生若考试通过并且体检合格，则将被录取。因此，如果李铭考试通过，但未被录取，那么他一定体检不合格。

以下哪项与以上论证方式最为相似？

A. 若明天是节假日并且天气晴朗，则小吴将去爬山。因此，如果小吴未去爬山，那么第二天一定不是节假日或者天气不好。

B. 一个数若能被 3 整除且能被 5 整除，则这个数能被 15 整除。因此，一个数若能被 3 整除但不能被 5 整除，则这个数一定不能被 15 整除。

C. 甲单位员工若去广州出差并且是单人前往，则均乘坐高铁。因此，甲单位小吴如果去广州出差，但未乘坐高铁，那么他一定不是单人前往。

D. 若现在是春天并且雨水充沛，则这里野草丰美。因此，如果这里野草丰美，但雨水不充沛，那么现在一定不是春天。

E. 一壶茶若水质良好且温度适中，则一定茶香四溢。因此，如果这壶茶水质良好且茶香四溢，那么一定温度适中。

10. 2020-53 学问的本来意义与人的生命、生活有关。但是，如果学问成为口号或教条，就会失去其本来的意义。因此，任何学问都不应该成为口号或教条。

以下哪项与上述论证方式最为相似？

A. 大脑会改编现实经历。但是，如果大脑只是储存现实经历的“文件柜”，就不会对其进行改编。因此，大脑不应该只是储存现实经历的“文件柜”。

B. 人工智能应该可以判断黑猫和白猫都是猫。但是，如果人工智能不预先“消化”大量照片，就无从判断黑猫和白猫都是猫。因此，人工智能必须预先“消化”大量照片。

C. 机器人没有人类的弱点和偏见。但是，只有数据得到正确采集和分析，机器人才不会“主观臆断”。因此，机器人应该也有类似的弱点和偏见。

D. 椎间盘是没有血液循环的组织。但是，如果要确保其功能正常运转，就需依靠其周围流过的血液提供养分。因此，培养功能正常运转的人工椎间盘应该很困难。

E. 历史包含必然性。但是，如果坚信历史只包含必然性，就会阻止我们用不断积累的历史数据去证实或证伪它。因此，历史不应该只包含必然性。

11. 2021-396-44 负责人赵某:我单位今年招聘的8名新员工都是博士,但这些新员工有些不适合担任管理工作,因为博士未必都适合担任管理工作。

以下哪项与赵某的论证方式最为类似?

A. 创新产品都受欢迎,但是它们未必都能盈利,因为价格高就难以受欢迎。

B. 院子里的花都是名贵品种,但是这些花都不好养,因为名贵品种都不好养。

C. 正直的人都受人尊敬,但是他们不都富有,因为富有的人未必都受人尊敬。

D. 6的倍数都是偶数,但6的倍数有些不是3的倍数,因为偶数未必都是3的倍数。

E. 最近上市的公司都是医药类的,但是这些公司的股票未必都热销,因为最近热销的股票都不是医药类的。

12. 2023-30 时时刻刻总在追求幸福的人不一定能获得最大的幸福,刘某说自己获得了最大的幸福,所以,刘某从来不曾追求幸福。

以下哪项与上述论证方式最为相似?

A. 年年岁岁总是帮助他人的人不一定能成为名人,李某说自己成了名人,所以,李某从来不曾帮助他人。

B. 口口声声不断说喜欢你的人不一定最喜欢你,陈某现在说他最喜欢你,所以,陈某过去从未喜欢过你。

C. 冷冷清清空无一人的商场不一定没有利润,某商场今年亏损,所以,该商场总是空无一人。

D. 日日夜夜一直想躲避死亡的士兵反而最容易在战场上丧命,林某在一次战斗中重伤不治,所以,林某从来没有躲避死亡。

E. 分分秒秒每天抢时间工作的人不一定是普通人,宋某看起来很普通,所以,宋某肯定没有每天抢时间工作。

13. 2023-53 甲:张某爱出风头,我不喜欢他。

乙:你不喜欢他没关系,他工作一直很努力,成绩很突出。

以下哪项与上述反驳方式最为相似?

A. 甲:李某爱慕虚荣,我很反对。

乙:反对有一定道理,但你也应该体谅一下他,他身边的朋友都是成功人士。

B. 甲:贾某整天学习,寡言少语,神情严肃,我很担心他。

乙:你的担心是多余的。他最近在潜心准备考研,有些紧张是正常的。

C. 甲:韩某爱管闲事,我有点讨厌他。

乙:你的态度有问题。爱管闲事说明他关心别人,乐于助人。

D. 甲:钟某爱看足球赛,但自己从来不踢足球,对此我很不理解。

乙:我对你的想法也不理解,欣赏和参与是两回事。

E. 甲:邓某爱读书但不求甚解,对此我很有看法。

乙:你有看法没用。他的文学素养挺高,已经发表了3篇小说。

14. 2023-396-37 并不是所有的人都能避免平庸之恶,因为有些人缺乏独立思考和审辨能力,而避免平庸之恶需要独立思考和审辨能力。

以下哪项与上述论证方式最为相似?

A. 并不是所有的沙漠都需改造,因为有些沙漠是生态系统的重要组成部分,对它们进行盲目改造会破坏生态平衡。

B. 并不是所有职场人都自愿加班,因为有些职场人很勤奋、很负责,他们这种特质可能会被企业利用而"被自愿加班"。

C. 并不是所有新闻都只强调即时性,因为好新闻还应当反映时代特征,而只强调新闻的即时性,就很难让新闻在历史中留下深刻的印迹。

D. 并不是所有标有"绿色"字样的家具都是环保产品,因为有些标有"绿色"字样的家具并不符合国家检测标准,而环保产品必须符合国家检测标准。

E. 并不是上好学校就能得到好的教育,因为学校最重要的是培养孩子的品行并激发他们的好奇心,而有些学校只强调激发孩子的好奇心,却忽略了对他们品行的培养。

第三章　论证逻辑

第一节　削弱

一、要点回顾

（一）题型特点

1. 削弱题型的特点是题干中给出一个看似完整的论证过程或者表达某种观点，问题要求找到最能质疑或最能反驳题干的选项。需要注意的是，削弱论证只要说明结论不一定成立即可，而非一定不成立。

2. 常考“最能削弱”题型和“能削弱，除了”题型。

（二）应对方法

1. 简化论证的核心词，直接排除与核心词无关或部分相关的选项。

2. 掌握拆桥法：直接否定前提和结论的关系。拆桥法又分为直接拆桥和间接拆桥。

3. 熟记因果削弱的方法：①因果倒置；②存在他因；③有因无果；④无因有果。

4. 注意因果削弱力度的比较：因果倒置>有因无果>存在他因>无因有果。

5. 优中选优的原则：①话题范围更一致；②核心内容更相关。

6. 优中排除的原则：①程度副词降力度；②范围扩大降力度。

二、真题专训

1. 2016-33 研究人员发现，人类存在3种核苷酸基因类型：AA型、AG型以及GG型。一个人有36%的概率是AA型，有48%的概率是AG型，有16%的概率是GG型。在1 200名参与实验的老年人中，拥有AA型和AG型基因类型的人都在上午11时之前去世，而拥有GG型基因类型的人几乎都在下午6时左右去世。研究人员据此认为：GG型基因类型的人会比其他人平均晚死7个小时。

以下哪项如果为真，最能质疑上述研究人员的观点？

A. 拥有GG型基因类型的实验对象容易患上心血管疾病。

B. 有些人是因为疾病或者意外事故等其他因素而死亡的。

C. 对人死亡时间的比较，比一天中的哪一时刻更重要的是哪一年、哪一天。

D. 平均寿命的计算依据应是实验对象的生命存续长度，而不是实验对象的死亡时间。

E. 当死亡临近的时候，人体会还原到一种更加自然的生理节奏感应阶段。

2. 2016-34 某市消费者权益保护条例明确规定，消费者对其所购商品可以“7天内无理由退货”。但这项规定出台后并未得到顺利执行，众多消费者在7天内“无理由”退货时，常常遭遇商家的阻挠，他们以商品已作特价处理、商品已经开封或使用等理由拒绝退货。

以下哪项如果为真，最能质疑商家阻挠退货的理由？

A. 那些特价处理的商品，本来质量就没有保证。

B. 如果不开封验货，就不能知道商品是否存在质量问题。

C. 商品一旦开封或使用了，即使不存在问题，消费者也可以选择退货。

D. 政府总偏向消费者，这对于商家来说是不公平的。

E. 开封验货后，如果商品规格、质量等问题来自消费者本人，他们应为此承担责任。

3. 2016-36 近年来，越来越多的机器人被用于在战场上执行侦查、运输、拆弹等任务，甚至将来冲锋陷阵的都不再是人，而是形形色色的机器人。人类战争正在经历自核武器诞生以来最深刻的革命。有专家据此分析指出，机器人战争技术的出现可以使人类远离危险，更安全、更有效率地实现战争目标。

以下哪项如果为真，最能质疑上述专家的观点？

A. 现代人类掌控机器人，但未来机器人可能会掌控人类。

B. 机器人战争技术有助于摆脱以往大规模杀戮的血腥模式，从而让现代战争变得更为人道。

C. 掌握机器人战争技术的国家为数不多，将来战争的发生更为频繁也更为血腥。

D. 因不同国家之间军事科技实力的差距，机器人战争技术只会让部分国家远离危险。

E. 全球化时代的机器人战争技术要消耗更多资源，破坏生态环境。

4. 2016-38 开车上路，一个人不仅需要有良好的守法意识，也需要有特别的“理性计算”：在拥堵的车流中，只要有“加塞”的，你开的车就一定要让着它；你开着车在路上正常直行，有车不打方向灯在你近旁突然横过来要撞上你，原来它想要变道，这时你也得让着它。

以下除哪项外，均能质疑上述“理性计算”的观点？

A. 有理的让着没理的，只会助长歪风邪气，有悖于社会的法律与道德。

B. 如果不让，就会碰上；碰上之后，即使自己有理，也会有许多麻烦。

C. “理性计算”其实就是胆小怕事，总觉得凡事能躲则躲，但有的事很难躲过。

D. 一味退让也会给行车带来极大的危险，不但可能伤及自己，而且也可能伤及无辜。

E. 即使碰上也不可怕，碰上之后如果立即报警，警方一般会有公正的裁决。

5. 2016-41 根据现有物理学定律，任何物质的运动速度都不可能超过光速，但最近一次天文观测结果向这条定律发起了挑战。距离地球遥远的IC310星系拥有一个活跃的黑洞，掉入黑洞的物质产生了伽马射线冲击波。有些天文学家发现，这束伽马射线的速度超过了光速,因为它只用了4.8分钟就穿越了黑洞边界,而光需要25分钟才能走完这段距离。由此,这些天文学家提出,光速不变定律需要修改了。

以下哪项如果为真,最能质疑上述天文学家所做的结论?

A. 光速不变定律已经历过去多次实践检验,没有出现反例。

B. 天文观测数据可能存在偏差,毕竟IC310星系离地球很远。

C. 要么天文学家的观测有误,要么有人篡改了天文观测数据。

D. 或者光速不变定律已经过时,或者天文学家的观测有误。

E. 如果天文学家的观测没有问题,光速不变定律就需要修改。

6. 2016-51 田先生认为,绝大部分笔记本电脑运行速度慢的原因不是CPU性能太差,也不是内存容量太小,而是硬盘速度太慢,给老旧的笔记本电脑换装固态硬盘可以大幅提升使用者的游戏体验。

以下哪项如果为真,最能质疑田先生的观点?

A. 少部分老旧笔记本电脑的CPU性能很差,内存也小。

B. 固态硬盘很贵,给老旧笔记本换装硬盘费用不低。

C. 使用者的游戏体验很大程度上取决于笔记本电脑的显卡,而老旧笔记本电脑显卡较差。

D. 一些笔记本电脑使用者的使用习惯不好,使得许多运行程序占据大量内存,导致电脑运行速度缓慢。

E. 销售固态硬盘的利润远高于销售传统的笔记本电脑硬盘。

7. 2016-53 钟医生:"通常,医学研究的重要成果在杂志发表之前需要经过匿名评审,这需要耗费不少时间。如果研究者能放弃这段等待时间而事先公开其成果,我们的公共卫生水平就可以伴随着医学发现更快获得提高。因为新医学信息的及时公布将允许人们利用这些信息提高他们的健康水平。"

以下哪项如果为真,最能削弱钟医生的论证?

A. 匿名评审常常能阻止那些含有错误结论的文章发表。

B. 人们常常根据新发表的医学信息来调整他们的生活方式。

C. 社会公共卫生水平的提高还取决于其他因素,并不完全依赖于医学新发现。

D. 有些媒体常常会提前报道那些匿名评审杂志准备发表的医学研究成果。

E. 大部分医学杂志不愿意放弃匿名评审制度。

8. 2017-45 人们通常认为,幸福能够增进健康、有利于长寿,而不幸福则是健康状况不佳的直接原因,但最近有研究人员对3 000多人的生活状况调查后发现,幸福或不幸福并不意味着死亡的风险会相应地变得更低或更高。他们由此指出,疾病可能会导致不幸福,但不幸福本身并不会对健康状况造成损害。

以下哪项如果为真，最能质疑上述研究人员的论证？

A. 幸福是个体的一种心理体验，要求被调查对象准确断定其幸福程度有一定的难度。

B. 人的死亡风险低并不意味着健康状况好，死亡风险高也不意味着健康状况差。

C. 少数个体死亡风险的高低难以进行准确评估。

D. 有些高寿老人的人生经历较为坎坷，他们有时过得并不幸福。

E. 有些患有重大疾病的人乐观向上，积极与疾病抗争，他们的幸福感比较高。

9. 2018-36 最近一项调研发现，某国30岁至45岁人群中，去医院治疗冠心病、骨质疏松等病症的人越来越多，而原来患有这些病症的大多是老年人。调研者由此认为，该国年轻人中“老年病”发病率有不断增加的趋势。

以下哪项如果为真，最能质疑上述调研结论？

A. 尽管冠心病、骨质疏松等病症是常见的“老年病”，老年人患的病未必都是“老年病”。

B. 近年来，由于大量移民涌入，该国45岁以下年轻人的数量急剧增加。

C. 由于国家医疗保障水平的提高，相比以往，该国民众更有条件关注自己的身体健康。

D. “老年人”的最低年龄比以前提高了，“老年病”的患者范围也有所变化。

E. 近几十年来，该国人口老龄化严重，但健康老龄人口的比重在不断增大。

10. 2019-42 旅游是一种独特的文化体验。游客可以跟团游，也可以自由行。自由行游客虽避免了跟团游的集体束缚，但也放弃了人工导游的全程讲解，而近年来他们了解旅游景点的文化需求却有增无减。为适应这一市场需求，基于手机平台的多款智能导游App被开发出来。他们可定位用户位置，自动提供景点讲解、游览问答等功能。有专家就此指出，未来智能导游必然会取代人工导游，传统的导游职业行将消亡。

以下哪项如果为真，最能质疑上述专家的推断？

A. 至少有95%的国外景点所配备的导游讲解器没有中文语音，中国出境游客因为语音和文化的差异，对智能导游App的需求比较强烈。

B. 旅行中才会使用的智能导游App，如何保持用户黏性、未来又如何取得商业价值等都是待解问题。

C. 好的人工导游可以根据游客需求进行不同类型的讲解，不仅关注景点，还可表达观点，个性化很强，这是智能导游App难以企及的。

D. 目前发展较好的智能导游App用户量在百万级左右，这与当前中国旅游人数总量相比还只是一个很小的比例，市场还没有培养出用户的普遍消费习惯。

E. 国内景区配备的人工导游需要收费，大部分导游讲解的内容都是事先背好的标准化内容。但是，即使人工导游没有特色，其退出市场也需要一定的时间。

11. 2019-52 某研究机构以约2万名65岁以上的老人为对象,调查了笑的频率与健康状态的关系。结果显示,在不苟言笑的老人中,认为自身现在的健康状态"不怎么好"和"不好"的比例分别是几乎每天都笑的老人的1.5倍和1.8倍。爱笑的老人对自我健康状态的评价往往较高。他们由此认为,爱笑的老人更健康。

以下哪项如果为真,最能质疑上述调查者的观点?

A. 乐观的老年人比悲观的老年人更长寿。

B. 病痛的折磨使得部分老人对自我健康状态的评价不高。

C. 身体健康的老年人中,女性爱笑的比例比男性高10个百分点。

D. 良好的家庭氛围使得老年人生活更乐观,身体更健康。

E. 老年人的自我健康评价往往和他们实际的健康状况之间存在一定的差距。

12. 2019-53 阔叶树的降尘优势明显,吸附PM2.5的效果最好,一棵阔叶树一年的平均滞尘量达3.16公斤。针叶树叶面积小,吸附PM2.5的功效较弱。全年平均下来,阔叶林的吸尘效果要比针叶林强不少。阔叶树也比灌木和草的吸尘效果好得多。以北京常见的阔叶树国槐为例,成片的国槐林吸尘效果比同等面积的普通草地约高30%。有些人据此认为,为了降尘北京应大力推广阔叶树,并尽量减少针叶林面积。

以下哪项如果为真,最能削弱上述有关人员的观点?

A. 阔叶树与针叶树比例失调,不仅极易暴发病虫害、火灾等,还会影响林木的生长和健康。

B. 针叶树冬天虽然不落叶,但基本处于"休眠"状态,生物活性差。

C. 植树造林既要治理PM2.5,也要治理其他污染物,需要合理布局。

D. 阔叶树冬天落叶,在寒冷的冬季,其养护成本远高于针叶树。

E. 建造通风走廊,能把城市和郊区的森林连接起来,让清新的空气吹入,降低城区的PM2.5。

13. 2020-27 某教授组织了120名年轻的参试者,先让他们熟悉电脑上的一个虚拟城市,然后让他们以最快速度寻找由指定地点到达关键地标的最短路线,最后再让他们识别茴香、花椒等40种芳香植物的气味。结果发现,寻路任务中得分较高者其嗅觉也比较灵敏。该教授由此推测,一个人空间记忆力好、方向感强,就会使其嗅觉更为灵敏。

以下哪项如果为真,最能质疑该教授的上述推测?

A. 大多数动物主要靠嗅觉寻找食物、躲避天敌,其嗅觉进化有助于"导航"。

B. 有些参试者是美食家,经常被邀请到城市各处的特色餐馆品尝美食。

C. 部分参试者是马拉松运动员,他们经常参加一些城市举办的马拉松比赛。

D. 在同样的测试中,该教授本人在嗅觉灵敏度和空间方向感方面都不如年轻人。

E. 有的年轻人喜欢玩方向感要求较高的电脑游戏,因过分投入而食不知味。

14. 2020-35 移动支付如今正在北京、上海等大中城市迅速普及。但是，并非所有中国人都熟悉这种新的支付方式，很多老年人仍然习惯传统的现金交易。有专家因此断言，移动支付的迅速普及会将老年人阻挡在消费经济之外，从而影响他们晚年的生活质量。

以下哪项如果为真，最能质疑上述专家的论断？

A. 到2030年，中国60岁以上人口将增至3.2亿，老年人的生活质量将进一步引起社会关注。

B. 有许多老年人因年事已高，基本不直接进行购物消费，所需物品一般由儿女或社会提供，他们的晚年生活很幸福。

C. 国家有关部门近年来出台多项政策指出，消费者在使用现金支付被拒时可以投诉，但仍有不少商家我行我素。

D. 许多老年人已在家中或社区活动中心学会移动支付的方法以及防范网络诈骗的技巧。

E. 有些老年人视力不好，看不清手机屏幕；有些老年人记忆力不好，记不住手机支付密码。

15. 2021-32 某高校的李教授在网上撰文指责另一高校的张教授早年发表的一篇论文存在抄袭现象。张教授知晓后，立即在同一网站对李教授的指责作出反驳。

以下哪项作为张教授的反驳最为有力？

A. 李教授早年的两篇论文其实也存在不同程度的抄袭现象。

B. 自己投稿在先而发表在后，所谓论文抄袭其实是他人抄自己。

C. 李教授的指责纯属栽赃陷害，混淆视听，破坏了大学教授的整体形象。

D. 李教授的指责是对自己不久前批评李教授学术观点所作的打击报复。

E. 李教授的指责可能背后有人指使，不排除受到两校不正当竞争的影响。

16. 2021-49 某医学专家提出一种简单的手指自我检测法：将双手放在眼前，把两个食指的指甲那一面贴在一起，正常情况下，应该看到两个指甲床之间有一个菱形的空间；如果看不到这个空间，则说明手指出现了杵状改变，这是患有某种心脏或肺部疾病的迹象。该专家认为，人们通过手指自我检测能快速判断自己是否患有心脏或肺部疾病。

以下哪项如果为真，最能质疑上述专家的论断？

A. 杵状改变是手指末端软组织积液造成，而积液是由于过量血液注入该区域导致，其内在机理仍然不明。

B. 杵状改变可能由多种肺部疾病引起，如肺纤维化、支气管扩张等，而且这种病变需要经历较长的一段过程。

C. 杵状改变不是癌症的明确标志，仅有不足40%的肺癌患者有杵状改变。

D. 杵状改变检测只能作为一种参考，不能用来替代医生的专业判断。

E. 杵状改变有两个发展阶段，第一个阶段的畸变不是很明显，不足以判断人体是否有病变。

17. 2021-396-48 改革开放以来，省际人口大规模流动已成为一个突出的社会现象。2018年，中国流动人口为2.41亿，相当于每6个中国人中就有1个流动人口。庞大的流动人口被视为中国城市化的重要推动力量。但有专家指出，大规模的人口流动也给流入地政府的基本公共服务和社会保障带来巨大压力，同时进一步加剧了省际财政矛盾。

以下哪项如果为真，最能质疑上述专家的观点？

A. 目前公共财政支出的人口统计口径依然是以户籍作为主要单位，流动家庭基本公共服务的提供仍然需要流入地政府额外的财政投入。

B. 受户籍制度制约，流动人口应享有的教育、医疗、住房、养老等诸多公共服务在“流入地”与“流出地”之间衔接不畅。

C. 进入2010年后，我国流动人口增速开始逐步变缓；从2015年开始，流动人口在增速下降的同时，规模也开始减小。

D. 针对农民工子女的义务教育问题，国家早就发文指出，以流入地为主，以公办学校为主，流入地政府承担流动儿童的主要教育责任。

E. 近年来，国家出台一系列财政转移支付政策，将外来人口纳入测算标准，并将财政资金向人口流入地倾斜，适当弥补人口流入省份的财政缺口。

18. 2021-396-49 动物肉一直是餐桌上不可或缺的食物。前不久，某专家宣布，他的研究团队已首次利用动物干细胞在实验室培育出了人造肉，这种人造肉在口感和成分上与动物肉非常接近。该专家认为，这种人造肉在不远的将来会有很好的市场前景。

以下哪项如果为真，最能质疑上述专家的观点？

A. 目前人造肉的生产成本远高于动物肉，且产量极低，近期还很难有技术突破的可能。

B. 以植物蛋白为原料，模拟动物肉外观和口感的人造肉已在素斋中广泛使用。

C. 上述实验中的人造肉的制造需要加入大量的动物血清，而要获得动物血清仍需要饲养大量动物。

D. 目前宇航员在太空中自主栽培蔬菜已成为可能，但肉类蛋白的获取只能依靠饲养黄粉虫，其口感大大逊于动物肉。

E. 目前关于人造肉研发的风险投资正在不断加大，而相关上市公司的股票价格却持续走低。

19. 2022-34 补充胶原蛋白已经成为当下很多女性抗衰老的手段之一。她们认为：吃猪蹄能够补充胶原蛋白，为了美容养颜，最好多吃些猪蹄。近日有些专家对此表示质疑，他们认为多吃猪蹄其实并不能补充胶原蛋白。

以下哪项如果为真，最能质疑上述专家的观点？

A. 猪蹄中的胶原蛋白会被人体的消化系统分解，不会直接以胶原蛋白的形态补充到皮肤中。

B. 人们在日常生活中摄入的优质蛋白和水果、蔬菜中的营养物质，足以提供人体所需的胶原蛋白。

C. 猪蹄中胶原蛋白的含量并不多，但胆固醇含量高、脂肪多，食用过多会引起肥胖，还会增加患高血压的风险。

D. 猪蹄中的胶原蛋白经过人体消化后会被分解成氨基酸等物质，氨基酸参与人体生理活动，再合成人体必需的胶原蛋白等多种蛋白质。

E. 胶原蛋白是人体皮肤、骨和肌腱中的主要结构蛋白，它填充在真皮之间，撑起皮肤组织，增加皮肤紧密度，使皮肤水润而富有弹性。

20. 2022-44 当前，不少教育题材影视剧贴近社会现实，直击子女升学、出国留学、代际冲突等教育痛点，引发社会广泛关注。电视剧一阵风，剧外人急红眼，很多家长触“剧”生情，过度代入，焦虑情绪不断增加，引得家庭“鸡飞狗跳”，家庭与学校的关系不断紧张。有专家由此指出，这类教育影视剧只能贩卖焦虑，进一步激化社会冲突，对实现教育公平于事无补。

以下哪项如果为真，最能质疑上述专家的主张？

A. 当代社会教育资源客观上总是有限且分配不平衡，教育竞争不可避免。

B. 父母过度焦虑则导致孩子间暗自攀比，重则影响亲子关系、家庭和睦。

C. 教育影视剧一旦引发广泛关注，就会对国家教育政策的走向产生重要影响。

D. 教育影视剧提醒学校应明确职责，不能对义务教育实行“家长承包制”。

E. 家长不应成为教育焦虑的“剧中人”，而应该用爱包容孩子的不完美。

21. 2022-47 有些科学家认为，基因调整技术能大幅延长人类寿命。他们在实验室中调整了一种小型土壤线虫的两组基因序列，成功将这种生物的寿命延长了5倍。他们据此声称，如果将延长线虫寿命的科学方法应用于人类，人活到500岁就会成为可能。

以下哪项最能质疑上述科学家的观点？

A. 基因调整技术可能会导致下一代中一定比例的个体失去繁殖能力。

B. 即使将基因调整技术成功应用于人类，也只会有极少的人活到500岁。

C. 将延长线虫寿命的科学方法应用于人类，还需要经历较长一段时间。

D. 人类的生活方式复杂而多样，不良的生活习惯和心理压力，会影响身心健康。

E. 人类寿命的提高幅度不会像线虫那样简单倍增，200岁以后寿命再延长基本不可能。

22. 2022-396-49 近日，M市消委会公布了3款知名薯片含有致癌物的检测报告，并提醒消费者谨慎购买。该报告显示，S公司生产的薯片样品中致癌物丙烯酰胺的含量超过2 000μg/kg，高于欧盟设定的基准水平值750μg/kg。S公司知晓后，立即对此事件做出了回应和反驳。

以下哪项如果为真，作为 S 公司的回应和反驳最为有力？

A. 关于食物中丙烯酰胺的限量，我国目前没有出台相关的法规和标准。

B. 薯片类产品普遍含有丙烯酰胺，但吃一包薯片丙烯酰胺的实际摄入量极低。

C. S 公司的薯片因销量突出才受到消委会的关注，不排除竞争对手的恶意举报。

D. 大多数品牌的薯片中丙烯酰胺都超标，消委会不应该只检测 S 公司等几个品牌的薯片。

E. 多家权威机构公布的相关检测报告显示，与消委会检测的薯片样品同批次的薯片抽检均无问题。

23. 2023-27 处理餐厨垃圾的传统方式主要是厌氧发酵和填埋，前者利用垃圾产生的沼气发电，投资成本高；后者不仅浪费土地，还污染环境。近日，某公司尝试利用蟑螂来处理垃圾。该公司饲养了 3 亿只“美洲大蠊”蟑螂，每天可吃掉 15 吨餐厨垃圾。有专家据此认为，用“蟑螂吃掉垃圾”这一生物处理方式解决餐厨垃圾，既经济又环保。

以下哪项如果为真，最能质疑上述专家的观点？

A. 餐厨垃圾经发酵转化为能源的处理方式已被国际认可，我国这方面的技术也相当成熟。

B. 大量人工养殖后，很难保证蟑螂不逃离控制区域，而一旦蟑螂逃离，则会危害周边生态环境。

C. 政府前期在工厂土地划拨方面对该项目给予了政策扶持，后期仍需进行公共安全检测和环境评估。

D. 我国动物蛋白饲料非常缺乏，1 吨蟑螂及其所产生的卵鞘，可产生 1 吨昆虫蛋白饲料，饲养蟑螂将来盈利十分可观。

E. 该公司正在建设新车间，竣工后将能饲养 20 亿只蟑螂，它们虽然能吃掉全区的餐厨垃圾，但全市仍有大量餐厨垃圾需要通过传统方式处理。

24. 2023-33 进入移动互联网时代，扫码点餐、在线挂号、网购车票、电子支付等智能化生活方式日益普及，人们的生活越来越便捷。然而，也有很多老年人因为不会使用智能手机等设备，无法进入菜场、超市和公园，也无法上网娱乐与购物，甚至在新冠疫情期间因无法从手机中调出健康码而被拒绝乘坐公共交通工具。对此，某专家指出，社会正在飞速发展，不可能“慢”下来等老年人，老年人应该加强学习，跟上时代发展。

以下哪项如果为真，最能质疑该专家的观点？

A. 老年人也享有获得公共服务的权利，为他们保留老办法，提供传统服务，既是一种社会保障，更是一种社会公德。

B. 有些老年人学习能力较强，能够熟练使用多种电子产品，充分感受移动互联网时代的美好。

C. 目前中国有 2 亿多老年人，超四成的老年人存在智能手机使用障碍，仅会使用手机打电话。

D. 社会管理和服务不应只有一种模式，而应更加人性化和多样化，有些合理的生活方式理应得到尊重。

E. 有些老年人感觉自己被时代抛弃了，内心常常充斥着窘迫与挫败感，这容易导致他们与社会加速脱离。

25. 2023-35 曾几何时，“免费服务”是互联网的重要特征之一，如今这一情况正在发生改变。有些人在网上开辟知识付费平台，让寻求知识、学习知识的读者为阅读“买单”，这改变了人们通过互联网免费阅读的习惯。近年来，互联网知识付费市场的规模正以连年翻番的速度增长。但是有专家指出，知识付费市场的发展不可能长久，因为人们大多不愿为网络阅读付费。

以下哪项如果为真，最能质疑上述专家的观点？

A. 高强度的生活节奏使人无法长时间、系统性阅读纸质文本，见缝插针、随时呈现式的碎片化、网络化阅读已成为获取知识的常态。

B. 日常工作的劳累和焦虑使得人们更喜欢在业余时间玩网络游戏、看有趣视频或与好友微信聊天。

C. 日益增长的竞争压力促使当代人不断学习新知识，只要知识付费平台做得足够好，他们就愿意为此付费。

D. 当前网上知识付费平台竞争激烈，尽管内容丰富、形式多样，但是鱼龙混杂、缺少规范，一些年轻人沉湎其中，难以自拔。

E. 当前，许多图书资料在互联网上均能免费获得，只要合理用于自身的学习和研究，一般不会产生知识产权问题。

26. 2023-48 “嫦娥”登月、“神舟”巡天，我国不断谱写飞天梦想的新篇章。基于太空失重环境的多重效应，研究人员正在探究植物在微重力环境下生存的可能性。他们设想，如果能够在太空中种植新鲜水果和蔬菜，则不仅有利于航天员的身体健康，而且可以降低食物的上天成本，同时，可以利用其消耗的二氧化碳产生氧气，为航天员的生活与工作提供有氧环境。

以下哪项如果为真，则可能成为研究人员实现上述设想的最大难题？

A. 为了携带种子、土壤等种植必需品上天，飞船需要减少其他载荷以满足发射要求，这可能影响其他科学实验的安排。

B. 有些航天员虽然在地面准备阶段学习掌握了植物栽培技术，但在太空的实际操作中他们可能会遇到意想不到的情况。

C. 太空中的失重、宇宙射线等因素会对植物的生长和发育产生不良影响，食用这些植物可能有损航天员的健康。

D. 有些航天员将植物带入太空,又成功带回地面,短暂的太空经历对这些植物后来的生长发育可能造成影响。

E. 过去很多航天器携带植物上天,因为缺乏生长条件,这些植物都没有存活很长时间。

27. 2023-49 十多年前曾有传闻:M 国从不生产一次性筷子,完全依赖进口,而且 M 国 96%的一次性筷子来自中国。2019 年有媒体报道:“去年 M 国出口的木材中,约有 40%流向了中国市场,而且今年中国订单的比例还在进一步攀升,中国已成为 M 国木材出口占比最大的国家。”张先生据此认为,中国和 M 国木材进出口角色的转换,表明中国人的环保意识已经超越 M 国。

以下哪项如果为真,最能削弱张先生的观点?

A. 十多年前的传闻不一定反映真实情况,实际情形是中国的一次性筷子比其他国家的更便宜。

B. 从 2018 年起,中国相关行业快速发展,木材需求急剧增长;而 M 国多年养护的速生林正处于采伐期,出口量逐年递增。

C. 近年中国修订相关规范,原来只用于商品外包装的 M 国杉木现也可用于木结构建筑物,导致进口数量大增。

D. 制作一次性筷子的木材主要取自速生杨树或者桦树,这类速生树种只占中国经济林的极小部分。

E. 中国和 M 国在木材贸易上的角色转换主要是经济发展导致,环保意识只是因素之一,但不是主要因素。

28. 2023-50 某公司为了让员工多运动,近日出台一项规定:每月按照 18 万步的标准对员工进行考核,如果没有完成步行任务,则按照“一步一分钱”的标准扣钱。有专家认为,此举鼓励运动,看似对员工施加压力,实质上能够促进员工的身心健康,引导整个企业积极向上。

以下各项如果为真,则除哪项外均能质疑上述专家的观点?

A. 按照我国《劳动法》等相关法律规定,企业规章制度所涉及的员工行为应与工作有关,而步行显然与工作无关。

B. 步行有益身体健康,但规定每月必须步行 18 万步,不达标就扣钱,显得有些简单粗暴,这会影响员工对企业的认同感。

C. 公司鼓励员工多运动,此举不仅让员工锻炼身体,还可释放工作压力,培养良好品格,改善人际关系。

D. 有员工深受该规定的困扰,为了完成考核,他们甚至很晚都不得不外出运动,影响了正常休息。

E. 该公司的员工老张在网上购买了专门刷步行数据的服务,只花 1 元钱就可轻松购得两万步。

29. 2023-396-36 当前我国电商风头正劲，消费者只需坐在家中就可浏览各类商品，下单购物极其方便；另外，因为没有中间商赚差价，商品价格相对较低。但是，随着电商的兴起，一些地方实体店铺的经营受到了冲击。据此，有专家指出，中国电商平台如此发达，其实是在毁掉实体经济。

以下哪项如果为真，最能质疑上述专家的观点？

A. 每个实体店铺的存在意味着若干人的就业，它们一旦被电商取代，很多人就会因此失业，可能引发社会风险。

B. 很多人关闭自己的线下门店后将店铺搬到了网上，一些大的商业品牌店也将生意做到了网上，吸引了更多的消费者。

C. 商场不只是买卖商品，更重要的是将人吸引到街上，产生各种“随机消费”。比如，夫妻逛街除了买衣服，还可能吃饭、看电影。

D. 购买服装是一种体验性很强的购物活动，很多人还是愿意在商场先试穿体验再决定购买。只要价格不是贵得离谱，商场购物还是比网上下单更靠谱。

E. 电商销售的产品来自线下工厂，同时电商创造了快递行业，就连看似被电商消灭的“商场经济”也变成了儿童乐园、餐馆和游戏厅等“体验式经济”。

30. 2023-396-53 通常戴不戴头盔是自行车骑行人的自由选择，但是为了安全，某国交通管理部门拟出台一项强制自行车骑行人戴头盔的规定。该规定草案一经发布，就引起了社会的强烈反响。某骑行俱乐部负责人公开表示反对，他认为如果这一规定出台，骑行人数将会大幅下降，有些没有头盔的骑行人为了躲避高额的罚款会放弃骑行。

以下哪项如果为真，最能质疑上述负责人的观点？

A. 只有限制越少，骑行人才会越来越多，骑行运动才会蓬勃发展。

B. 不是每次骑行都需要戴头盔，强制戴头盔只会增加头盔生产商的利润。

C. 戴头盔会让有些骑行人产生一种虚假的安全感，忽视其他可能引发骑行事故的因素。

D. 头盔能最大限度地保护骑行人的脑部安全，绝大多数骑行人会因此自觉戴头盔。

E. 该国去年有100多名骑行人在交通事故中丧生，其中有些人在事故发生时没有戴头盔。

31. 2024-28 随着传播媒介的不断发展，其接收方式越来越多样。声音，作为一种接收门槛相对较低的传播媒介，它的“可听化”比视频的“可视化”受限制条件少，接收方式灵活。近来，各种有声读物、方言乡音等媒介日渐红火，一些听书听剧网站颇受欢迎，这让一些人看到了希望：会说话就行，用“声音”就可以获得财富。有专家就此认为，声媒降低了就业门槛，为人们提供了更多平等就业的机会。

以下哪项如果为真，最能质疑上述专家的观点？

A. 传媒接收门槛的降低并不意味着声媒准入门槛的降低。

B. 只有切实贯彻公平合理的就业政策,人们平等就业才有实现的可能。

C. 一个行业吸纳的就业人员越多,它所能提供的平均薪酬水平往往越低。

D. 有人愿意为听书付费,而有人不愿意,靠“声音”获得财富并不容易。

E. 有人天生一副好嗓子,而有人的嗓音则需通过训练才能达到播音标准。

32. 2024-31 纸箱是邮寄快递的主要包装材料之一,初次使用的纸箱大都可重复使用。目前大部分旧纸箱仍被当作生活垃圾处理,不利于资源的利用和环境的保护。其实,我们寄快递时所用的新纸箱快递点一般都要收费。有专家就此认为,即使从自身利益角度出发,快递点对纸箱回收也应具有积极性。

以下哪项如果为真,最能质疑上述专家的观点?

A. 有些人在收到快递后习惯将包装纸箱留存,积攒到一定数量后,再送到附近废品收购站卖掉。

B. 快递员回收纸箱的意愿并不高,为了赶时间,他们不会等客户拆封后再带走空纸箱。

C. 旧纸箱一般是以往客户丢下的,快递点并未花钱回购,在为客户提供旧纸箱时也不会收费。

D. 为了“有面子”,有些人在寄快递时宁愿花钱购买新纸箱,也不愿使用旧纸箱,哪怕免费使用也不行。

E. 快递点大多设有纸箱回收处,让客户拿到快递后自己决定是否将快递当场拆封,并将纸箱留下。

33. 2024-41 我国有些传统村落已有数百年历史,具有较高的历史文化价值。政府相继发布一批中国传统村落名录,对有些传统村落给予了有效的保护。但是,大量未纳入保护范围的传统村落仍处于放任自流的状态,其现状不容乐观。有专家就此指出,随着社会的快速发展和新生活方式的兴起,这些传统村落走向衰亡是一种必然趋势。

以下哪项如果为真,最能质疑上述专家的观点?

A. 中国拥有高度发达的农耕文明,乡土中国的精神和文化现在仍是我们文化身份、民族情感的重要来源。

B. 有些城里人自愿来到农村居住,他们养鸡种菜、耕读垂钓,全然不顾想去城市生活的乡邻们异样的眼光。

C. 欧洲国家在工业化、城市化进程中,对一些传统村落进行了较好的保护,使其乡村文化、乡村生活方式延续至今。

D. 我国有些传统村落虽未纳入保护名录,但也被重新规划、修缮,宜居程度显著提高,美丽乡村既留住了村民,也迎来了游客。

E. 基于资源、环境、公共服务等方面的考虑,某些地方开启乡村合并模式,部分传统村落已经消失在合并的过程中。

34. 2024-48 近年来，网络美图和短视频热带动不少小众景点升温。然而许多网友发现，他们实地探访所见的小众景点与滤镜照片中的同一景点形成强烈反差，而且其中一些体验项目也不像网络宣传的那样有趣美好、物有所值。有专家就此建议，广大游客应远离小众景点，不给他们宰客的机会。

以下哪项如果为真，最能质疑上述专家的建议？

A. 有些专家的建议值得参考，而有些专家的建议则可能存在偏狭之处。

B. 旅游业做不了"一锤子买卖"，好口碑才是真正的"流量密码"，靠"照骗"出位无异于饮鸩止渴。

C. 一般来说，在拍照片或短视频时相机或手机会自动美化，拍摄对象也是拍摄者主观选取的局部风景。

D. 随着互联网全面进入"光影时代"，越来越多的景点通过网络营销模式进行推广和宣传，即使那些著名景点也不例外。

E. 如今很多乡村景点虽不出名，但他们尝试农旅结合。推出"住农家屋、采农家菜、吃农家饭"的乡村游项目，让游客在美丽乡村流连忘返。

35. 2024-396-43 近年来，我国各地频现驴友野游遇险事件。在这些事件发生时，当地政府一般都实施应急救援。消防救援队伍、警察、景区救援团队以及民间救援组织往往都参与其中，消耗较多公共应急救援资源。为此，有些地方政府出台有偿救援政策，要求驴友支付因自身野游遇险而产生的救援费用。有专家指出，有偿救援制度将会对驴友野游产生有力的约束作用。

以下哪项如果为真，最能质疑上述专家的观点？

A. 游客在未开发、未开放区域活动是"自甘风险"，为其出动应急救援力量是额外消耗公共资源，不应列入政府的免费公共服务范围。

B. 有些经济条件较好的驴友在进入未开发、未开放区域遇险难以自救时，会立即向外求救，对由此产生的救援费用并不在意。

C. 约束驴友野游除提高他们的违规成本外，还需预防在前、惩防结合、多管齐下，形成立体多元的预防惩戒体系。

D. 有偿救援制度的实施，有利于社会化专业应急救援力量的成长，可有效弥补公共应急救援力量的不足。

E. 有些经济条件窘迫的驴友在探索未开发、未开放区域前，一般会考虑探险装备投入及遇险求救费用。

36. 2024-396-53 此前遗传学家已经发现了数百种与肥胖有关的基因，但未发现任何一种基因能直接导致肥胖。最近，有研究人员在某地腐烂的植被中发现一种微小的蠕虫，从其体内筛查出 293 个与肥胖有关的基因，发现其中 14 种基因能导致肥胖、3 种基因能防止肥胖,并且精准测定了这些基因对肥胖的影响。他们预测,该项成果将对治疗人类肥胖发挥十分重要的作用。

以下哪项如果为真,最能质疑上述研究人员的预测?

A. 这种蠕虫 70%左右的基因与人类的基因非常相似。

B. 导致蠕虫肥胖的基因可以改造为防止其肥胖的基因。

C. 这种蠕虫的生活环境与人类的生活环境存在明显差异。

D. 很多人肥胖的原因并非来自基因,而是不健康的生活方式。

E. 目前人类已有多种治疗肥胖的有效方法,但基因疗法还在积极探索之中。

37. 2025-27 研究人员对近 12 万名 50 岁及以上受访者进行调查后发现,大约有一半的受访者每天久坐 10 小时或更长。在随后的五年内,这些习惯久坐的人当中有 805 人陆续死亡。他们还发现,如果每天增加 10 分钟的活动,则每天久坐不到 10 小时的死亡风险可降低 15%,而超过 10 小时的死亡风险可降低 35%。研究人员由此认为,每天活动 20 分钟可减少久坐危害,降低死亡风险。

以下哪项如果为真,最能质疑上述研究人员的观点?

A. 在已经离世的 805 人中,357 人每天久坐不到 10 小时,448 人每天久坐 10 小时或更长。

B. 每天 20 分钟的活动指的是快步走、爬山、骑行等运动强度较大的活动,对此许多中老年人难以坚持。

C. 随着年龄增大,中老年人的身体机能会逐渐下降,即使每天活动 20 分钟,其久坐时间也会越来越长,死亡风险也随之增加。

D. 许多久坐者认为,每天只需花 20 分钟活动,就可以长时间坐着阅读、追剧或工作,哪怕一天累计久坐 10 小时以上也无妨。

E. 每天活动 20 分钟,并不意味着每天活动可以减少到 20 分钟,20 分钟只是正常人一天活动的最低要求,为了健康,活动时间可以更长一些。

38. 2025-34 罗马帝国曾是世界上最强大的帝国之一,但西罗马早在公元 5 世纪就土崩瓦解,东罗马也在 15 世纪走向终结。如此庞大的帝国为何走向末路?有网友研究发现,罗马帝国的水渠管道有相当一部分是用铅铸造的。近年来又有考古人员发现,古罗马人的遗骨中铅含量异常,有的到了足以引发健康问题的程度。由此,有些网友认为,水在流经铅管道的时候被铅污染了,罗马居民天天饮用铅污染水,发生了铅中毒现象,从而加速了帝国的衰亡。

以下哪项如果为真,最能质疑上述网友的观点?

A. 罗马人广泛使用银作为货币和装饰,而用来冶炼出银的银矿石主体是铅,这使得罗马帝国每年产铅量巨大。

B. 铅金属熔点低又易铸造成型,拿来做水管极为合适,也可以用来制作生活中各种方便实用的合金工具。

C. 罗马人习惯用铅制容器加热葡萄汁，而实验发现在铅容器中熬制葡萄汁减少至三分之一时，每升葡萄汁中会含有高达一克的铅。

D. 罗马帝国早期很少有铅中毒的记载，直到公元7世纪，才有东罗马帝国的个别医师描述过慢性铅中毒症状，但对中毒原因莫衷一是。

E. 罗马帝国的铅水管里一般会结有一层很厚的水垢，这些水垢阻挡了水和铅的接触，使得水中的含铅量极少，并不足以威胁人的健康。

39. **2025-38** 名山公园最美的风景往往在山顶才可寻觅。为了让游客既能看到美景又能轻松登山，很多公园在大山上安装了索道或电梯，实现了有些游客追求的“无痛登山”梦想。对此，许多登山爱好者却认为，“无痛登山”让登山失去了灵魂，这样的登山其实已经没有乐趣可言。

以下哪项如果为真，最能质疑上述登山爱好者的观点？

A. 很多名山公园的登山步道长达数千米，海拔高差也达数百米乃至千米以上，对那些运动能力欠佳但又想“一览众山小”的游客实在不太友好。

B. 一般来说，现在许多装有登山索道或电梯的名山公园，还留有传统登山步道供登山爱好者使用，游客可以量力而行，追寻各自的便利和快乐。

C. 无须风吹雨打、烈日炙烤，无须劳累辛苦、久耗时间，很多游客走高山索道或电梯，就能欣赏眼前一片广阔风景，打卡拍照后潇洒离去，好不自在。

D. 在自然的山水中安装索道或电梯，不仅因耗费巨大而增加游客费用，而且会造成对绿水青山的破坏，不符合人与自然和谐共生的理念。

E. 登山追求的是探索自然的乐趣和登险克难的快感，“无痛登山”用身心的闲适取代身心的磨砺，让这种乐趣和快感荡然无存。

40. **2025-396-37** 外卖柜的出现解决了外卖骑手们“找不到门牌”“进不去园区”“等不起电梯”等现实难题，受到多方欢迎。但是有网友认为，现在外卖柜只向骑手收取服务费并不合理，因为外卖柜的获益方不只是骑手。据此他们主张，外卖柜服务费应由骑手、平台及消费者三方共同承担。

以下哪项如果为真，最能质疑上述网友的主张？

A. 外卖柜服务费由骑手独自承担，这无疑使他们原本不高的收入“雪上加霜”。

B. 消费者点外卖的初衷是希望外卖能送到自己手上，引入外卖柜实际损害了他们的利益，许多消费者并不赞同引入外卖柜。

C. 让骑手单独支付外卖柜服务费是强势外卖平台压榨弱势骑手的表现，长此以往可能会影响外卖平台自身的利益。

D. 在地址不清晰或者小区限制进入的情况下，骑手不得不把外卖放入外卖柜，消费者为此应承担部分外卖柜服务费。

E. 短期看,外卖柜的出现提高了骑手送外卖的效率;长期看,是对外卖这种商业模式根基的侵蚀,对相关各方的利益都会带来损害。

41. 2025-396-45 一般认为,植被对于古迹是有害的,因为植被的根系活动和生物降解作用可能会破坏建筑物。但近期一项研究发现,生物结皮保护了中国北方的一段古长城,令其免受风雨侵蚀。生物结皮是由蓝藻、苔藓、地衣和其他微生物群落组成的薄层,它们覆盖了这段古长城的大部分外墙,使得这一文物建筑保存了下来。研究专家由此指出,我们应该保护文物建筑表面自然形成的生物结皮,而不是剥除它们。

以下哪项如果为真,最能质疑上述专家的观点?

A. 在干燥的环境下,生物结皮覆盖的夯土比裸露的夯土稳定性更强、可蚀性更低。

B. 在全球变暖情况下,北方有些地区可能由干变湿,这会影响生物结皮的保护功能。

C. 如果人工培养生物结皮,将其植入某些建筑表面,就会产生一定的保护作用。

D. 我国古长城主要修建在北方较干燥的地区,其中有些部分已经颓败,须保护。

E. 生物结皮保护文物建筑的功能只能在干旱地区发挥出来,并不适用于潮湿地区。

第二节 支持

一、要点回顾

(一)题型特点

1. 支持题型的特点是在题干中给出一个看似完整的论证过程或某种观点,但由于前提的条件不足以推出结论,需要用某个选项去补充新论据,使论证成立的可能性增大。

2. 常考“最能支持”题型和“能支持,除了”题型。

(二)应对方法

1. 简化论证核心词,直接搭桥的选项支持力度最强。

2. 一般会补充新论据,建立前提与结论的关系来支持,注意新论据力度强弱的比较。

3. 支持关系是重点,重复前提力度弱,仅针对前提或结论的部分进行肯定的力度弱。

4. 优中选优的原则:①话题范围更一致;②核心内容更相关。态度不明确,左右摇摆的墙头草选项直接排除。

5. 优中排除的原则:①程度副词降力度;②范围扩大降力度。

二、真题专训

1. 2016-32 考古学家发现,那件仰韶文化晚期的土坯砖边缘整齐,并且没有切割痕迹,由此他们推测,这件土坯砖应该是使用木质模具压制成型的;而其他 5 件由土坯砖经过烧制而成的烧结砖，经检测其当时的烧制温度为850~900℃。由此考古学家进一步推测，当时的砖是先使用模具将黏土做成土坯，然后再经过高温烧制而成的。

以下哪项如果为真，最能支持上述考古学家的推测？

A. 仰韶文化晚期，人们已经掌握了高温冶炼技术。

B. 仰韶文化晚期的年代约为公元前3500年—公元前3000年。

C. 早在西周时期，中原地区的人们就可以烧制铺地砖和空心砖。

D. 没有采用模具而成型的土坯砖，其边缘或者不整齐，或者有切割痕迹。

E. 出土的5件烧结砖距今已有5 000年，确实属于仰韶文化晚期的物品。

2. 2016-39 有专家指出，我国城市规划缺少必要的气象论证，城市的高楼建得高耸而密集，阻碍了城市的通风循环。有关资料显示，近几年国内许多城市的平均风速已下降10%。风速下降，意味着大气扩散能力减弱，导致大气污染物滞留时间延长，易形成雾霾天气和热岛效应。为此，有专家提出建立“城市风道”的设想，即在城市里制造几条畅通的通风走廊，让风在城市中更加自由地进出，促进城市空气的更新循环。

以下哪项如果为真，最能支持上述建立“城市风道”的设想？

A. 有风道但没有风，就会让城市风道成为无用的摆设。

B. 有些城市已拥有建立“城市风道”的天然基础。

C. 风从八方来，“城市风道”的设想过于主观和随意。

D. 城市风道不仅有利于“驱霾”，还有利于散热。

E. 城市风道形成的“穿街风”，对建筑物的安全影响不大。

3. 2016-50 如今，电子学习机已全面进入儿童的生活。电子学习机将文字与图像、声音结合起来，既生动形象，又富有趣味性，使儿童独立阅读成为可能。但是，一些儿童教育专家却对此发出警告，电子学习机可能不利于儿童成长。他们认为，父母应该抽时间陪孩子一起阅读纸质图书。陪孩子一起阅读纸质图书，并不是简单地让孩子读书识字，而是在交流中促进其心灵的成长。

以下哪项如果为真，最能支持上述专家的观点？

A. 在使用电子学习机时，孩子往往更多关注其使用功能而非学习内容。

B. 接触电子产品越早，就越容易上瘾，长期使用电子学习机会形成“电子瘾”。

C. 现代生活中年轻父母工作压力较大，很少有时间能与孩子一起共同阅读。

D. 纸质图书有利于保护儿童视力，有利于父母引导儿童形成良好的阅读习惯。

E. 电子学习机最大的问题是让父母从孩子的阅读行为中走开，减少了父母与孩子的日常交流。

4. 2017-28 近年来,我国海外代购业务量快速增长。代购者们通常从海外购买产品,通过各种渠道避开关税,再卖给内地顾客从中牟利,却让政府损失了税收收入。某专家由此指出,政府应该严厉打击海外代购行为。

以下哪项如果为真,最能支持上述专家的观点?

A. 去年,我国奢侈品海外代购规模几乎是全球奢侈品国内门店销售额的一半,这些交易大多避开了关税。

B. 国内一些企业生产的同类产品与海外代购产品相比,无论质量还是价格都缺乏竞争优势。

C. 海外代购提升了人们的生活水准,满足了国内部分民众对于高品质生活的向往。

D. 国内民众的消费需求提高是伴随我国经济发展而产生的正常现象,应以此为契机促进国内同类消费品产业的升级。

E. 近期,有位前空乘服务员因在网上开设海外代购店而被我国地方法院判定犯有走私罪。

5. 2017-32 通识教育重在帮助学生掌握尽可能全面的基础知识,即帮助学生了解各个学科领域的基本常识;而人文教育则重在培育学生了解生活世界的意义,并对自己及他人行为的价值和意义做出合理的判断,形成“智识”。因此有专家指出,相比较而言,人文教育对个人未来生活的影响会更大一些。

以下哪项如果为真,最能支持上述专家的断言?

A. 关于价值和意义的判断事关个人的幸福和尊严,值得探究和思考。

B. 没有知识,人依然可以活下去;但如果没有价值和意义的追求,人只能成为没有灵魂的躯壳。

C. “知识”是事实判断,“智识”是价值判断,两者不能相互替代。

D. 没有知识就会失去应对未来生活挑战的勇气,而错误的价值观可能会误导人的生活。

E. 当今我国有些大学开设的通识教育课程要远远多于人文教育课程。

6. 2017-36 进入冬季以来,内含大量有毒颗粒物的雾霾频繁袭击我国部分地区。有关调查显示,持续接触高浓度污染物会直接导致10%至15%的人患有眼睛慢性炎症或干眼症。有专家由此认为,如果不采取紧急措施改善空气质量,这些疾病的发病率和相关的并发症将会增加。

以下哪项如果为真,最能支持上述专家的观点?

A. 空气质量的改善不是短期内能做到的,许多人不得不在污染环境中工作。

B. 上述被调查的眼疾患者中有65%是年龄在20~40岁之间的男性。

C. 眼睛慢性炎症或干眼症等病例通常集中出现于花粉季。

D. 在重污染环境中采取戴护目镜、定期洗眼等措施有助于预防干眼症等眼疾。

E. 有毒颗粒物会刺激并损害人的眼睛,长期接触会影响泪腺细胞。

7. 2017-39 针对癌症患者，医生常采用化疗手段将药物直接注入人体杀伤癌细胞，但这也可能将正常细胞和免疫细胞一同杀灭，产生较强的副作用。近来，有科学家发现，黄金纳米粒子很容易被人体癌细胞吸收，如果将其包上一层化疗药物，就可作为"运输工具"，将化疗药物准确地投放到癌细胞中。他们由此断言，微小的黄金纳米粒子能提升癌症化疗的效果，并降低化疗的副作用。

以下哪项如果为真，最能支持上述科学家所做出的论断？

A. 现代医学手段已能实现黄金纳米粒子的精准投送，让其所携带的化疗药物只作用于癌细胞，并不伤及其他细胞。

B. 因为黄金所具有的特殊化学性质，黄金纳米粒子不会与人体细胞发生反应。

C. 利用常规计算机断层扫描，医生容易判定黄金纳米粒子是否已投放到癌细胞中。

D. 在体外用红外线加热已进入癌细胞的黄金纳米粒子，可从内部杀灭癌细胞。

E. 黄金纳米粒子用于癌症化疗的疗效有待大量临床检验。

8. 2017-50 译制片配音，作为一种特有的艺术形式，曾在我国广受欢迎。然而时过境迁，现在许多人已不喜欢看配过音的外国影视剧，他们觉得还是听原汁原味的声音才感觉到位。有专家由此断言，配音已失去观众，必将退出历史舞台。

以下各项如果为真，则除哪项外都能支持上述专家的观点？

A. 很多上了年纪的国人仍习惯看配过音的外国影视剧，而在国内放映的外国大片有的仍然是配过音的。

B. 现在有的外国影视剧配音难以模仿剧中演员的出色嗓音，有时也与剧情不符，对此观众并不接受。

C. 许多中国人通晓外文，观赏外国原版影视剧并不存在语言困难；即使不懂外文，边看中文字幕边听原声也不影响理解剧情。

D. 随着对外交流的加强，现在外国影视剧大量涌入国内，有的国人已经等不及慢条斯理、精工细作的配音了。

E. 配音是一种艺术再创作，倾注了配音艺术家的心血，但有的人对此并不领情，反而觉得配音妨碍了他们对原剧的欣赏。

9. 2018-28 现在许多人很少在深夜 11 点以前安然入睡，他们未必都在熬夜用功，大多是在玩手机或看电视，其结果就是晚睡，第二天就会头晕脑胀、哈欠连天。不少人常常对此感到后悔，但一到晚上他们多半还会这么做。有专家就此指出，人们似乎从晚睡中得到了快乐，但这种快乐其实隐藏着某种烦恼。

以下哪项如果为真，最能支持上述专家的结论？

A. 晚睡者内心并不愿意睡得晚，也不觉得手机或电视有趣，甚至都不记得玩过或看过什么，但他们总是要在睡觉前花较长时间磨蹭。

B. 大多数习惯晚睡的人白天无精打采，但一到深夜就感觉自己精力充沛，不做点有意义的事情就觉得十分可惜。

C. 晚睡其实是一种表面难以察觉的、对“正常生活”的抵抗，它提醒人们现在的“正常生活”存在着某种令人不满的问题。

D. 晚睡者具有积极的人生态度。他们认为，当天的事须当天完成，哪怕晚睡也在所不惜。

E. 晨昏交替，生活周而复始，安然入睡是对当天生活的满足和对明天生活的期待，而晚睡者只想活在当下，活出精彩。

10. 2018-29 分心驾驶是指驾驶人为满足自己的身体舒适、心情愉悦等需求而没有将注意力全部集中于驾驶过程的驾驶行为，常见的分心行为有抽烟、饮水、进食、聊天、刮胡子、使用手机、照顾小孩等。某专家指出，分心驾驶已成为我国道路交通事故的罪魁祸首。

以下哪项如果为真，最能支持上述专家的观点？

A. 近来使用手机已成为我国驾驶人分心驾驶的主要表现形式，59%的人开车过程中看微信，31%的人玩自拍，36%的人刷微博、微信朋友圈。

B. 一项研究显示，在美国超过 1/4 的车祸是由驾驶人使用手机引起的。

C. 开车使用手机会导致驾驶人注意力下降 20%；如果驾驶人边开车边发短信，则发生车祸的概率是其正常驾驶时的 23 倍。

D. 一项统计研究表明，相对于酒驾、药驾、超速驾驶、疲劳驾驶等情形，我国由分心驾驶导致的交通事故占比最高。

E. 驾驶人正常驾驶时反应时间为 0.3~1.0 秒，使用手机时反应时间则延迟 3 倍左右。

11. 2018-49 有研究发现，冬季在公路上撒盐除冰，会让本来要成为雌性的青蛙变成雄性，这是因为这些路盐中的钠元素会影响青蛙的受体细胞并改变原可能成为雌性青蛙的性别。有专家据此认为，这会导致相关区域青蛙数量的下降。

以下哪项如果为真，最能支持上述专家的观点？

A. 雌雄比例会影响一个动物种群的规模，雌性数量的充足对物种的繁衍生息至关重要。

B. 如果一个物种以雄性为主，该物种的个体数量就可能受到影响。

C. 如果每年冬季在公路上撒很多盐，盐水流入池塘，就会影响青蛙的生长发育过程。

D. 在多个盐含量不同的水池中饲养青蛙，随着水池中盐含量的增加，雌性青蛙的数量不断减少。

E. 大量的路盐流入池塘可能会给其他水生物造成危害，破坏青蛙的食物链。

12. 2019-27 根据碳-14 检测，卡皮瓦拉山岩画的创作时间最早可追溯到 3 万年前。在文字尚未出现的时代，岩画是人类沟通交流、传递信息、记录日常生活的方式。于是今天的我们可以在这些岩画中看到：一位母亲将孩子举起嬉戏，一家人在仰望并试图触碰头上的星空……动物是岩画的另一个主角，比如巨型犰狳、马鹿、螃蟹等。在许多画面中，人们手持长矛，追逐着前方的猎物。由此可以推断，此时的人类已经居于食物链的顶端。

以下哪项如果为真，最能支持上述推断？

A. 岩画中出现的动物一般是当时人类捕猎的对象。

B. 3 万年前，人类需要避免自己被虎豹等大型食肉动物猎杀。

C. 能够使用工具使得人类可以猎杀其他动物，而不是相反。

D. 有了岩画，人类可以将生活经验保留下来供后代学习，这极大地提高了人类的生存能力。

E. 对星空的敬畏是人类脱离动物、产生宗教的动因之一。

13. 2019-32 近年来，手机、电脑的使用导致工作与生活界限日益模糊，人们的平均睡眠时间一直在减少，熬夜已成为现代人生活的常态。科学研究表明，熬夜有损身体健康，睡眠不足不仅仅是多打几个哈欠那么简单。有科学家据此建议，人们应该遵守作息规律。

以下哪项如果为真，最能支持上述科学家所作的建议？

A. 长期睡眠不足会导致高血压、糖尿病、肥胖症、抑郁症等多种疾病，严重时还会造成意外伤害或死亡。

B. 缺乏睡眠会降低体内脂肪调节瘦素激素的水平，同时增加饥饿激素，容易导致暴饮暴食、体重增加。

C. 熬夜会让人的反应变慢、认知退步、思维能力下降，还会引发情绪失控，影响与他人的交流。

D. 所有的生命形式都需要休息与睡眠。在人类进化过程中，睡眠这个让人短暂失去自我意识、变得极其脆弱的过程并未被大自然淘汰。

E. 睡眠是身体的自然美容师，与那些睡眠充足的人相比，睡眠不足的人看上去面容憔悴，缺乏魅力。

14. 2019-34 研究人员使用脑电图技术研究了母亲给婴儿唱童谣时两人的大脑活动，发现当母亲与婴儿对视时，双方的脑电波趋于同步，此时婴儿也会发出更多的声音尝试与母亲沟通。他们据此认为，母亲与婴儿对视有助于婴儿的学习与交流。

以下哪项为真，最能支持上述研究人员的观点？

A. 在两个成年人交流时，如果他们的脑电波同步，交流就会更顺畅。

B. 当父母与孩子互动时，双方的情绪和心率也会互动。

C. 当部分学生对某学科感兴趣时，他们的脑电波会渐趋同步，学习效果也会随之提升。

D. 当母亲和婴儿对视时，他们都在发出信号，表明自己可以且愿意与对方交流。

E. 脑电波趋于同步可优化双方对话状态，使交流更加默契，增进彼此了解。

15. 2019-45 如今,孩子写作业不仅仅是他们自己的事,大多数中小学生的家长都要面临陪孩子写作业的任务,包括给孩子听写、检查作业、签字等。据一项针对3 000余名家长进行的调查显示,84%的家长每天都会陪孩子写作业,而67%的受访家长会因陪孩子写作业而烦恼。有专家对此指出,家长陪孩子写作业,相当于充当学校老师的助理,让家庭成为课堂的延伸,会对孩子的成长产生不利影响。

以下哪项如果为真,最能支持上述专家的论断?

A. 家长是最好的老师,家长辅导孩子获得各种知识本来就是家庭教育的应有之义,对于中低年级的孩子,学习过程中的父母陪伴尤为重要。

B. 家长通常有自己的本职工作,有的晚上要加班,有的即使晚上回家也需要研究工作、操持家务,一般难有精力认真完成学校老师布置的“家长作业”。

C. 家长陪孩子写作业,会使得孩子在学习中缺乏独立性和主动性,整天处于老师和家长的双重压力下,既难生出学习兴趣,更难养成独立人格。

D. 大多数家长在孩子教育上并不是行家,他们或者早已遗忘了自己曾学习过的知识,或者根本不知道如何将自己拥有的知识传授给孩子。

E. 家长辅导孩子,不应围绕老师布置的作业,而应着重激发孩子的学习兴趣,培养孩子良好的学习习惯,让孩子在成长中感到新奇、快乐。

16. 2019-51 《淮南子·齐俗训》中有曰:“今屠牛而烹其肉,或以为酸,或以为甘,煎熬燎炙,齐味万方,其本一牛之体。”其中的“熬”便是熬牛肉制汤的意思。这是考证牛肉汤做法的最早文献资料,某民俗专家由此推测,牛肉汤的起源不会晚于春秋战国时期。

以下哪项如果为真,最能支持上述推测?

A.《淮南子·齐俗训》完成于西汉时期。

B. 早在春秋战国时期,我国已经开始使用耕牛。

C.《淮南子》的作者中有来自齐国故地的人。

D. 春秋战国时期我国已经有熬汤的鼎器。

E.《淮南子·齐俗训》记述的是春秋战国时期齐国的风俗习惯。

17. 2020-33 小王:在这次年终考评中,女员工的绩效都比男员工高。

小李:这么说,新入职员工中绩效最好的还不如绩效最差的女员工。

以下哪项如果为真,最能支持小李的上述论断?

A. 男员工都是新入职的。

B. 新入职的员工有些是女性。

C. 新入职的员工都是男性。

D. 部分新入职的女员工没有参与绩效考评。

E. 女员工更乐意加班,而加班绩效翻倍计算。

18. 2020-40 王研究员：吃早餐对身体有害。因为吃早餐会导致皮质醇峰值更高，进而导致体内胰岛素异常，这可能引发Ⅱ型糖尿病。

李教授：事实并非如此。因为上午皮质醇水平高只是人体生理节律的表现，而不吃早餐不仅会增加患Ⅱ型糖尿病的风险，还会增加患其他疾病的风险。

以下哪项如果为真，最能支持李教授的观点？

A. 一日之计在于晨，吃早餐可以补充人体消耗，同时为一天的工作准备能量。

B. 糖尿病患者若在 9 点至 15 点之间摄入一天所需的卡路里，血糖水平就能保持基本稳定。

C. 经常不吃早餐，上午工作处于饥饿状态，不利于血糖调节，容易患上胃溃疡、胆结石等疾病。

D. 如今，人们工作繁忙，晚睡晚起现象非常普遍，很难按时吃早餐，身体常常处于亚健康状态。

E. 不吃早餐的人通常缺乏营养和健康方面的知识，容易形成不良生活习惯。

19. 2020-43 披毛犀化石多分布在欧亚大陆北部，我国东北平原、华北平原、西藏等地也偶有发现。披毛犀有一个独特的构造——鼻中隔，简单地说就是鼻子中间的骨头。研究发现，西藏披毛犀化石的鼻中隔只是一块不完全的硬骨，早先在亚洲北部、西伯利亚等地发现的披毛犀化石的鼻中隔要比西藏披毛犀的“完全”，这说明西藏披毛犀具有更原始的形态。

以下哪项如果为真，最能支持以上论述？

A. 一个物种不可能有两个起源地。

B. 西藏披毛犀化石是目前已知最早的披毛犀化石。

C. 为了在冰雪环境中生存，披毛犀的鼻中隔经历了由软到硬的进化过程，并最终形成一块完整的骨头。

D. 冬季的青藏高原犹如冰期动物的“训练基地”，披毛犀在这里受到耐寒训练。

E. 随着冰期的到来，有了适应寒冷能力的西藏披毛犀走出西藏，往北迁徙。

20. 2020-45 目前，科学家发明了一项技术，可以把二氧化碳等物质“电成”有营养价值的蛋白粉，这项技术不像种庄稼那样需要具备合适的气温、湿度和土壤等条件。他们由此认为，这项技术开辟了未来新型食物生产的新路，有助于解决全球饥饿问题。

以下各项如果为真，则除了哪项均能支持上述科学家的观点？

A. 让二氧化碳、水和微生物一起接受电流电击，可以产生出有营养价值的食物。

B. 粮食问题是全球性重大难题，联合国估计到 2050 年将有 20 亿人缺乏基本营养。

C. 把二氧化碳等物质“电成”蛋白粉的技术将彻底改变农业，还能避免对环境造成不利影响。

D. 由二氧化碳等物质“电成”的蛋白粉，约含50%的蛋白质、25%的碳水化合物、核酸及脂肪。

E. 未来这项技术将被引入沙漠或其他面临饥荒的地区，为解决那里的饥饿问题提供重要帮助。

21. 2020-48 1818年前后，纽约市规定，所有买卖的鱼油都需要经过检查，同时缴纳每桶25美元的检查费。一天，一名鱼油商人买了三桶鲸鱼油，打算把鲸鱼油制成蜡烛出售。鱼油检查员发现这些鲸鱼油根本没经过检查，根据鱼油法案，该商人需要接受检查并缴费。但该商人声称鲸鱼不是鱼，拒绝缴费，遂被告上法庭。陪审团最后支持了原告，判决该商人支付75美元检查费。

以下哪项如果为真，最能支持陪审团所作的判决？

A. 古希腊有先哲早就把鲸鱼归类到胎生四足动物和卵生四足动物之下，比鱼类更高一级。

B. 纽约市相关法律已经明确规定，“鱼油”包括鲸鱼油和其他鱼类的油。

C. “鲸鱼不是鱼”和中国古代公孙龙的“白马非马”类似，两者都是违反常识的诡辩。

D. 19世纪的美国虽有许多人认为鲸鱼是鱼，但也有许多人认为鲸鱼不是鱼。

E. 当时多数从事科学研究的人都肯定鲸鱼不是鱼，而律师和政客持反对意见。

22. 2020-49 尽管近年来我国引进不少人才，但真正顶尖的领军人才还是凤毛麟角。就全球而言，人才特别是高层次人才紧缺已呈常态化、长期化趋势。某专家由此认为，未来10年，美国、加拿大、德国等主要发达国家对高层次人才的争夺将进一步加剧，而发展中国家的高层次人才紧缺状况更甚于发达国家，因此，我国高层次人才引进工作急需进一步加强。

以下哪项如果为真，最能加强上述专家的论证？

A. 我国近年来引进的领军人才数量不及美国等发达国家。

B. 我国理工科高层次人才紧缺程度更甚于文科。

C. 发展中国家的一般性人才不比发达国家少。

D. 我国仍然是发展中国家。

E. 人才是衡量一个国家综合国力的重要指标。

23. 2020-50 移动互联网时代，人们随时都可进行数字阅读。浏览网页、读电子书是数字阅读，刷微博、朋友圈也是数字阅读。长期以来，一直有人担忧数字阅读的碎片化、表面化。但近来有专家表示数字阅读具有重要价值，是阅读的未来发展趋势。

以下哪项如果为真，最能支持上述专家的观点？

A. 数字阅读便于信息筛选，阅读者能在短时间内对相关信息进行初步了解，也可以此为基础做深入了解，相关网络阅读服务平台近几年已越来越多。

B. 长有长的用处，短有短的好处，不求甚解的数字阅读也未尝不可，说不定在未来某一时刻，当初阅读的信息就会浮现出来，对自己的生活产生影响。

C. 当前人们越来越多地通过数字阅读了解热点信息，通过网络进行相互交流，但网络交流者常常伪装或匿名，可能会提供虚假信息。

D. 有些网络读书平台能够提供精致的读书服务，它们不仅帮你选书，而且帮你读书，你只需"听"即可，但用"听"的方式去读书效率较低。

E. 数字阅读容易挤占纸质阅读的时间，毕竟纸质阅读具有系统、全面、健康、不依赖电子设备等优点，仍将是阅读的主要方式。

24. 2021-26 哲学是关于世界观、方法论的学问，哲学的基本问题是思维和存在的关系问题，它是在总结各门具体科学知识基础上形成的，并不是一门具体科学。因此，经验的个案不能反驳它。

以下哪项如果为真，最能支持以上论述？

A. 哲学并不能推演出经验的个案。

B. 任何科学都要接受经验的检验。

C. 具体科学不研究思维和存在的关系问题。

D. 经验的个案只能反驳具体科学。

E. 哲学可以对具体科学提供指导。

25. 2021-28 研究人员招募了300名体重超标的男性，将其分成餐前锻炼组和餐后锻炼组，进行每周三次相同强度和相同时段的晨练。餐前锻炼组晨练前摄入零卡路里安慰剂饮料，晨练后摄入200卡路里的奶昔；餐后锻炼组晨练前摄入200卡路里的奶昔，晨练后摄入零卡路里安慰剂饮料。三周后发现，餐前锻炼组燃烧的脂肪比餐后锻炼组多。该研究人员由此推断，肥胖者若持续这样的餐前锻炼，就能在不增加运动强度或时间的情况下改善代谢能力，从而达到减肥效果。

以下哪项如果为真，最能支持该研究人员的上述推断？

A. 有些餐前锻炼组的人知道他们摄入的是安慰剂，但这并不影响他们锻炼的积极性。

B. 肌肉参与运动所需要的营养，可能来自最近饮食中进入血液的葡萄糖和脂肪成分，也可能来自体内储存的糖和脂肪。

C. 餐前锻炼可以增强肌肉细胞对胰岛素的反应，促使它更有效地消耗体内的糖分和脂肪。

D. 餐前锻炼组觉得自己在锻炼中消耗的脂肪比餐后锻炼组多。

E. 餐前锻炼组额外的代谢与体内肌肉中的脂肪减少有关。

26. 2021-39 最近一项科学观测显示，太阳产生的带电粒子流即太阳风，含有数以千计的"滔天巨浪"，其时速会突然暴增，可能导致太阳磁场自行反转，甚至会对地球产生有害影响。但目前我们对太阳风的变化及其如何影响地球知之甚少。据此有专家指出，为了更好保护地球免受太阳风的影响,必须更新现有的研究模式,另辟蹊径研究太阳风。

以下哪项如果为真,最能支持上述专家的观点?

A. “高速”太阳风源于太阳南北极的大型日冕洞,而“低速”太阳风则来自太阳赤道上的较小日冕洞。

B. 太阳风里有许多携带能量的粒子和磁场,而这些磁场会发生意想不到的变化。

C. 对太阳风的深入研究,将有助于防止太阳风大爆发时对地球的卫星和通信系统乃至地面电网造成的影响。

D. 目前,根据标准太阳模型预测太阳风变化所获得的最新结果与实际观测相比,误差为10~20倍。

E. 最新观测结果不仅改变了天文学家对太阳风的看法,而且将改变其预测太空天气事件的能力。

27. 2021-42 酸奶作为一种健康食品,既营养丰富又美味可口,深受人们的喜爱,很多人饭后都不忘来杯酸奶。他们觉得,饭后喝杯酸奶能够解油腻、助消化。但近日有专家指出,饭后喝酸奶其实并不能帮助消化。

以下哪项如果为真,最能支持上述专家的观点?

A. 酸奶可以促进胃酸分泌,抑制有害菌在肠道内繁殖,有助于维持消化系统健康,对于食物消化能起到间接帮助作用。

B. 人体消化需要消化酶和有规律的肠胃运动,酸奶中没有消化酶,饮用酸奶也不能纠正无规律的肠胃运动。

C. 酸奶含有一定的糖分,吃饱了饭再喝酸奶会加重肠胃负担,同时也使身体增加额外的营养,容易导致肥胖。

D. 酸奶中的益生菌可以维持肠道消化系统的健康,但是这些菌群大多不耐酸,胃部的强酸环境会使其大部分失去活性。

E. 足量膳食纤维和维生素 B_1 被人体摄入后可有效促进肠胃蠕动,进而促进食物消化,但酸奶不含膳食纤维,维生素 B_1 的含量也不丰富。

28. 2021-44 今天的教育质量将决定明天的经济实力。PISA 是经济合作与发展组织每隔三年对 15 岁学生的阅读、数学和科学能力进行的一项测试。根据 2019 年最新测试结果,中国学生的总体表现远超其他国家学生。有专家认为,该结果意味着中国有一支优秀的后备力量以保障未来经济的发展。

以下哪项如果为真,最能支持上述专家的论证?

A. 中国学生在阅读、数学和科学三项排名中均位列第一。

B. 这次 PISA 测试的评估重点是阅读能力,能很好地反映学生的受教育质量。

C. 在其他国际智力测试中,亚洲学生总体成绩最好,而中国学生又是亚洲最好的。

D. 未来经济发展的核心驱动力是创新，中国教育非常重视学生创新能力的培养。

E. 中国学生在15岁时各项能力尚处于上升期，他们未来会有更出色的表现。

29. 2021-46 水产品的脂肪含量相对较低，而且含有较多不饱和脂肪酸，对预防血脂异常和心血管疾病有一定作用；禽肉的脂肪含量也比较低，脂肪酸组成优于畜肉；畜肉中的瘦肉脂肪含量低于肥肉，瘦肉优于肥肉。因此，在肉类选择上，应该优先选择水产品，其次是禽肉，这样对身体更健康。

以下哪项如果为真，最能支持以上论述？

A. 脂肪含量越低，不饱和脂肪酸含量越高。

B. 所有人都有罹患心血管疾病的风险。

C. 肉类脂肪含量越低对人体越健康。

D. 人们认为根据自己的喜好选择肉类更有益于健康。

E. 人必须摄入适量的动物脂肪才能满足身体的需要。

30. 2021-50 曾几何时，快速阅读进入了我们的培训课堂。培训者告诉学员，要按“之”字形浏览文章。只要精简我们看的地方，就能整体把握文本要义，从而提高阅读速度；真正的快速阅读能将阅读速度提高至少两倍，并不影响理解。但近来有科学家指出，快速阅读实际上是不可能的。

以下哪项如果为真，最能支持上述科学家的观点？

A. 阅读是一项复杂的任务，首先需要看到一个词，然后要检索其含义、引申义，再将其与上下文相联系。

B. 科学界始终对快速阅读持怀疑态度，那些声称能帮助人们实现快速阅读的人通常是为了谋生或赚钱。

C. 人的视力只能集中于相对较小的区域，不可能同时充分感知和阅读大范围文本，识别单词的能力限制了我们的阅读理解。

D. 个体阅读速度差异很大，那些阅读速度较快的人可能拥有较强的短时记忆或信息处理能力。

E. 大多声称能快速阅读的人实际上是在浏览，他们可能相当快地捕捉到文本的主要内容，但也会错过众多细枝末节。

31. 2021-53 孩子在很小的时候，对接触到的东西都要摸一摸、尝一尝，甚至还会吞下去。孩子天生就对这个世界抱有强烈的好奇心，但随着孩子慢慢长大，特别是进入学校之后，他们的好奇心越来越少。对此有教育专家认为，这是由于孩子受到外在的不当激励所造成的。

以下哪项如果为真，最能支持上述专家观点？

A. 孩子助人为乐能获得褒奖,损人利己往往受到批评。

B. 现在孩子所做的很多事情大多迫于老师、家长等的外部压力。

C. 老师、家长只看考试成绩,导致孩子只知道死记硬背书本知识。

D. 野外郊游可以激发孩子好奇心,长时间宅在家里就会产生思维惰性。

E. 现在许多孩子迷恋电脑、手机,对书本知识感到索然无味。

32. 2021-396-40 老式荧光灯因成本低、寿命长而在学校广泛使用。但是,老式荧光灯老化后因放电产生的紫外辐射会导致灯光颜色和亮度的不断闪烁。对此,有研究人员建议,由于使用老式荧光灯易引发头痛和视觉疲劳,学校应该尽快将其淘汰。

以下哪项如果为真,最能支持上述研究人员的建议?

A. 灯光闪烁会激发眼部的神经细胞对刺激做出快速反应,加重视觉负担。

B. 有些学校改换了新式荧光灯后,很多学生的头痛和视觉疲劳开始消失。

C. 新式荧光灯设计新颖、外形美观、节能环保,很受年轻人喜爱。

D. 老式荧光灯蒙上彩色滤光纸后,可以有效减弱荧光造成的颜色变化。

E. 全部淘汰老式荧光灯,学校要支出一大笔经费,但很多家长认为这笔钱值得花。

33. 2021-396-45 如今近视的年青人越来越多了。60 年前,中国的年青人中近视患者只有 10%~20%,现在这一数字则接近 90%。近视不只是不方便,它还意味着近视患者的眼球会稍稍伸长而发生病变。以往人们常常将近视的原因归之于遗传、长时间或不正确姿势阅读等,但近来有专家对这些观点表示怀疑,他们认为近视率的剧增主要是因为人们在白天的户外活动时间过短。

以下哪项如果为真,最能支持上述专家的观点?

A. 1969 年科学家对住在阿拉斯加的 139 名因纽特人调查发现,其中只有 2 人近视,如今他们的儿孙中超过一半的人成了近视。

B. 如今许多国家的少儿每天花 10 多个小时来读书做作业,或者看电脑、电视、智能手机等。

C. 科学家对某地近 5 000 名小学生长达 3 年时间的跟踪研究发现,那些在户外活动更久的孩子虽不一定减少看书、看屏幕的时间,却很少成为近视。

D. 与在一般室内光照环境下生长的鸡相比,处于与户外光照相当的室内高光照水平下的鸡,其近视发生率减少了大约 60%。

E. 室外光照刺激视网膜释放出比在其他环境下更多的多巴胺,正是这些多巴胺阻止了眼球的伸长。

34. 2021-396-51 贾研究员:4 万年前尼安德特人的灭绝不是因为智人的闯入,而是近亲繁殖导致的恶果。

尹研究员:事情并非如此,因为尼安德特人当时已经“濒危”。种群个体数量的减少,不仅会给个体健康带来负面影响,而且一旦种群的出生率、死亡率或性别比发生偶然变动,就会直接导致种群的灭绝。

以下哪项如果为真,最能支持尹研究员的观点?

A. 一个仅有1 000人左右的种群,若一年中只有不到四分之一的育龄妇女生孩子,就会直接导致这个种群的灭绝。

B. 非洲某部落虽也近亲繁殖,但促使该部落消失的根本原因是大多数幼儿患麻疹而死亡。

C. 800万年前濒临灭绝的猿类是人类的祖先,他们因为吃成熟发酵的水果进化出一种特定的蛋白质,反而活了下来。

D. 父母的本能是照顾后代,确保生命的延续,但是尼安德特人没人能通过这种方式将他们的种群延续下去。

E. 近亲繁殖的新生儿容易患多种疾病,可能会给种群繁衍带来不利影响。

35. 2022-27 “君问归期未有期,巴山夜雨涨秋池。何当共剪西窗烛,却话巴山夜雨时。”这首《夜雨寄北》是晚唐诗人李商隐的名作。一般认为这是一封“家书”,当时诗人身处巴蜀,妻子在长安,所以说“寄北”。但有学者提出,这首诗实际上是寄给友人的。

以下哪项如果为真,最能支持以上学者的观点?

A. 李商隐之妻王氏卒于大中五年,而该诗作于大中七年。

B. 明清小说戏曲中经常将家庭塾师或官员幕客称为“西席”“西宾”。

C. 唐代温庭筠的《舞衣曲》中有诗句“回颦笑语西窗客,星斗寥寥波脉脉”。

D. 该诗另一题为《夜雨寄内》,“寄内”即寄怀妻子。此说得到了许多人的认同。

E. “西窗”在古代专指客房、客厅,起自尊客于西的先秦古礼,并被后世习察日用。

36. 2022-29 2020年全球碳排放量减少大约24亿吨,远远大于之前的创纪录降幅,例如二战结束时下降9亿吨,2009年金融危机最严重时下降5亿吨。非政府组织全球碳计划(GCP)在其年度评估报告中说:由于各国在新冠疫情期间采取了封锁和限制措施,汽车使用量下降了一半左右,2020年的碳排放量同比下降了创纪录的7%。

以下哪项如果为真,最能支持GCP的观点?

A. 2020年碳排放量下降最明显的国家或地区是美国和欧盟。

B. 延缓气候变化的办法不是停止经济活动,而是加速向低碳能源过渡。

C. 根据气候变化《巴黎协定》,2015年之后的10年全球每年需减排约10~20亿吨。

D. 2020年在全球各行业减少的碳排放总量中,交通运输业所占比例最大。

E. 随着世界经济的持续复苏,2021年全球碳排放量同比下降可能不超过5%。

37. 2022-31 某研究团队研究了大约4万名中老年人的核磁共振成像数据、自我心理评估等资料,发现经常有孤独感的研究对象和没有孤独感的研究对象在大脑的默认网络区域存在显著差异。默认网络是一组参与内心思考的大脑区域,这些内心思考包括回忆旧事、规划未来、想象等。孤独者大脑的默认网络联结更为紧密,其灰质容积更大。研究人员由此认为,大脑默认网络的结构和功能与孤独感存在正相关。

以下哪项如果为真,最能支持上述研究人员的观点?

A. 人们在回忆过去、假设当下或预想未来时会使用默认网络。

B. 有孤独感的人更多地使用想象、回忆过去和憧憬未来以克服社交隔离。

C. 感觉孤独的老年人出现认知衰退和患上痴呆症的风险更高,进而导致部分脑区萎缩。

D. 了解孤独感对大脑的影响,拓展我们在这个领域的认知,有助于减少当今社会的孤独现象。

E. 穹隆是把信号从海马体输送到默认网络的神经纤维束,在研究对象的大脑中,这种纤维束得到较好的保护。

38. 2022-33 2020 年下半年,随着新冠病毒在全球范围内的肆虐及流感季节的到来,很多人担心会出现大范围流感和新冠疫情同时爆发的情况。但是有病毒学家发现,2019 年甲型 H1N1 流感毒株出现时,自 1977 年以来一直传播的另一种甲型流感毒株消失了。由此他推测,人体同时感染新冠病毒和流感病毒的可能性应该低于预期。

以下哪项如果为真,最能支持该病毒学家的推测?

A. 如果人们继续接种流感疫苗,仍能降低同时感染这两种病毒的概率。

B. 一项分析显示,感染新冠病毒的患者中大约只有 3% 的人同时感染另一种病毒。

C. 人体感染一种病毒后的几周内,其先天免疫系统的防御能力会逐步增强。

D. 为避免感染新冠病毒,人们会减少室内聚集、继续佩戴口罩、保持社交距离和手部卫生。

E. 新冠病毒的感染会增加参与干扰素反应的基因的活性,从而防止流感病毒在细胞内进行复制。

39. 2022-53 胃底腺息肉是所有胃息肉中最为常见的一种良性病变。最常见的是散发型胃底腺息肉,它多发于 50 岁以上人群。研究人员在研究 10 万人的胃镜检查资料后发现,有胃底腺息肉的患者无人患胃癌,而没有胃底腺息肉的患者中有 178 人发现有胃癌。他们由此断定,胃底腺息肉与胃癌呈负相关。

以下哪项为真,最支持上述研究人员的断定?

A. 有胃底腺息肉的患者绝大多数没有家族癌症史。

B. 在研究人员研究的 10 万人中,50 岁以下的占大多数。

C. 在研究人员研究的 10 万人中,有胃底腺息肉的人仅占 14%。

D. 有胃底腺息肉的患者罹患萎缩性胃炎、胃溃疡的概率显著降低。

E. 胃内一旦有胃底腺息肉,往往意味着没有感染致癌物“幽门螺旋杆菌”。

40. 2022-396-36 党的十八大以来，以习近平同志为核心的党中央把脱贫攻坚摆在治国理政的突出位置。经过艰苦努力，到 2020 年我国 9 899 万农村贫困人口全部脱贫，832 个贫困县全部摘帽，12. 8 万个贫困村全部出列。有专家由此指出，我国取得这场脱贫攻坚战的胜利为全球减贫事业作出了重大贡献。

以下哪项如果为真，最能支持上述专家的论断？

A. 这场脱贫攻坚战的胜利是我国创造的又一个彪炳史册的人间奇迹，举世瞩目。

B. 这场脱贫攻坚战的胜利体现了我国社会主义制度可集中力量办大事的政治优势。

C. 我国脱贫攻坚战所形成的中国特色反贫困理论和经验，赢得国际社会广泛赞誉。

D. 按照世界银行的国际贫困标准，我国减贫人口占同期全球减贫人口的 70%以上。

E. 根据第 7 次人口普查数据，我国人口总量已超 14 亿，约占全球人口总数的 1/5。

41. 2022-396-41 近期有三家外国制药公司宣称，它们生产的新冠疫苗的有效率分别为 94%、95%和 70%。但有研究人员指出，这些公司宣称的“有效率”指的是保护人们避免出现新冠症状的概率，而导致新冠病毒传遍全球的主要途径是无症状患者的传播。该研究人员由此认为，目前还不能确定接种这些疫苗是否可以获得群体免疫，进而阻止新冠病毒在全球范围内的传播。

以下哪项如果为真，最能支持上述研究人员的观点？

A. 一些接种疫苗者获得了免疫力，并不能说明他们可以避免被感染。

B. 其中一家公司的数据显示，接种疫苗的志愿者中存在少数无症状患者。

C. 这三家公司的 3 期试验中，没有进一步检测接种疫苗者中的无症状病例。

D. 一些接种疫苗者没有按照要求继续采取佩戴口罩、保持社交距离等预防措施。

E. 这些公司提供的数据不足以说明它们的疫苗可以阻止接种者成为无症状传播者。

42. 2022-396-51 一项研究显示，如果按照现有排放趋势，全球海平面到 2100 年将上升 1 米。科研人员由此指出，除非温室气体排放量减少，否则到 2100 年全球将有多达 4. 1 亿人生活在海拔低于 2 米的地区，他们都将面临海平面上升带来的生存风险。

以下哪项如果为真，最能支持上述科研人员的观点？

A. 目前全世界有 2. 7 亿人生活在海拔低于 2 米的地区。

B. 温室气体排放会导致全球气温升高，从而导致海平面上升。

C. 如果温室气体排放量减少，就可以消除海平面上升带来的风险。

D. 海平面上升会带来大量气候移民，给全球社会的稳定造成威胁。

E. 目前，生活在海拔低于 2 米地区的部分居民并未感知到海平面上升带来的风险。

43. 2022-396-53 近年来，中国把知识产权保护工作摆在更加突出的位置，将知识产权置于战略高位，在各个经济领域都注重知识产权保护。2020 年中国国家知识产权局受理的专利申请数量达到150万件,继续排名世界第一。这充分体现了中国对创新保护工作的高度重视。

以下哪项如果为真,最能支持上述论述?

A. 创新是引领发展的第一动力。

B. 保护知识产权就是保护创新。

C. 中国正在着力引导知识产权向提高质量转变。

D. 中国将进一步激发创新活力,加大鼓励专利申报力度。

E. 一个国家的专利申报数量越多,说明该国科技实力越强。

44. 2023-39 水在温度高于374℃、压力大于22MPa的条件下,称为超临界水。超临界水能与有机物完全互溶,同时还可以大量溶解空气中的氧,而无机物特别是盐类在超临界水中的溶解度很低。由此,研究人员认为,利用超临界水作为特殊溶剂,水中的有机物和氧气可以在极短时间内完成氧化反应,把有机物彻底"秒杀"。

以下哪项如果为真,最能支持上述研究人员的观点?

A. 有机物在超临界水中通过分离装置可瞬间转化为无毒无害的水、无机盐以及二氧化碳等气体,并最终在生产和生活中得到回收利用。

B. 超临界水氧化技术具有污染物去除率高、二次污染小、反应迅速等特征,被认为是废水处理技术中的"撒手锏",具有广阔的工业应用前景。

C. 超临界水只有兼具气体与液体的高扩散性、高溶解性、高反应活性及低表面张力等优良特性,才能把有机物彻底"秒杀"。

D. 超临界水氧化技术对难以降解的农化、石油、制药等有机废水尤为适用。

E. 如果超临界水氧化技术成功应用于化工、制药等行业的污水处理,可有效提升流域内重污染行业的控源减排能力。

45. 2023-43 研究表明,鱼油中的不饱和脂肪酸能够有效降低人体内血脂水平并软化血管。因此,鱼油通常被用来预防由高血脂引起的心脏病、动脉粥样硬化和高胆固醇血症等疾病,降低死亡风险。但有研究人员认为,食用鱼油不一定能够有效控制血脂水平并预防由高血脂引起的各种疾病。

以下哪项如果为真,最能支持上述研究人员的观点?

A. 鱼油虽然优于猪油、牛油,但毕竟是脂肪,如果长期食用,就容易引起肥胖。

B. 鱼油的概念很模糊,它既指鱼体内的脂肪,也包括被做成保健品的鱼油制剂。

C. 不饱和脂肪酸很不稳定,只要接触空气、阳光,就会氧化分解。

D. 通过长期服用鱼油制品来控制体内血脂的观点始终存在学术争议。

E. 人们若要身体健康,最好注重膳食平衡,而不是仅仅依靠服用浓缩鱼油。

46. 2023-44 近年来，一些地方修改了本地见义勇为的相关条例，强调对生命的敬畏和尊重，既肯定大义凛然、挺身而出的见义勇为，更鼓励和倡导科学、合法、正当的“见义智为”，有专家由此指出，从鼓励见义勇为到倡导“见义智为”反映了社会价值观念的进步。

以下各项如果为真，则除了哪项均能支持上述专家的观点？

A. “见义智为”强调以人为本，合理施救，表明了科学理性、互帮互助的社会价值取向。

B. 有时见义勇为需要专业技术知识，普通民众如果没有相应的知识，最好不要贸然行事，应及时报警求助。

C. 所有的生命都是平等的，救人者与被救者都具有同等的生命价值，救人者的生命同样应得到尊重和爱护。

D. 我国中小学正在引导学生树立应对突发危机事件的正确观念，教育学生如何在保证自身安全的情况下“机智”救助他人。

E. 倡导“见义智为”容易给一些自私、懦弱的人逃避社会责任制造借口，见死不救的惨痛案例可能增多，社会道德水平可能因此下滑。

47. 2023-396-42 研究人员发现，人体骨钙蛋白对记忆力保持十分重要，随着年龄增长，如果人体生成的骨钙蛋白减少，人的记忆力就会随之衰退。由此他们认为，如果加强锻炼就能保持记忆力不衰退。

以下哪项如果为真，最能支持上述研究人员的观点？

A. 通过实验鼠的测试发现，它们的记忆力缺陷与其骨钙蛋白不足有关。

B. 通过锻炼，人体能够增强 RbAp48 基因的活跃程度，促进骨钙蛋白的生成。

C. 随着年龄的增长，人体内 RbAp48 基因的活跃程度日益下降，而它与骨钙蛋白的变化相关。

D. 通过测量与人体中基因表达相关的信使核糖核酸发现，基因利用信使核糖核酸合成蛋白质。

E. 在人的一生中，骨钙蛋白通常会随着骨密度下降而减少，但也有可能通过某种方法而增加。

48. 2023-396-43 据统计，截至 2019 年底，我国 60 岁以上老龄人口已达 2.5 亿。其中失能、半失能老人超过 4 000 万，这些老人疾病与衰老并存，生活基本无法自理。目前他们的实际护理主要由其配偶、子女或亲戚承担，而包括医院在内的第三方机构服务占比很低。有专家指出，建立长期陪护保障机制可以破解医养两难困境，帮助失能、半失能的老人有尊严地安享晚年，同时缓解他们的家庭负担。

以下哪项如果为真，最能支持上述专家的观点？

A. 家庭一旦出现失能、半失能的老人，尚在工作的年轻人无法有效承担起照护家庭的责任，更多是由60~70岁老人照顾80~90岁老人。

B. 失能、半失能老人需要长期治疗，而由于医疗条件有限，医院一般不愿意让老人长期占用稀缺的床位资源，既治病又养老。

C. 有些家庭成员因难以放弃工作或缺乏护理知识，不得不雇用住家保姆来护理家中的失能、半失能老人。

D. 不少养老院很难治疗失能、半失能老人的疾病，将老人完全托付给养老院，亲属也很难放心。

E. 长期护理保障机制以失能、半失能人员为主要保障对象，老人由此可以获得日常生活照护，也能得到相应的医疗护理，个人支付费用不高。

49. 2023-396-44 最近，某调查机构对N国2 660万名需要心理救助的注册人员进行分析，了解到其中920万人有个性化咨询需求。截至今年11月份，N国需要心理救助的注册人员已经增加到9 000余万。该调查机构由此推测，其中有个性化咨询需求的应超过了3 000万人。

以下哪项如果为真，最能支持上述推测？

A. 随着生活节奏的加快，该国人口中有个性化心理咨询需求的人占比逐年增长。

B. 近年来该国鼓励高校、科研院所的心理咨询机构面向社会开放。

C. 各大医疗机构都建立了心理咨询服务专门门诊，今年能够满足个性化咨询需要的单位比前年增加了3倍。

D. 近年来，该国需要心理救助的注册人员中有个性化咨询需求的占比基本没有变化。

E. 由于不少人不知如何注册或者不愿意登记，该国需要心理救助的注册人员不到实际需要的一半。

50. 2024-30 当前，越来越多的网络作品将枯燥的文字转化成轻松的视听语言，不时植入段子、金句或评论，让年轻人乐此不疲，逐渐失去忍耐枯燥的能力，进入不了深度学习的状态。但是，能真正滋养一个人的著述往往都带着某种枯燥，需要读者投入专注力去穿透抽象。由此有专家建议，年轻人读书要先克服前30页的阅读痛苦，这样才能获得知识与快乐。

以下哪项如果为真，最能支持上述专家的观点？

A. 读书本身就很枯燥，学习就是学习，娱乐就是娱乐，所谓“娱乐式学习”并不存在。

B. 有些人拿起任何一本书都能津津有味地读下去，即使连续读30页，也不会感到枯燥乏味。

C. 一本书的前30页往往是该书概念术语的首次展现，要想获得阅读的愉悦，就要越过这个门槛。

D. 那些让人很舒服、不断点头的轻松阅读，往往只是重复你既有认知的无效阅读，哪怕读再多页也无益处。

E. 有些书即使硬着头皮读了前 30 页,后面的文字仍不能让人感到快乐并有所收获,读者将其弃置一边也不奇怪。

51. 2024-33 人们常常听到这样的说法:“天气凉了,大家要小心着凉感冒。”然而着凉未必意味着感冒。“着凉”仅仅指没有穿够保暖的衣物时体温过低的情况,而感冒的原因是病毒或细菌感染。但有研究人员分析了过去 5 年流感疫情监测数据后发现,流感的频繁活动通常发生在当年 11 月至次年 3 月。由此他们断定,寒冷天气确实更容易让人感染流行性感冒。

以下各项如果为真,则除哪项外均能支持上述研究人员的观点?

A. 各种病毒在低温且干燥的环境中更稳定,而且繁殖得更快。

B. 寒冷的天气里,人们更愿意待在温暖的室内,而不愿进行户外活动。

C. 在通风不良的室内供暖环境中,人体抵御细菌感染的机能会有所减弱。

D. 温度大幅降低会导致人体温度下降,妨碍呼吸系统和消化系统的正常运转。

E. 当人体处于紧张状态比如承受低温时,其代谢系统和免疫系统的正常运转将会受到影响。

52. 2024-34 位于长江三角洲的良渚古城遗址是中国已知古城中最早建有大型水利工程的城池。大约 4 300 年前,良渚古城遭到神秘摧毁,良渚文明就此崩溃。研究人员借助良渚古城的地质样本,对该地的古代气候进行评估后认为,良渚古城的摧毁很可能与洪水的暴发存在关联。

以下哪项如果为真,最能支持上述研究人员的观点?

A. 到目前为止,研究人员尚未发现人为因素导致良渚文明覆灭的证据。

B. 研究人员发现,在保存完好的良渚古城遗址上覆盖着一层湿润的黏土。

C. 良渚古城外围建有多条水坝,这些距今 5 000 年左右的水坝能防御超大洪灾。

D. 距今 4 345 年至 4 324 年期间,长江三角洲曾有一段强降雨时期,之后雨又断断续续下了很长时间。

E. 公元前 2277 年前的某个夏季,异常的降雨量超出了当时先进的良渚古城水坝和运河的承受极限。

53. 2024-37 脉冲星是银河系中难得的定位点,对导航极为有用。通过测量来自 3 颗或更多脉冲星每个脉冲的微小变化,航天器可以利用三角测量法确定自己在银河系中的位置。1972 年,科学家在一台宇宙探测器上安装了刻有 14 颗脉冲星的铭牌,这些脉冲星被当作一组特殊的宇宙路标,科学家试图以此引导外星人来到地球。但有专家断言,地球人制作的这一“脉冲星地图”很难实现预想的目标。

以下哪项如果为真,最能支持上述专家的观点?

A. 科学家曾向太空发射载有地球信息的无线电波,但至今一无所获。

B. 我们并不了解外星人,贸然邀请并指引他们来地球是非常危险的。

C. 外星人即使获取铭牌,也可能看不懂铭牌,从而发现不了那 14 颗脉冲星。

D. 任何先进到足以发现并获取“脉冲星地图”的智慧生物,都能看懂这张地图。

E. 外星人捕获人类探测器的时间还很遥远,到那时 14 颗脉冲星的位置已发生很大变化,他们即使看懂铭牌,也只能“受骗上当”了。

54. 2024-38 瘦肉精是一种牲畜饲料添加剂的统称,现在主要指莱克多巴胺。它通过模拟肾上腺素的功能来抑制饲养动物的脂肪生长,从而增加瘦肉含量。从现实来看,食用瘦肉精含量极低的肉类仍是安全的,但科学还无法证明瘦肉精对人体完全无害。目前,全球有 160 多个国家禁止在本国销售含有瘦肉精的肉类。有专家就此指出,全球多数国家对莱克多巴胺采取零容忍政策,是一项正确合理的决策。

以下哪项如果为真,最能支持上述专家的观点?

A. 喂了瘦肉精的动物更容易疲劳、受伤,其死亡的概率也会增加。

B. 目前,全球有 20 多个国家不允许在饲养中使用瘦肉精,但允许进口含有瘦肉精的肉类。

C. 某国食品法典委员会规定,市场销售的肉类中莱克多巴胺的最高残留量不得超过亿分之一。

D. 一项科学实验显示,摄入微量莱克多巴胺对人体无害,但该实验仅招募了 6 名志愿者,样本量严重不足。

E. 如果允许瘦肉精合法使用,无法保证饲养者会严格按照使用指南喂养牲畜,而政府有关部门检查起来技术复杂、成本高昂。

55. 2024-46 马可・波罗在《马可・波罗游记》中对元世祖忽必烈颇有赞词,并称忽必烈寿命“约有八十五岁”。这一说法与《元史》中“在位三十五年,寿八十”的记载不符。但有学者指出,游记中的说法很可能是正确的,因为拉施都丁在 14 世纪初写成的《史集》中称:“忽必烈合罕(即可汗)在位三十五年,并在他的年龄达到八十三之后……去世。”

以下哪项如果为真,最能支持上述学者的观点?

A. 关于忽必烈寿命的记载,《元史》很可能使用的是中国人惯用的虚岁记法。

B. 中国历代皇帝平均寿命不到 40 岁,忽必烈则超出一倍多,历史排名第五。

C.《史集》可信度较高,它纪年用的伊斯兰太阳历比《马可・波罗游记》用的突厥太阳历每 30 年少 1 年。

D.《马可・波罗游记》出自鲁斯蒂谦之手,他声称该游记是他在狱中根据马可・波罗生前口述整理而成。

E.《饮膳正要》曾记录忽必烈的生活:“饮食必稽于本草,动静必准乎法度。”他的长寿与其善用医理调理身心有关。

56. 2024-53 很多迹象表明，三星堆文化末期发生过重大变故，比如，三星堆两个器物坑的出土文物就留有不少被砸过和烧过的残损痕迹。关于三星堆王国衰亡的原因，一种说法认为是外敌入侵，但也有学者认为，衰亡很可能是内部权力冲突导致的。他们的理由是，三星堆出土的文物显示，三星堆王国是由笄发的神权贵族和辫发的世俗贵族联合执政；而金沙遗址出土的文物显示，三星堆王国衰亡之后继起的金沙王国仅由三星堆王国中辫发的世俗贵族单独执政。

以下哪项如果为真，最能支持上述学者的观点？

A. 三星堆出土的文物并不完整，使得三星堆王国因外敌入侵而衰亡的说法备受质疑。

B. 有证据显示，从三星堆文化到金沙文化，金沙王国延续了三星堆王国的主要族群和传统。

C. 一个古代王国中不同势力的联合执政意味着政治权力的平衡，这种平衡一旦被打破就会出现内部冲突。

D. 根据古蜀国的史料记载，三星堆文化晚期曾出现宗教势力过大、财富大多集中到神权贵族一方的现象。

E. 三星堆城池遭到严重破坏很可能是外部入侵在先、内部冲突在后，迫使三星堆人迁都金沙，重建都城。

57. 2024-396-38 本科毕业卖猪肉，研究生毕业送快递，海归博士回乡种田……近年来，这些看似“学历浪费”的故事总能在互联网上引起围观。这些高学历拥有者“跨界”就业，用非所学，从事明显“较低”层面的工作。有围观者认为他们在浪费人生；但也有专家认为，这些年轻人善于变通，选择从基层做起，他们的人生积极向上，而积极的人生何谈“浪费”？

以下哪项如果为真，最能支持上述专家的观点？

A. 随着中国高等教育的日益普及，人们的择业观念也越来越多元，“什么人只能干什么工作”的刻板成见已逐渐被人们抛弃。

B. 有些高学历者愿意从事“较低”层面的工作，一是为了摆脱“较高”层面工作的压力，二是为了发挥自己的真正价值。

C. 从人力资源配置效益最大化角度看，“用非所学”不但浪费了以往的学习成本，而且造成了人才资源的极大浪费。

D. 有些高学历者只是因为求职受挫才勉强“跨界”就业，工作一段时间后，他们大多又会找到专业对口的工作。

E. 一个人只要积极进取，依靠自己的智慧和汗水诚实劳动、服务社会，就不能算作蹉跎人生、虚度年华。

58. 2024-396-40 近年来，有些老牌纯文学期刊陆续推出纯文学 App，其界面设计精美、内容丰富，既有新旧文章阅读，也有读者评论、心得交流，更有刊物购买链接。只是这些纯文学

App大多对过刊阅读要求付费,当月新刊也只提供几页的免费试读。有专家就此认为,纯文学App要求付费阅读,很难产生较强的用户黏性,未来不会走得太远。

以下哪项如果为真,最能支持上述专家的观点?

A. 大多纯文学App有纸刊品牌力量支撑,提供多种美好阅读体验,虽实行“付费分享”政策,但可满足许多人热爱文学、享受文学的需求。

B. 近年来,纯文学期刊网络推广动作迟缓,早已失掉与网络文学争抢用户的最佳时机,在与博客、微博、公众号、视频号等新媒体的竞争中处境艰难。

C. 有些纯文学App当前很难判断潜在用户的付费意愿,在缺乏足够用户群明确支持的前提下贸然实行收费政策,可能会将部分读者挡在门外。

D. 纯文学App如果前期不能提供一定比例的免费阅读作品,就无法吸引用户;而一旦缺少用户支撑,这些纯文学网络平台就无法维持下去。

E. 有些网络文学和财经类App现在可以收费,是因为它们积累了大量的付费群体,同时也有足够的免费阅读内容,刚刚试水的纯文学App难以与之相比。

59. 2024-396-45 以往我国对汽车驾驶人的年龄有所限制,但前几年公安部已经取消领取驾照的年龄上限,70岁以上的老人也可以开车上路了。近几年,我国每年大约有1 000万新增老龄人口,如果超过70岁不能开车,就意味着拥有驾照的群体将大规模减少。有专家由此指出,公安部此举不但方便老人出行,还能刺激汽车消费,助力中国经济增长。

以下哪项如果为真,最能支持上述专家的观点?

A. 在一些老龄化程度较高的国家,老年人是最富有的社会群体,其消费能力远超年轻人,老年司机随处可见。

B. 我国有些70岁以上老年人虽然自己行动不便,但是乐意资助儿孙买车买房,以表达长辈对晚辈的关爱。

C. 我国许多老年人比较热衷于棋牌、摄影、书法、广场舞等项目,他们对汽车驾驶其实并不感兴趣。

D. 世界上大多数国家对于申领驾照都没有设置年龄上限,我国放开年龄上限,其实是与国际接轨。

E. 2021年上半年,我国60岁以上驾驶人同比增加200多万,增速高达18%;而26岁到50岁阶段的驾驶人仅增加120万,增速不到1%。

60. 2024-396-47 有数据显示,野生黑猩猩从21世纪初的100万只已减少至目前的17~30万只。很多国家为此宣布黑猩猩是濒危动物,并采取人工饲养方式保护黑猩猩。但是,人工饲养的黑猩猩长大后很难回归到野生黑猩猩群落中。有研究人员由此认为,这将难以达到把黑猩猩的基因保护下来的目的。

以下哪项如果为真,最能支持上述研究人员的观点?

A. 黑猩猩是群居性灵长类动物，回归后的黑猩猩一般都会意识到自己在群体中的地位并尊重群体的规则。

B. 一些人工饲养的黑猩猩长大后回归到野生群落，会受到自己的父亲和非亲生母猩猩的虐待。

C. 人工饲养的黑猩猩只有尽早返回野生黑猩猩群落，才能知道如何与同类相处并延续下一代。

D. 有些研究机构在经历多次黑猩猩放归失败后，已不再从事人工饲养黑猩猩的工作。

E. 动物园以往的饲养经验显示，人工饲养的黑猩猩更愿意接近人类，而不是同类。

61. 2024-396-49 郑教授对教学认真负责，为了备课经常熬夜。如今虽然退休了，但是他的睡眠质量仍然不高。今年七八月间，他到四面环山的康养小镇度假，结果他的睡眠状况得到了显著改善。郑教授了解到，该地森林覆盖率高达85%，空气中负氧离子的浓度常年保持在每立方厘米6 000个以上。他由此认为，优良的空气质量可以改善睡眠。

以下哪项如果为真，最能支持郑教授的观点？

A. 四面环山地区的空气质量一般都比较高。

B. 森林中树木葱郁，充盈着大量的负氧离子。

C. 夏季山区康养小镇的空气质量是一年中最好的。

D. 负氧离子浓度的高低是衡量空气质量高低的重要指标。

E. 退休后没有工作压力，轻松的生活状态能够不断提高睡眠质量。

62. 2025-26 以艺通心，是传统文化的核心艺术精神之一。艺术的本质是人内心世界的外化，通过艺术人们既可以表达自己的内心世界，也可以看到别人的内心世界。由此有专家认为，艺术可通心，对于促进不同国家、不同语言、不同文化之间人们的沟通交流具有天然优势。

以下哪项如果为真，最能支持上述专家的观点？

A. 目前，全球有九大语系，7 000多种语言，对大多数人而言，进行跨文化沟通交流存在相当大的语言障碍。

B. 事实上，我们可以听懂、看懂千百年之前的音乐、绘画作品，可以不借助翻译而直接通过艺术作品感受世界各地人民的情感脉动。

C. 传统文化认为，“唯乐不可以为伪”，即艺术来不得半点虚假，必须是创作者内心的真实写照，必须忠实反映创作者内心的真情实感。

D. 艺术具有基于人性、传达情感、诉诸形式、付诸感性等特点，在艺术创造、传播、接受、反馈过程中，这些特点对于任何人都是一样的。

E. 要借助艺术实现跨文化沟通交流，仅有艺术的共情是不够的，还须将文化融入其中，以文化人，这样才能真正实现以艺通心。

63. 2025-28 南方人习惯元宵节吃汤圆，这一习俗古已有之。有人将汤圆追溯至先秦时期南方流行的小吃“蜜饵”，《楚辞》中曾提到过它；也有人认为是唐朝时元宵节吃的一种称作“面茧”的带馅馒头。但有民俗学家指出，汤圆真正的前身是宋代被称为“圆子”的小吃。

以下哪项如果为真，能支持上述民俗学家的观点？

A. “蜜饵”虽是一种用糯米粉裹以蜂蜜制成的糕点，但它不是元宵节的专属美食。

B. 宋代的“圆子”是用黑芝麻、猪油、白糖作馅，以糯米粉搓成圆形的“乳糖圆子”。

C. 宋代诗人周必大写的《元宵煮浮圆子》是迄今发现的最早描述元宵节水煮汤圆的诗歌。

D. 宋代饮食文化十分发达，相比于其他朝代，“圆子”种类更加繁多，比如山药圆子、珍珠圆子、金橘水团等。

E. 只有宋人常写涉及“圆子”的诗词，如南宋女诗人朱淑真曾在其《圆子》诗中写有“轻圆绝胜鸡头肉，滑腻偏宜蟹眼汤”。

64. 2025-29 人生病时会出现发烧、疲倦、头疼、咳嗽、肌肉酸痛、食欲不振、精神萎靡等症状。有人认为，生病时出现这些症状是为了尽快清除病原体，让人恢复健康。比如，发烧是为了让人保持高体温以便杀死病原体。但是，也有研究人员发现，疲倦、头疼、心情抑郁和食欲不振等症状与清除病原体并没有直接的联系。他们据此推测，有些症状的出现不是为了提高个人的生存率，而是为了保护整个种群的利益。

以下哪项如果为真，最能支持上述研究人员的推测？

A. 病原体常常通过患者、医生、护士及患者家属传播开来。

B. 一些病人在还没有发烧的时候，也会出现头疼、乏力和食欲不振等症状。

C. 出现疲倦、头疼和心情抑郁等症状是为了节约能量，便于人体继续保持高体温以杀死病原体。

D. 17 世纪黑死病传到一个英国村庄的时候，已被感染的村民为了不让病原体扩散，主动自我隔离，从而保护了周围村庄的安全。

E. 疲倦、心情抑郁等症状是为了让人减少社交，防止病原体人传人；咳嗽等症状是为了让同伴们知道自己生病了，最好离远些。

65. 2025-30 鹅，通体洁白，脖颈纤细流畅，常引颈高歌，缓步行走。秦汉时期，鹅已成为“庆祭丧婚，节岁礼馈”的必设之物，虽然也偶上餐桌，但其身价昂贵，只有贵族才可享用。东晋时期大书法家王羲之养鹅、爱鹅之雅事传于后世。一般认为，他养鹅、爱鹅，是为了观察鹅行走的步态而体悟书法之道、君子之风。但也有专家认为，王羲之养鹅、爱鹅，其实也看重鹅的药用价值。

以下哪项如果为真，最能支持上述专家的观点？

A.《隋书》说鹅肉“肥腻而滑,味美可口”,到了宋朝,鹅开始成为舌尖上的美味,鹅类菜品琳琅满目。

B. 在道教流行的魏晋时期,鹅常被看作体内怀有仙气的禽鸟,融仙风与道骨于一体,食之益处良多,王羲之可能对此亦有同感。

C. 南朝医药学家陶弘景发现,鹅血能缓解药石引发的症状;而唐朝孟诜《食疗本草》还认为,鹅肉、鹅血均有解毒功效,对服食丹药的人大有裨益。

D. 王羲之为天师道世家出身,曾与道士许迈共同修道服食丹药,常不远千里采买药石,其间发现鹅血、鹅肉能缓解服用药石引发的燥热症状。

E. 魏晋名士崇尚自然,喜好养生,加之当时道教和炼丹术习染,社会名士中服食药石之风盛行,而内服药石达到一定剂量即可使人中毒乃至死亡。

66. **2025-31** 近日,火车无座票和有座票价格相同的话题再次引起广泛关注。有人在暑期买不到有座票,持无座票上车后又找不到座位,于是在“站得实在辛苦”之余,觉得“有无同价”有失公平。他们认为,既然一个有座位、另一个无座位,两者享受的服务不一样,价格怎么可以一样呢?对此,有专家却认为,如果铁路公司根据市场需求将有、无座位的票价拉开差距,就可能对低收入者产生不利影响。

以下哪项如果为真,最能支持上述专家的观点?

A. 现在的无座票只是表明没有事先预留座位,无座票乘客上车后仍可能找到座位,如果实行无座票打折政策,有座票乘客会觉得不公平。

B. 如果无座票打折,就会激励一些人去购买无座票,而买了无座票的人上车后看到空座位一般就会去坐,这种“蹭座”行为会加大铁路公司的监管成本。

C. 即使“有无同价”,与较晚购到无座票相比,提早买到有座票仍需要在时间和精力等方面付出更多的代价,这意味着有座票的真实价格其实是高于无座票的。

D. 目前,铁路公司以先到先得的原则先售完有座票,再出售无座票,低收入者只要早些去抢票,还是可以买到有座票的。

E. 如果铁路公司执行“谁花钱多谁就有座位使用权”的原则,完全按市场供需来决定票价,那么在出行高峰期,低收入者可能完全没有机会得到座位。

67. **2025-32** 苏洵,字明允,是北宋文人苏轼的父亲,自南宋以来人们常以“老泉”称苏洵。但是,宋以后又有人发现,苏轼虽号东坡居士,但晚年也自号“老泉山人”。苏东坡有诗云:“宝公骨冷唤不闻,却有老泉来唤人。”此处,苏轼自称为“老泉”。与苏轼幼子苏过交往甚密的叶梦得在其《石林燕语》中证实,苏轼“晚又号老泉山人,以眉山先茔有老翁泉,故云”。由此,有专家认为,南宋以来的人们将苏洵称作“老泉”纯属误传。

以下哪项如果为真,最能支持上述专家的观点?

A. 明人黄灿、黄炜在《重编嘉祐集纪事》中说,他们亲眼见到有人向他们展示的苏轼《阳羡帖》上有“东坡居士、老泉山人”之图记。

B. 宋人梅尧臣曾作《题老人泉寄苏明允》诗云:“泉上有老人,隐见不可常。苏子居其间,饮水乐未央。”这很容易让人以为苏老泉即苏洵。

C. 宋时避讳规矩严格,苏轼的祖父名苏序,苏轼在作诗文集序时均将“序”改称“叙”,从不敢违反避讳的规矩。

D. 宋光宗时郎晔《经进东坡文集事略》称苏轼为“老泉仲子也”;《三字经》的作者王应麟也说“苏老泉,二十七,始发愤”,其中的“苏老泉”即苏洵。

E. 西方人取名,经常用其祖父、外祖父或其他上辈的名字,以此表达纪念、尊敬、继承或荣耀之意。

68. 2025-35 作为一款生成式人工智能软件,RZN-Ⅲ利用已有网络文献,可为提问者提供经过搜索整理后相对合理的答案,给大学生学习带来便利。目前,有些大学禁止学生在做论文和课程作业时使用 RZN-Ⅲ,否则将被视为学术不端;但也有一些大学不阻拦甚至鼓励学生使用它。对此有专家认为,RZN-Ⅲ虽只提供既有知识,但也能助力科技创新,大学禁用 RZN-Ⅲ其实不妥。

以下哪项如果为真,最能支持上述专家的观点?

A. 将 RZN-Ⅲ作为人的“外脑”,对人类的已有智慧进行向量化的储存和提取,会加速和简化人们的学习过程,这将为科技创新腾出时间和精力。

B. 传承文明需要一代代人组成人才梯队,不断学习、应用和创新。如果人类在 RZN-Ⅲ总结的前人智慧上躺平,其文明进程就会出现停滞甚至倒退。

C. 目前人类知识呈现大爆炸状态,很多人即便穷其一生都学不完某领域的基础知识,根本没有时间为该领域做些添砖加瓦的创新工作。

D. 大学不仅要传授知识与技艺,更要培养学生独立思考、科学思维的能力。如果让 RZN-Ⅲ代替学生思考,就会弱化他们的创新思维和进取心。

E. 作为一种现代社会的实用工具,RZN-Ⅲ应进入大学课堂,成为重要的大学教学内容,否则学生毕业后很难适应社会,更不用说参与激烈的人才竞争。

69. 2025-36 牛磺酸是半胱氨酸的天然代谢产物,人体内和大多数动物性食物中都能找到这种成分。有研究发现,人体内的牛磺酸含量会随着年龄的增加而不断下降,一个 60 岁老人体内的牛磺酸水平只有 5 岁儿童的三分之一。一项针对万名 60 岁以上老人的体检统计显示,他们体内的牛磺酸水平越高,健康状况越好。有专家据此认为,人体内的牛磺酸水平与人体的健康状况呈正相关关系。

以下哪项如果为真,最能支持上述专家的观点?

A. 牛磺酸可能具备抗衰老功效,但这个推测目前还没有获得严格的实验证据支持。

B. 服用牛磺酸可缓解骨质疏松症这种典型的中老年疾病,甚至还能促进骨骼生长。

C. 实验中服用牛磺酸的老鼠寿命延长了3~4个月，这相当于人类寿命的7~8年。

D. 不管从事何种体育运动，只要进行经常性锻炼，都会提升体内的牛磺酸水平。

E. 有些猴子服用牛磺酸后，精力更加充沛，肌肉的耐力和爆发力都有所增长。

70. 2025-37 生态文明建设覆盖面广、综合性强，涉及价值理念、目标导向、生产和消费方式等多个方面，是一项复杂的系统性工程。过去一段时间，由于生态环境数据信息在区域、部门、单位之间共享不够，导致生态环境治理在一定程度上存在碎片化现象，一些地方生态环境治理中“反复治理、治理反复”的问题较为突出。由此可见，建成生态环境数据“一张网”、建设数字生态文明是非常必要的。

以下哪项如果为真，最能支持上述论证？

A. 数字化和绿色化相互融合、相互促进，已成为全球发展的重要主题。

B. 建设数字生态文明能够有效提升生态文明建设的共享性、系统性和协同性。

C. 建成生态环境数据“一张网”可以科学高效地解决生态环境问题，拓展生态环境治理的方法和路径。

D. 建设绿色智慧的数字生态文明，可为促进经济社会全面绿色转型、建设人与自然和谐共生的现代化提供强劲动能。

E. 数字赋能生态文明建设可以不断健全生态环境领域数字化的标准规范体系，为建设全球生态文明贡献中国标准。

71. 2025-396-38 近几年随着吸烟有害健康的观念深入人心，电子烟作为传统香烟的替代品逐渐在市场上流行起来，电子烟因只含尼古丁而不含焦油等其他有害物质，被许多生产厂家宣称为安全产品。可以在禁烟的公共场所使用，甚至还可以帮助吸烟者戒烟。但是，有专家根据肺病等大规模流行病学调查数据断定，电子烟并不比传统香烟更安全。

以下哪项如果为真，最能支持上述专家的观点？

A. 2024年某国卫生部门的调查显示，该国近3年因吸烟而患上严重肺病的有2 409个病例，其中52名患者已经死亡。

B. 改吸电子烟后只有不到1%的吸烟者完全戒掉了传统香烟，绝大部分人变成了两者都抽的“双料烟枪”。

C. 一项权威调查显示，吸传统香烟的人患肺病的比例是不吸烟者的2.6倍，只吸电子烟的人患肺病的概率则比不吸烟者高3%。

D. 尼古丁会给大脑带来一定程度的损伤，导致吸烟者无法集中注意力，自控能力显著下降。

E. 不少人并不知道电子烟含有大量尼古丁，他们吸食电子烟时会比传统香烟吸得更深，从而使他们的呼吸系统更容易受到损害。

72. 2025-396-39 吴镇是“元四家”之一,其传世作品中约三分之一有渔父的身影,在他的画作《渔父图》中,有多只小舟漂浮于山泽野湖之上,每只小舟上都有一位渔父,他们各自沉浸在自己的天地里,心无旁骛,陶然忘机。一些人认为《渔父图》中的渔父和小舟只是山水的点缀,但某鉴赏家认为,这些渔父并非点缀,他们实际上都是吴镇的“形象代言人”。

以下哪项如果为真,最能支持上述鉴赏家的观点?

A. 吴镇画中的渔父不是靠打鱼养家的寻常汉子,而是思想家渔父,得道者渔父。

B. 吴镇虽出生于显赫的江南巨富“大船吴家”,但他本人偏爱小舟一叶,随处悠游。

C.《历代画家姓氏便览》记载,吴镇乐在江湖之间,藏身其中,无所羁绊,逍遥自在。

D. 吴镇中年自号梅花道人,卖卜为生,晚年又号梅花和尚,与僧侣私交甚密,《渔父图》与他的这些生活经历密切相关。

E.《渔父图》中几乎每只小舟旁都配有他的《渔父词》,如“忧倾倒,系浮沉,事事从轻不要深”,这亦是吴镇本人参禅悟道的写照。

73. 2025-396-42 俗话说,病从口入。这一般指摄入口中的食物可能致病,但很少有人意识到留在口腔内的食物残渣也可能致病。据统计,人类口腔中可以找到700多种细菌,其中不少是病菌,它们一旦入侵牙龈组织,不仅会导致牙龈炎,更可能升级为牙周病;入侵牙龈的病菌还可以通过毛细血管进入血液循环系统。有研究者据此认为,牙龈炎增加了阿尔茨海默病、糖尿病、心脑血管病等多种疾病的患病风险。

以下哪项如果为真,最能支持上述研究者的观点?

A. 侵染牙龈的病菌可能会通过吸气进入呼吸道,从而引发肺部感染。

B. 有良好刷牙习惯并经常洗牙的人,与没有这些习惯的人相比,患心脏病的风险较小。

C. 病菌通过牙龈入侵血液循环系统后,可能引发大脑等组织的炎症反应,也会降低机体对胰岛素的敏感度。

D. 研究者通过对超过6 000份病历档案调查发现,牙周病和阿尔茨海默病的发病率存在某种相关性。

E. 糖尿病患者中接受过牙周炎治疗的人,其后续医疗费用比未接受过牙周炎治疗的一般会减少12%~14%。

第三节 假设

一、要点回顾

(一)题型特点

1. 假设是在题干中给出一个看似完整的论证过程或某种观点,由于前提论据的条件不足以推出结论,需要用某个选项去建立前提与结论的关系。假设是支持类型的一种,但假设属于必要条件的支持。

2. 常考“假设搭桥”题型和“补充隐含的假设”题型。

(二)应对方法

1. 简化论证的核心词,识别搭桥的论证结构。

2. 排除方法很重要,无关项和削弱项优先排除,部分相关的选项一般也不考虑,注意过度假设的选项。

二、真题专训

1. 2016-46 超市中销售的苹果常常留有一定的油脂痕迹,表面显得油光滑亮。牛师傅认为,这是残留在苹果上的农药所致,水果在收摘之前都喷洒了农药,因此,消费者在超市购买水果后,一定要清洗干净方能食用。

以下哪项最可能是牛师傅看法所依赖的假设?

A. 超市里销售的水果并未得到彻底清洗。

B. 在水果收摘之前喷洒的农药大多数会在水果上留下油脂痕迹。

C. 许多消费者并不在意超市销售的水果是否清洗过。

D. 只有那些在水果上能留下油脂痕迹的农药才可能被清洗掉。

E. 除了苹果,其他许多水果运至超市时也留有一定的油脂痕迹。

2. 2016-52 钟医生:“通常,医学研究的重要成果在杂志发表之前需要经过匿名评审,这需要耗费不少时间。如果研究者能放弃这段等待时间而事先公开其成果,我们的公共卫生水平就可以伴随着医学发现更快获得提高。因为新医学信息的及时公布将允许人们利用这些信息提高他们的健康水平。”

以下哪项最可能是钟医生论证所依赖的假设?

A. 因为工作繁忙,许多医学研究者不愿成为论文评审者。

B. 许多医学杂志的论文评审者本身并不是医学研究专家。

C. 即使医学论文还没有在杂志发表,人们还是会使用已公开的相关新信息。

D. 部分医学研究者愿意放弃在杂志上发表,而选择事先公开其成果。

E. 首次发表于匿名评审杂志的新医学信息一般无法引起公众的注意。

3. 2017-38 婴儿通过触碰物体、四处玩耍和观察成人的行为等方式来学习,但机器人通常只能按照编定的程序进行学习。于是,有些科学家试图研制学习方式更接近于婴儿的机器人。他们认为,既然婴儿是地球上最有效率的学习者,为什么不设计出能像婴儿那样不费力气就能学习的机器人呢?

以下哪项最可能是上述科学家观点的假设?

A. 成年人和现有的机器人都不能像婴儿那样毫不费力地学习。

B. 即使是最好的机器人,它们的学习能力也无法超过最差的婴儿学习者。

C. 通过触碰、玩耍和观察等方式来学习是地球上最有效率的学习方式。

D. 婴儿的学习能力是天生的,他们的大脑与其他动物幼崽不同。

E. 如果机器人能像婴儿那样学习,它们的智能就有可能超过人类。

4. 2019-29 人们一直在争论猫与狗谁更聪明。最近,有些科学家不仅研究了动物脑容量的大小,还研究了大脑皮层神经细胞的数量,发现猫平常似乎总摆出一副智力占优的神态,但猫的大脑皮层神经细胞的数量只有普通金毛犬的一半。由此,他们得出结论:狗比猫更聪明。

以下哪项最可能是上述科学家得出结论的假设?

A. 狗善于与人类合作,可以充当导盲犬、陪护犬、搜救犬、警犬等,就对人类的贡献而言,狗能做的似乎比猫多。

B. 狗可能继承了狼结群捕猎的特点,为了互相配合,它们需要做出一些复杂行为。

C. 动物大脑皮层神经细胞的数量与动物的聪明程度呈正相关。

D. 猫的神经细胞数量比狗少,是因为猫不像狗那样“爱交际”。

E. 棕熊的脑容量是金毛犬的 3 倍,但其脑神经细胞的数量却少于金毛犬,与猫很接近,而棕熊的脑容量却是猫的 10 倍。

5. 2019-44 得道者多助,失道者寡助。寡助之至,亲戚畔之;多助之至,天下顺之。以天下之所顺,攻亲戚之所畔,故君子有不战,战必胜矣。

以下哪项是上述论证所隐含的前提?

A. 得道者多,则天下太平。

B. 君子是得道者。

C. 得道者必胜失道者。

D. 失道者必定得不到帮助。

E. 失道者亲戚畔之。

6. 2020-28 有学校提出,将效仿免费师范生制度,提供减免学费等优惠条件以吸引成绩优秀的调剂生,提高医学人才培养质量。有专家对此提出反对意见:医生是既崇高又辛苦的职业,要有足够的爱心和兴趣才能做好,因此,宁可招不满,也不要招收调剂生。

以下哪项最可能是上述专家论断的假设?

A. 没有奉献精神,就无法学好医学。

B. 如果缺乏爱心,就不能从事医生这一崇高的职业。

C. 调剂生往往对医学缺乏兴趣。

D. 因优惠条件而报考医学的学生往往缺乏奉献精神。

E. 有爱心并对医学有兴趣的学生不会在意是否收费。

7. 2020-44 黄土高原以前植被丰富，长满大树，而现在千沟万壑，不见树木，这是植被遭破坏后水流冲刷大地造成的惨痛结果。有专家进一步分析认为，现在黄土高原不长植物，是因为这里的黄土其实都是生土。

以下哪项最可能是上述专家推断的假设？

A. 生土不长庄稼，只有通过土壤改造等手段才适宜种植粮食作物。

B. 因缺少应有的投入，生土无人愿意耕种，无人耕种的土地瘠薄。

C. 生土是水土流失造成的恶果，缺乏植物生长所需要的营养成分。

D. 东北的黑土地中含有较厚的腐殖层，这种腐殖层适合植物的生长。

E. 植物的生长依赖熟土，而熟土的存续依赖人类对植被的保护。

8. 2021-38 艺术活动是人类标志性的创造性劳动。在艺术家的心灵世界里，审美需求和情感表达是创造性劳动不可或缺的重要引擎；而人工智能没有自我意识，人工智能艺术作品的本质是模仿。因此人工智能永远不能取代艺术家的创造性劳动。

以下哪项最可能是以上论述的假设？

A. 模仿的作品很少能表达情感。

B. 没有艺术家的创作，就不可能有人工智能艺术品。

C. 大多数人工智能作品缺乏创造性。

D. 只有具备自我意识，才能具有审美需求和情感表达。

E. 人工智能可以作为艺术创作的辅助工具。

9. 2021-396-53 有专家指出，人们可以通过健身长跑增进健康。因为健身长跑过程中，有节奏的深呼吸能使人体吸入大量氧气，这可以改善心肌供氧状态，加快心肌代谢，提高心脏的工作能力。

以下哪项最可能是上述专家论断的假设？

A. 健身长跑可以使心肌纤维变粗，心脏收缩力增强。

B. 健身长跑不仅可以改善心肌供氧状态，还可以抑制人体癌细胞的生长和繁殖。

C. 心脏是循环系统的中心，而健身长跑在提高人的呼吸系统机能的同时，可以改善心脏循环系统的机能。

D. 人体的健康与呼吸系统机能的提高和心脏循环系统机能的改善密切相关。

E. 体育以身体活动为基本手段，不仅能强身健体，还能培养人的各种心理品质。

10. 2023-28 记者：贵校是如何培养创新型人才的？

受访者：大学生踊跃创新创业是我校的一个品牌。在相关课程学习中，我们注重激发学生创业的积极性，引导学生想创业；通过实训、体验，让学生能创业；通过学校提供专业化的服务，帮助学生创成业。在高校创业者收益榜中，我们学校名列榜首。

以下哪项最可能是上述对话中受访者论述的假设？

A. 不懂创新就不懂创业。

B. 创新能力越强，创业收益越高。

C. 创新型人才的培养主要是创业技能的培训和提升。

D. 培养大学生创业能力只是培养创新型人才的任务之一。

E. 创新型人才的主要特征是具有不拘陈规、勇于开拓的创新精神。

11. 2023-396-52 某热带岛国正在进行旅游开发，星级酒店和度假村比比皆是，值得庆幸的是 136 号巡洋舰还在。就是在这艘巡洋舰上，罗斯特领导了独立革命，使得这个热带岛国摆脱了殖民统治，尽管现在普通民众对这位将军的评价毁誉参半，但是几处早期建立的将军雕像并没有被损毁的痕迹。由此可见，罗斯特将军还是受到岛国人民的尊重的。

以下哪项最可能是以上论述所隐含的假设？

A. 只有尊重罗斯特将军，岛国人民才会建立他的雕像。

B. 罗斯特将军曾经限制岛国旅游开发，引起部分人对他的不满。

C. 部分人不认可罗斯特将军的某些做法，但并不代表不尊重。

D. 只有摆脱了殖民统治，岛国人民才能自主地发展旅游经济。

E. 如果岛国人民不尊重罗斯特将军，就会损毁他的雕像。

12. 2024-44 为满足持续激增的市场需求，半导体行业的许多工厂竞相增加芯片产能，预计供求平衡将在明年达成，此后可能会出现供应过剩。有分析人士认为，今年随着智能手机和新能源汽车的销售势头放缓，两大行业的产能将会降低，芯片供应的紧张形势有望得到缓解。

以下哪项最可能是上述分析人士的假设？

A. 新能源汽车制造商在销售疲软的情况下大幅削减芯片库存。

B. 智能手机和新能源汽车是半导体行业的两大主要终端用户。

C. 智能手机因零部件短缺而更新升级迟缓，今年下半年销量将有所下滑。

D. 芯片市场具有很强的周期性，每隔数年就会经历一次从峰值到低谷的循环。

E. 市场需求情况将通过产品销售、生产供应等逐步向上游传导，并最终影响相关工厂的产能。

第四节 解释

一、要点回顾

（一）题型特点

1. 逻辑判断中解释的题型特征一般是，题干给出关于某些事实或现象的客观描述，通常是给出一个看似矛盾而实际上并不矛盾的现象,要求从备选项中寻找能够解释的选项。

2. 题干一般含有转折词或具有转折意思的词。

(二)应对方法

1. 解释矛盾的重点,通过转折找核心,部分解释不优选,他因解释很关键。

2. 解释现象的题型,圈出题干的重点,再与选项做比较,排除相似干扰项。

二、真题专训

1. 2016-40 2014 年,为迎接 APEC 会议的召开,北京、天津、河北等地实施"APEC 治理模式",采取了有史以来最严格的减排措施。果然,令人心醉的"APEC 蓝"出现了。然而,随着会议的结束,"APEC 蓝"也渐渐消失了。对此,有些人士表示困惑,既然政府能在短期内实施"APEC 治理模式"取得良好效果,为什么不将这一模式长期坚持下去呢?

以下除哪项外,均能解释人们的困惑?

A. 如果 APEC 会议期间北京雾霾频发,就会影响我们国家的形象。

B. 如果近期将"APEC 治理模式"常态化,将会严重影响地方经济和社会的发展。

C. 任何环境治理都需要付出代价,关键在于付出的代价是否超出收益。

D. 最严格的减排措施在落实过程中已产生很多难以解决的实际困难。

E. 短期严格的减排措施只能是权宜之计,大气污染治理仍需从长计议。

2. 2016-42 某公司办公室茶水间提供自助式收费饮料。职员拿完饮料后,自己把钱放到特设的收款箱中。研究者为了判断职员在无人监督时,其自律水平会受哪些因素的影响,特地在收款箱上方贴了一张装饰图片,每周一换。装饰图片有时是一些花朵,有时是一双眼睛。一个有趣的现象出现了:贴着"眼睛"的那一周,收款箱里的钱远远超过贴其他图片的情形。

以下哪项如果为真,最能解释上述实验现象?

A. 在无人监督的情况下,大部分人缺乏自律能力。

B. 在该公司工作的职员,其自律能力超过社会中的其他人。

C. 眼睛是心灵的窗口,该公司职员看到"眼睛"图片时会有一种莫名的感动。

D. 该公司职员看着"花朵"图片时,心情容易变得愉快。

E. 该公司职员看到"眼睛"图片时,就能联想到背后可能有人看着他们。

3. 2016-45 在一项关于"社会关系如何影响人的死亡率"的课题研究中,研究人员惊奇地发现:不论种族、收入、体育锻炼等因素,一个乐于助人、和他人相处融洽的人,其平均寿命长于一般人,在男性中尤其如此;相反,心怀恶意、损人利己、和他人相处不融洽的人 70 岁之前的死亡率比正常人高出 1.5 至 2 倍。

以下哪项如果为真,最能解释上述发现?

A. 心存善念、思想豁达的人大多精神愉悦、身体健康。

B. 男性通常比同年龄段的女性对他人有更强的"敌视情绪",多数国家男性的平均寿命也因此低于女性。

C. 那些自我优越感比较强的人通常"敌视情绪"也比较强,他们长时间处于紧张状态。

D. 与人为善带来轻松愉悦的情绪,有益身体健康;损人利己则带来紧张的情绪,有损身体健康。

E. 身心健康的人容易和他人相处融洽,而心理有问题的人与他人很难相处。

4. 2017-49 通常情况下,长期在寒冷环境中生活的居民可以有更强的抗寒能力。相比于我国的南方地区,我国北方地区冬天的平均气温要低很多。然而有趣的是,现在许多北方地区的居民并不具有我们所以为的抗寒能力,相当多的北方人到南方来过冬,竟然难以忍受南方的寒冷天气,怕冷程度甚至远超过当地人。

以下哪项如果为真,最能解释上述现象?

A. 南方地区冬天虽然平均气温比北方高,但也存在极端低温的天气。

B. 有些北方人是从南方迁过去的,他们还没有完全适应北方的气候。

C. 南方地区湿度较大,冬天感受到的寒冷程度超出气象意义上的温度指标。

D. 北方地区在冬天通常启用供暖设备,其室内温度往往比南方高出很多。

E. 一些北方人认为南方温暖,他们去南方过冬时往往保暖工作做得不够充分。

5. 2018-39 我国中原地区如果降水量比往年偏低,该地区河流水位会下降,流速会减缓。这有利于河流中的水草生长,河流中的水草总量通常也会随之而增加。不过,去年该地区在经历了一次极端干旱之后,尽管该地区某河流的流速十分缓慢,但其中的水草总量并未随之而增加,只是处于一个很低的水平。

以下哪项如果为真,最能解释上述看似矛盾的现象?

A. 经过极端干旱之后,该河流中以水草为食物的水生动物数量大量减少。

B. 河水流速越慢,其水温变化就越小,这有利于水草的生长和繁殖。

C. 如果河中水草数量达到一定的程度,就会对周边其他物种的生存产生危害。

D. 该河流在经历了去年极端干旱之后干涸了一段时间,导致大量水生物死亡。

E. 我国中原地区多平原,海拔差异小,其地表河水流速比较缓慢。

6. 2021-30 气象台的实测气温与人实际的冷暖感受常常存在一定的差异。在同样的低温条件下,如果是阴雨天,人会感到特别冷,即通常说的"阴冷";如果同时赶上刮大风,人会感到寒风刺骨。

以下哪项如果为真,最能解释上述现象?

A. 炎热的夏日,电风扇转动时,尽管不改变环境温度,但人依然感到凉快。

B. 人的体感温度除了受气温的影响外，还受风速与空气湿度的影响。

C. 低温情况下，如果风力不大、阳光充足，人不会感到特别寒冷。

D. 即使天气寒冷，若进行适当锻炼，人也不会感到太冷。

E. 即使室内外温度一致，但是走到有阳光的室外，人会感到温暖。

7. 2021-396-43 目前科学家已经揭示，与抽传统卷烟相比，抽电子烟同样会产生严重危害。为进一步保护未成年人免受电子烟侵害，我国政府有关部门发布“禁电子烟令”，要求电子烟生产、销售企业或个人及时关闭电子烟销售网站、店铺及客户端，将电子烟产品及时下架，禁止销售电子烟。可是，“禁电子烟令”发布后的两周内，有些电商依然在国内网站上销售电子烟。

以下各项如果为真，则除哪项外均能解释上述电商的行为？

A. 目前有些电商认为，只卖烟棒而不卖烟弹，不算销售电子烟。

B. 近年来有些投资人对电子烟生产、销售已有大量投入，不甘心先前投入打水漂。

C. 禁令是为了保护未成年人，禁止向他们出售电子烟，对成年人似乎并没有禁止。

D. 政策执行存在一定的滞后性，有些电商并未收到来自上级主管部门的具体通知。

E. 电子烟危害已得到多国政府关注，但他们并未出台类似中国的“禁电子烟令”。

8. 2022-38 在一项噪声污染与鱼类健康关系的实验中，研究人员将已感染寄生虫的孔雀鱼分成短期噪声组、长期噪声组和对照组。短期噪声组在噪声环境中连续暴露 24 小时，长期噪声组在同样的噪声中暴露 7 天，对照组则被置于一个安静环境中。在 17 天的监测期内，该研究人员发现，长期噪声组的鱼在第 12 天开始死亡，其他两组鱼则在第 14 天开始死亡。

以下哪项如果为真，最能解释上述实验结果？

A. 噪声污染不仅危害鱼类，也危害两栖动物、鸟类和爬行动物等。

B. 长期噪声污染会加速寄生虫对宿主鱼类的侵害，导致鱼类过早死亡。

C. 相比于天然环境，在充斥各种噪声的养殖场中，鱼更容易感染寄生虫。

D. 噪声污染使鱼类既要应对寄生虫的感染又要排除噪声干扰，增加鱼类健康风险。

E. 短期噪声组所受的噪声可能引起了鱼类的紧张情绪，但不至于损害它们的免疫系统。

9. 2022-51 有科学家进行了对比实验：在一些花坛中种植了金盏草，而在另外一些花坛中未种植金盏草。他们发现：种植了金盏草的花坛，玫瑰长得很繁茂；而那些未种植金盏草的花坛，玫瑰却呈现病态，很快就枯萎了。

以下哪项如果为真，最能解释上述现象？

A. 为了利于玫瑰的生长，某园艺公司推荐种植金盏草而不是直接喷洒农药。

B. 金盏草的根系深度不同于玫瑰，不会与其争夺营养，却可保持土壤湿度。

C. 金盏草的根部可分泌出一种杀死土壤中害虫的物质，使玫瑰免受其侵害。

D. 玫瑰花坛中的金盏草常被认为是一种杂草,但它对玫瑰的生长具有奇特的作用。

E. 花匠会对种有金盏草和玫瑰花的花坛施肥较多,而对仅种有玫瑰的花坛施肥偏少。

10. **2023-45** 近期一项调查数据显示,中国不缺少外科医生,而缺少能做手术的外科医生;中国人均拥有的外科医生数量同其他中高收入国家相当,但中国人均拥有的外科医生所做的手术量却比那些国家少40%。

以下哪项如果为真,最能解释上述现象?

A. 年轻外科医生一般总要花费数年时间协助资深外科医生手术,然后才有机会亲自主刀上阵,这已成为国内外医疗行业的惯例。

B. 近年来我国能做手术的外科医生的人均手术量已与其他中高收入国家外科医生的人均手术量基本相当。

C. 患者在需要外科手术时,都很想请经验丰富的外科医生为其主刀,不愿成为年轻医生的练习对象,对此医院一般都会有合理安排。

D. 资深外科医生经常收到手术邀请,他们常年奔波在多所医院,为年轻医生主刀示范,培养了不少新人。

E. 从一名医学院学生成长为能做手术的外科医生,需要经历漫长的学习过程,有些人中途不得不放弃梦想而另谋职业。

11. **2025-396-43** 当我们面对一幅中国古代山水画时经常会发现,在宏阔的山水之间,常有人物点缀其中。他们身影微小、淡然,做着鼓琴、读书、泛舟、钓鱼、行旅、访客、焚香、煮茶等雅事。在欣赏这样的山水画时,有人不禁要问:这些古人为何要弃家中书斋而前往山中鼓琴读书?为何泛舟江河之上而又无桨无帆?为何山中行旅偏要携带茶具与书匣?为何终日无所事事独坐林泉花间?似乎中国古代山水画表达的生活场景不符合生活常理。

以下哪项如果为真,最能解释上述看似不符合生活常理的场景?

A. 中国古代山水画中的人物,如读书人、观瀑人、看山人、泛舟人、听泉人、鼓琴人、持杖人等,往往被看作山水画“画眼”之所在。

B. 中国古代山水画追求均衡、和谐的美感,画中的人、景、物等诸多要素相互关联、相谐相生,人物活动与景物特征一般也符合四时规律。

C. 中国古代山水画描绘的是含情之景而非实景,呈现的是古人心中的理想居所和理想生活,表达了画家对美好生活的追求与精神寄托。

D. 古代中国人习惯将对世界的体察与感悟寄托于自然万物,中国古代山水画中的人是与自然共生的人,山水画中的自然亦是与人共鸣的自然。

E. 中国古代山水画中的读书人既读着手中的有字书,又读着由周遭花草树木、清流激湍、鸟语构成的“无字书”,其阅读之乐令人难以理解。

第五节 评价与对话焦点

一、要点回顾

（一）题型特点

1. 最有效的评价是寻找一个能够对推理过程起到正反两方面作用的选项。

2. 评价缺陷类题型是针对“论证的推理过程”评价推理缺陷。

3. 对话焦点题是双方在同一个问题上存在一定的分歧，需要在选项中找到分歧的焦点。

（二）应对方法

1. 最有效的评价是，找准缺失的关键，选项要代入验证，支持削弱都要有。

2. 评价缺陷的题型，简化论证的过程，优选针对推理的选项，排除他因的削弱。

3. 对话分歧的难点，简化双方的论证，先找对话的焦点，再看双方的分歧。

二、真题专训

1. **2010-1-51** 陈先生：未经许可侵入别人的电脑，就好像开偷来的汽车撞伤了人，这些都是犯罪行为。但后者性质更严重，因为它既侵占了有形财产，又造成了人身伤害，而前者只是在虚拟世界中捣乱。

林女士：我不同意。例如，非法侵入医院的电脑，有可能扰乱医疗数据，甚至危及病人的生命。因此，非法侵入电脑同样会造成人身伤害。

以下哪项最为准确地概括了两人争论的焦点？

A. 非法侵入别人电脑和开偷来的汽车伤人是否同样会危及人的生命？

B. 非法侵入别人电脑和开偷来的汽车伤人是否同样构成犯罪？

C. 非法侵入别人电脑和开偷来的汽车伤人是否是同样性质的犯罪？

D. 非法侵入别人电脑犯罪性质是否和开偷来的汽车伤人一样严重？

E. 是否只有侵占有形财产才构成犯罪？

2. **2011-1-38** 公达律师事务所以为刑事案件的被告进行有效辩护而著称，成功率达90%以上。老余是一位以专门为离婚案件的当事人成功辩护而著称的律师。因此，老余不可能是公达律师事务所的成员。

以下哪项最为确切地指出了上述论证的漏洞？

A. 公达律师事务所具有的特征，其成员不一定具有。

B. 没有确切指出老余为离婚案件的当事人辩护的成功率。

C. 没有确切指出老余为刑事案件的当事人辩护的成功率。

D. 没有提供公达律师事务所统计数据的来源。

E. 老余具有的特征,其所在工作单位不一定具有。

3. 2016-30 赵明与王洪都是某高校辩论协会成员,在为今年华语辩论赛招募新队员问题上,两人发生了争执。

赵明:我们一定要选拔喜爱辩论的人。因为一个人只有喜爱辩论,才能投入精力和时间研究辩论并参加辩论赛。

王洪:我们招募的不是辩论爱好者,而是能打硬仗的辩手。无论是谁,只要能在辩论赛中发挥应有的作用,他就是我们理想的人选。

以下哪项最可能是两人争论的焦点?

A. 招募的标准是对辩论的爱好还是辩论的能力。

B. 招募的标准是从现实出发还是从理想出发。

C. 招募的目的是集体荣誉还是满足个人爱好。

D. 招募的目的是培养新人还是赢得比赛。

E. 招募的目的是研究辩论规律还是培养实战能力。

4. 2016-47 许多人不仅不理解别人,而且也不理解自己,尽管他们可能曾经试图理解别人,但这样的努力注定会失败,因为不理解自己的人是不可能理解别人的。可见,那些缺乏自我理解的人是不会理解别人的。

以下哪项最能说明上述论证的缺陷?

A. 没有正确把握理解别人和理解自己之间的关系。

B. 没有考虑"有些人不愿意理解自己"这样的可能性。

C. 间接指责人们不能换位思考,不能相互理解。

D. 使用了"自我理解"概念,但并未给出定义。

E. 结论仅仅是对其论证前提的简单重复。

5. 2017-35 王研究员:我国政府提出的"大众创业、万众创新"激励着每一个创业者。对于创业者来说,最重要的是需要一种坚持精神。不管在创业中遇到什么困难,都要坚持下去。

李教授:对于创业者来说,最重要的是要敢于尝试新技术。因为有些新技术一些大公司不敢轻易尝试,这就为创业者带来了成功的契机。

根据以上信息,以下哪项最准确地指出了王研究员与李教授观点的分歧所在?

A. 最重要的是坚持把创业这件事做好,成为创业大众的一员,还是努力发明新技术,成为创新万众的一员。

B. 最重要的是需要一种坚持精神,不畏艰难,还是要敢于尝试新技术,把握事业成功的契机。

C. 最重要的是坚持创业,有毅力有恒心把事业一直做下去,还是坚持创新,做出更多的科学发现和技术发明。

D. 最重要的是坚持创业，敢于成立小公司，还是尝试新技术，敢于挑战大公司。

E. 最重要的是敢于迎接各种创业难题的挑战，还是敢于尝试那些大公司不敢轻易尝试的新技术。

6. 2017-42 研究者调查了一组大学毕业即从事有规律的工作正好满8年的白领，发现他们的体重比刚毕业时平均增加了8千克。研究者由此得出结论，有规律的工作会增加人们的体重。

关于上述结论的正确性，需要询问的关键问题是以下哪项？

A. 该组调查对象的体重在8年后是否会继续增加？

B. 该组调查对象中男性和女性的体重增加是否有较大差异？

C. 为什么调查关注的时间段是对象在毕业工作后8年，而不是7年或者9年？

D. 和该组调查对象其他情况相仿但没有从事有规律工作的人，在同样的8年中体重有怎样的变化？

E. 和该组调查对象其他情况相仿且经常进行体育锻炼的人，在同样的8年中体重有怎样的变化？

7. 2022-48 贾某的邻居易某在自家阳台侧面安装了空调外机，空调一开，外机就向贾家窗户方向吹热风，贾某对此叫苦不迭，于是找到易某协商此事。易某回答说："现在哪家没装空调？别人安装就行，偏偏我家就不行？"

对于易某的回答，以下哪项评价最为恰当？

A. 易某的行为虽然影响到了贾家的生活，但易某是正常行使自己的权利。

B. 易某的行为已经构成对贾家权利的侵害，应该立即停止侵权行为。

C. 易某没有将心比心，因为贾家也可以在正对易家卧室窗户处安装空调外机。

D. 易某在转移论题，问题不是能不能安装空调，而是安装空调该不该影响邻居。

E. 易某空调外机的安装不应正对贾家卧室窗户，不能只顾自己享受而让贾家受罪。

8. 2022-396-45 小张：现在网红餐厅一心想赚快钱，重"面子"而轻"里子"，把大量资源投入到营销、包装、用餐环境等方面，忽视了口味、食品安全等餐饮的核心服务要素。

小李：你不能一概而论，有些网红餐厅没有因为网红带来更多流量和生意而陶醉，而是更有意识去维护这一"网红"状态，不断提高服务质量。

以下哪项最可能是上述两人争论的焦点？

A. 网红餐厅是否都一心想赚钱。

B. 网红餐厅是否都以口味为王。

C. 网红餐厅是否都重"面子"轻"里子"。

D. 网红餐厅是否都能一直保持“网红”状态。

E. 网红餐厅是否都忽视了餐饮业的核心服务要素。

9. 2023-36 甲：如今，独特性正成为中国人的一种生活追求。试想周末我穿一件心仪的衣服走在大街上，突然发现你迎面走来，和我穿得一模一样，“撞衫”的感觉八成会是尴尬之中带着一丝不快，因为自己不再独一无二。

乙：独一无二真的那么重要吗？想想二十世纪七十年代满大街的中山装、八十年代遍地的喇叭裤，每个人也活得很精彩。再说“撞衫”总是难免的，再大的明星也有可能“撞衫”，所谓的独特只是一厢情愿。走自己的路，不要管自己是否和别人一样。

以下哪项是对甲、乙对话最恰当的评价？

A. 甲认为独一无二是现在每个中国人的追求，而乙认为没有人能做到独一无二。

B. 甲关心自己是否和别人“撞衫”，而乙不关心自己是否和别人一样。

C. 甲认为“撞衫”八成会让自己感到不爽，而乙认为自己想怎么样就怎么样。

D. 甲关心的是个人生活的独特性，而乙关心的是个人生活的自我认同。

E. 甲认为乙遇到“撞衫”无所谓，而乙认为别人根本管不着自己穿什么。